故宫学资料丛编·宫廷建筑类

清代宫廷建筑大事史料长编·清入关前（天命天聪崇德年）及顺治朝卷 一

中国紫禁城学会 编纂

故宫出版社

总　目

*《清代宫廷建筑大事史料长编·清入关前（天命天聪崇德年）及顺治朝卷》共四册。第一册：一至二八〇页；第二册：二八一至五九〇页；第三册：五九一至八七六页；第四册：八七七至一一七四页。

前言

中华文化博大精深，源远流长，为人类文明留下了极为丰富的历史文化遗产。中国古代建筑，特别是历代的宫廷建筑，以其独特的艺术风格和技术体系，在世界建筑史上独树一帜，是中华文化遗产的一个重要组成部分。

中国历代王朝，不惜动用大量的人力、物力和财力，营建壮丽的宫殿，作为统治全国发号施令之中枢和帝后居住的寝宫，秦汉唐宋莫不如此。可惜这些『千门万户，殿宇胶葛』的宫殿，早已被历史的战火所焚而灰飞烟灭了。只有明清两代的紫禁城宫殿建筑群被完整地保存下来，这真是中华儿女的万幸！

紫禁城宫殿建成于明永乐十八年（一四二〇年），是永乐皇帝朱棣以明初南京宫殿为蓝本，在元大都宫殿的基础上修建的，但比南京宫殿更为『高敞壮丽』。它是我国古代宫廷建筑发展的集大成者，十分完整地体现了我国古代宫城规划思想的精髓，是传统建筑艺术与建筑技术有机结合的最高典范。自建成至一九一二年清帝逊位，先后有明清两代二十四位皇帝在这里登极继统，发号施令，统治全国达四百九十二年之久。它是中国封建社会后期近五百年历史的见证，积淀了深厚的历史文化内涵，具有物质文化遗产和非物质文化遗产的双重价值。一九八七年故宫被联合国教科文组织列入《世界文化遗产名录》，循名责实，当之无愧。故宫是北京的，中国的，也是全世界的。

故宫博物院肩负着中华民族精心保护、合理利用故宫，使其长久保存的重托。自一九二五年建院以来，特别是在一九四九年中华人民共和国成立以后，经几代领导、专家和同仁的努力，故宫古建筑得到有效的保护，并承担起中国最大的博物馆的职能。但是，故宫古建筑的保护任务仍旧十分迫切，十分繁重。进入二十一世纪之后，国务院决定对故宫古建筑群进行整体维修。按照文物保护要求，具体而深入地研究故宫古建筑的历史是维修工程前期调研工作的重要步骤。明清两代距今时代尚近，而紫禁城内外古建筑群的兴废、沿革却十分繁复。每调研一院一殿历史，均须遍查明清两朝有关文献、档案，因此，迫切需要一部有助于明清宫廷建筑历史研究的工具书。为了给保护工作提供基础资料，给古建筑研究工作提供素材，故宫博物院决定编纂这样一部著作，并将编纂任务委托于中国紫禁城学会。

中国紫禁城学会（下称『学会』）原亦有编纂清代宫廷相关建筑大事年表的设想，曾号召会员和团体会员单位共商此事。学会的科研计划正与故宫博物院的需求契合。时任学会负责人魏文藻、万依、秦国经、郑连章等同志调整了原思路，就编纂明清两代宫廷建筑大事年表的目的意义、体裁体例、编纂方法等进行了认真的研究，于二〇〇四年四月提出了《明清宫廷建筑大事编年》（下称《编年》）的编纂方案，并召开了专家论证会。到会的十七位专家均赞同学会所提编纂方案，认为《编年》是一部既有现实参考价值，又有学术意义的著作，并提出先做试点工作等建议。根据论证会意见，学会修订了编纂方案，制订了工作计划，向故宫博物院通报。故宫博物院领导很快做出『立即启动这项工作』的决定，并指出《编年》的编纂既是学会工作的内容，也是故宫研究工作的一件大事，同时是完善故宫『四有档案』的重要措施，故作为故宫大修工程前期调研的一个科研项目立项，委托学会组织实施。

编纂工作于二〇〇四年八月正式启动。首先组建了由十七位学会的领导和专家组成的编纂委员会来领导和协调编纂工作。下设编纂室负责具体编纂工作组织实施。计划中的各卷主编由编委会确定。这是一项长期的任务，有些老同志逐渐退休淡出，另有几位同志参与进来。关于成果的形式也曾有不同考虑和尝试。编纂工作则始终在学会的主持下进行。

编纂工作首先选择清代雍正朝作为试点，以便取得经验再全面展开。经过半年多的试点工作，编出了《雍正元年至三年宫廷建筑大事史料长编》样稿，并写出了《史料长编》和《编年》（大事记）的『凡例』，以及『雍正朝宫廷建筑史料目录』。为评估这些成果，学会于二〇〇五年八月十九日召集学会常务理事和有关专家进行讨论。大家对试点工作表示满意，均认为编纂《史料长编》和《编年》对古建学术界是一件『功德无量』的好事，并提出一些很好的建议，希望学会加紧工作，争取早日见书。

在试点工作得到肯定之后，学会立即组织展开大规模的文献史料查录工作。学会制定了编纂史料的方案和档案文献著录规则，明确史料收录的范围和著录方法，最后将著录的史料扫描为图形文件存储。明清档案文献，卷帙浩繁，种类繁多，查阅数量巨大，为适应工作的需要，学会先后聘请三十多位专业人员兼任此职，他们分别从事档案、图书的查录工作。在中国第一历史档案馆的大力支持下，学会共查阅明清档案五个全宗、二十四种各类文书档案八万八千二百八十件（卷、册）。在中国国家图书馆、故宫博物院图书馆的支持配合下，学会查阅明清各官修政书、史书、诸家著述、地方志等图书六百六十多种，计十万多册。从中著录宫廷建筑史料明代一万四千余条，清代两万七千余条，总计四万余条，约计两千万字。

二〇〇八年五月，故宫博物院有关领导和中国紫禁城学会同仁根据工作的实际情况，决定集中力量，首先编纂明代和清代宫廷建筑大事史料长编。学会讨论明确了编纂史料长编的指导思想：以唯物史观为指导，全面、真实、系统地反映历史事实，对史料不加任何主观臆测和增删。质量要求用『全』『真』『准』『新』四字概括：『全』，一是指收录的档案文献史料要齐全；二是指每条史料要完整齐全，不能缺头少尾，或缺文少字。『真』，是要保持史料的原貌，不加任何增删修改。『准』，是每条史料的形成时间、出处要核对准确。『新』，是与已出版的有关著作比较要有新的史料收录。要努力编出一部翔实可靠、内容丰富、结构合理、体例得当、便于检阅的传世之作。长编分为《明代宫廷建筑大事史料长编》和《清代宫廷建筑大事史料长编》两部，分别编辑。每部将大体按照朝代分卷出版。明代晚期发生的清兴纪事，归入清代长编。

本项目是故宫博物院委托的科研项目，也是中国紫禁城学会成立以来最大的基础性学术工程。启动迄今已七个春秋。工作先后得到学会朱诚如会长和郑欣淼会长的重视与支持。学会法人代表、常务副会长魏文藻先生和晋宏逵先生先后主持了这一工作。学会副会长万依、秦国经和裴焕禄先生先后主持了编纂室的日常工作，他们脚踏实地，无间寒暑，尽职尽责。陈英华副秘书长和张锡瑞高级财务师则参与和承担了工作计划制订，专业人员招聘、培训，史料查录的布置等一系列事务性工作。三十几位同志先后参加了档案文献查阅、核对工作，他们是：丁兰、王和平、王桂荃、王世民、王庆伟、方遒、田宝珠、刘志峰、刘浩、刘玥、刘榕、刘志宏、刘鸿武、刘诺、李燮平、李湜、李旻、李明、杨文概、杨新成、张建夫、陈狄、郑会云、栗振复、徐超英、郭蕴祥、黄希明、崔富卿、董纪平、蒋宝栋等。史料点校人员有：方裕谨、王元敢、关孝廉、俞玉储、黄伟虎、董宝光等，其中栗振复、关孝廉同志还进行了满文老档的翻译工作。电脑技术人员有：刘都、沈燕、松洋、温洪杰等。故宫出版社编辑白建新同志参与了本书体例的讨论和本书征引书目的梳理工作。故宫博物院图书馆为史料的反复核定提供了大量服务，很多工作人员付出了辛勤的劳动。他们是：李欢、李士娟、春花、刁美林、张兆平、朱珠、曹莉、茹阳、刘小英、梁宪华、刘甲良、白皕皛、刘晨曦、王国庆、王宁远、刘振祥。

《明代宫廷建筑大事史料长编·洪武建文朝卷》将于二〇一二年出版。《清代宫廷建筑大事史料长编》各册将付梓出版之际，我们特别感谢学会的各位专家、学者对本项目的指导和帮助；感谢故宫博物院领导对学会工作的关怀和支持；感谢所有对本项目做出贡献的人士。由于我们水平有限，编纂这样规模巨大、内容广泛的工具书经验不足，书中难免有错漏和不当之处，敬请各位专家、读者不吝指正。

中国紫禁城学会《明清宫廷建筑大事史料长编》编纂室

二〇一一年六月

凡例

一　断代依正史，以清顺治元年（一六四四年）至宣统三年（一九一一年）为清代。史料收录自有明确营建记录的明万历十五年（一五八七年）筑呼兰哈达城垣宫室起，止于一九二四年溥仪出宫。纪事各依史序，其中顺治朝之前有明确纪年者如天命、天聪、崇德各依前期纪年，天命年之前用明代纪年，一九一一年以后用公元纪年。

二　宫廷具有宫室和朝廷双重含义。由于中国封建社会『家国重构』的政治特征，宫廷的地理范围并不局限在紫禁城之内。因此，《清代宫廷建筑大事史料长编》收录宫廷建筑史料的范围，就建筑类型而言，依据清代历朝《实录》修纂凡例，包括：都城、宫殿、坛庙、苑囿、陵寝、行宫，国家和皇家衙署、学校，王府、公主府、王爷坟、公主坟，敕建和使用国家钱粮及内帑营造的寺观和其他建筑。酌情收录清代修缮过的历代名胜古迹。它们大部分属于『官式建筑』。收录内容，就建筑历史而言，收录上述建筑的地理区位、规制以及兴建、修缮、改建、存废等沿革过程。就建筑的指导思想而言，收录清代君臣关于上述建筑兴作及其制度损益的谕旨奏疏。就建筑活动及其管理而言，收录工部及内廷工程管理机构的官制、督造官员、著名匠师，以及对这些官员的奖惩罢免、工匠的征用、工程材料烧造采运、工程钱粮运筹等等。就建筑规则而言，收录工程管理制度与营建法式。另外，事关建筑沿革的典章制度适当顾及。如清初『内三院』，虽不涉及当时的建筑形制，但因其与后来的内阁制度关系密切，兼与收录。

三　史料采编于历史文献、清代档案。首重史部之正史、别史、杂史、诏令奏议、地理、政书，也注重民间编纂的严肃野史等各类书籍，兼及子部杂记类和集部别集类的私人著述，民国时期编纂的有重要参考价值的史料汇编。史料的形成年代主要是明末和清代。清代各朝《实录》中的建筑史料是收入本书的核心史料，其制度足凭，年月可考。

《大清会典》即清代康熙、雍正、乾隆、嘉庆、光绪五朝《会典》，详细记述了清代从开国到清末的行政法规和各种事例。其中建筑制度、建筑法规反映了清代建筑体制的完备。《大清会典则例》（乾隆朝）及《大清会典事例》（嘉庆、光绪朝）有关内容都是对清《实录》的补充，也是采编中不可或缺的重要文献。现存清宫档案中有为数众多的宫廷建筑档案，多出自工部、内务府修缮工程，其中雍正朝以前档案多为满文、满汉文合璧或满汉文穿插，此次收编时将满文翻译成汉文收录。清宫档案记载史事翔实，所记事件脉络清晰准确，是极为珍贵的历史资料，具有重要的史料价值。清宫档案中有关宫廷建筑内容集成编入长编，是第一次集中将这部分档案公诸于世，也是《清代宫廷建筑大事史料长编》最为重要的内容。《满文老档》虽为清代早期史料，因汉文系后世译著，且清代《实录》所取资者多有修改，故本编所辑《满文老档》除单独成目者外，内容全同者仅注（并见），行文有异者附《实录》之后立为存照。采编群书记载的目的是广为征信，以备考证。

四　本书史料编排采取编年体例，以时代为经、事件为纬。以『以事系日』『以类相从』为原则。

五　史料按照三个层次编排：第一个层次是时间排序。第二个层次是同一个时间类别之下记录了多个事件时，依照事类排序。第三个层次是多种史料记录同时、同一事件时，按照史料的形成或成书年代排序。

六　时间排序。以史事发生的朝、年、月、日为次第。其中有月无日者系于月，有年无月者系于年，有朝无年事跨数年者系于朝。无朝无年事跨数朝者，置于《清代宫廷建筑大事史料长编》后尾。

七　本书所收史料体例多样，记时、纪事方式各异。其系时判别，以建筑类纪事的系时为准。史料本身不著年代月日，但与相同事例互为补充、可相参证者，附于有明确纪年的可靠史料之后，或依史料形成年代采编。不同史料记述同一事件而时间相异的，如天聪十年，更改新筑开城门名，《清太宗实录》载于天聪十年三月庚申（十五日），汉译《满文老档》载于崇德元年四月十五日，本编仍依原史料排序，不予考证更动。如康熙朝《盛京通志》、乾隆朝

《大清会典则例》《盛京典制备考》等所载天聪五年增拓沈阳旧城时，已出现盛京一词，而天聪十年沈阳城名才更改为盛京，因此将天聪十年前出现盛京的条目均放置该朝后尾。一条史料，记录了同一建筑的两个或更多相关联的时间点，则首尾兼顾，分别采编于相关的朝代或最早和最晚两个位置，避免首尾隔绝，不竟原委。如光绪元年《正定县志》记载，康熙五十一年《赐龙兴寺碑记》，康熙四十一年诏修，四十八年工成，四十九年御书十九块匾额赐之。此条史料拆分后编排于康熙四十一年、四十八年、四十九年、五十一年。如盛京工部公署，天聪六年建于怀远门内街西，顺治元年改设于德盛门内街东，乾隆八年颁额；兴京显佑宫，始建于清代『清入关前』，乾隆十二年赐额。

八　事类排序：都城（兴京、东京、盛京、北京）；宫殿（兴京、东京、盛京、北京）；坛庙（天坛、地坛、堂子、宗庙、社稷坛、朝日坛、夕月坛、先农坛、其他各神祇坛庙、历代帝王庙、孔庙、功臣庙祠等）；陵寝（清东陵、清西陵、沈阳三陵）；苑囿（北京、避暑山庄）；行宫；国家和皇家衙署、学校；王府、公主府；王坟、公主坟；敕建和使用国家钱粮及内帑营造的寺观及其他建筑（黄寺、雍和宫、外八庙等）；工部及内廷工程管理机构的官制、管理制度、建筑法式；督造官员、著名匠师；工匠及其起取放免；工程材料采办。

九　凡记载同时同事的数条史料，内容、文字完全相同者，仅录其一，余注（并见）；同一事件，由于文献来源（包括版本、成文时间）不同，凡名称、概念（包括译文及专有名词）不同者，如『界藩』『界凡』，『福金』『福晋』，『明国』『大明』，『为敌』『为难』等，本编并录，以存始末。凡行文略异但无关旨意者，如『近水草，息马浓阴之下，浴之饲之』，『近水草息焉，浓阴之下，浴之饲之』，仅注（参见），不另赘录。又如《世宗实录》、光绪朝《大清会典事例》均记载八旗教场等处兵丁房，雍正朝不记间数，光绪朝每旗间数、共间数及无房兵丁每人给房数，较雍正朝甚为详细。故一个题名下收入两条史料，称『并列』。

十　史料一般不做考证校勘。如康熙年重修北镇庙，《大清一统志》记四十五年，而嘉庆朝、光绪朝《大清会典事例》记四十六年，编录时未予指出。又如：皇太极天聪八年改称沈阳为盛京，而乾隆朝《大清会典则例》《皇朝通志》《盛京典制备考》均记有天聪五年增拓盛京旧城。若编纂所必需的时间、地点要素不明确，则在史料正文中加注释序号①，加编者注。史料原有《校勘记》的，校勘原文亦保持原貌。

十一　清太宗立朝「天聪」，十年四月建国「大清」，改元「崇德」。《满文老档》（全二册）虽以天聪十年（正月）为崇德元年（正月），但清《太宗实录》则以十年四月为天聪朝，十年五月为崇德朝。又，盛京太庙，乾隆朝《皇朝通志》著为天聪十年四月奉安神主；盛京天坛，乾隆朝《盛京通志》著为崇德元年夏四月上尊号，是「天聪」「崇德」两号兼用之例。本长编依《实录》体例，凡十年四月事入天聪朝，十年五月事入崇德朝。

十二　《清代宫廷建筑大事史料长编》的出版，视内容多寡，或一朝一卷，或赓续数朝合为一卷。各卷根据篇幅分数册。

十三　长编各分卷内容包括前言、凡例、史料目录、史料、史料关键词分类索引、征引档案及书籍以及后记。

十四　每条史料前加以标题，由序号、史料时间、史料内容、史料出处组成。序号和页码以卷为单位编排。史料时间即史料记载中所标明的时间。史料内容为编者为史料撰拟的提要。史料出处标示简明书目和所在卷数。

十五　史料以影印形式出版，文字概依文献原貌，不做断句，以便参考。史料有采自排印本者，仍从其旧，不做考证校勘。

十六　关于清太祖努尔哈齐称谓。清乾隆朝编纂的《清太祖高皇帝实录》已称「努尔哈齐」。中国第一历史档案馆、辽宁省档案馆保存的清代玉牒所记亦为「努尔哈齐」。故本长编依据记载称清太祖为「努尔哈齐」。

史料目录

崇德年（一六三六年五月至一六四四年二月）

清入关前（一六一六年至一六四三年） 三〇七

顺治元年（一六四四年二月至一六四五年一月） 三二五

顺治十二年（一六五五年二月至一六五六年一月）

顺治十七年（一六六○年二月至一六六一年一月）　九五七

史料

明万历十五年

（一五八七年二月至一五八八年一月）

〇〇〇一　明万历十五年正月初一日　虎拦哈达筑城建宫室

《清太祖高皇帝实录》卷二

丁亥春正月。庚寅朔

上於碩里口。虎攔哈達東南。加哈河兩界中之

平岡。築城三層。竝建宮室

〇〇〇二　明万历十五年　虎拦哈达筑城建楼台

卷二

《清太祖武皇帝实录》卷一，并见《满洲实录》

丁亥年太祖於首里口虎攔哈達下東南河二道一名夾哈一名首里夾

河中一平山築城三層啓建樓臺

〇〇〇三　明万历十五年　迁居呼兰哈达城

嘉庆朝《大清会典事例》卷七二二，并见光绪朝《大清会典事例》卷九五八

太祖高皇帝丁亥歲遷居呼蘭哈達南岡新城。

明万历三十一年

（一六〇三年二月至一六〇四年一月）

〇〇〇四　明万历三十一年正月初一日　筑赫图阿喇城

癸卯。春正月。戊午朔

上自虎攔哈達南岡移於祖居蘇克蘇滸河加哈河之間赫圖阿喇地築城居之以牛羊犒築城夫役者三

《清太祖高皇帝实录》卷三

〇〇〇五　明万历三十一年　筑黑秃阿喇城

癸卯年遣大臣以禮往送爲婚後

太祖從虎攔哈達南崗移於黑禿阿喇處（黑禿阿喇在蘇蘇加哈二河之間乃祖居也）築城居住宰牛羊三次犒勞夫役

《清太祖武皇帝实录》卷二

〇〇〇六　明万历三十一年　筑赫图阿拉城

《满洲实录》卷二

赫圖阿拉
南崗移於
呼蘭哈達
太祖從
後

宰牛羊三
築城居住
乃祖居也
二河之間
素護加哈
拉在蘇克
處赫圖阿

役
次犒賞夫

〇〇〇七　明万历三十一年　筑赫图阿拉内城

《钦定盛京通志》卷一八

太祖癸卯年剏建内城。

〇〇〇八　明万历三十一年　筑赫图阿拉城

嘉庆朝《大清会典事例》卷七二二，并见光绪朝《大清会典事例》卷九五八

癸卯仍於赫圖阿拉舊址築城

〇〇〇九　明万历三十一年　建州卫筑城

嘉庆朝《大清会典事例》卷七二二，并见光绪朝《大清会典事例》卷九五八

是年又於建州衛築城

週五里。南一門。東二門。北一門。

明万历三十三年

（一六〇五年二月至一六〇六年二月）

〇〇一〇　明万历三十三年三月初一日　筑赫图阿拉外城

乙巳春三月乙亥朔
上命於赫圖阿喇城外更築大城環之以牛羊
犒役夫者五

《清太祖高皇帝实录》卷三

〇〇一一　明万历三十三年三月　筑赫图阿拉外城

乙巳年三月于城外復
築大郭宰牛羊犒賞夫役五次

《清太祖武皇帝实录》卷二，并见《满洲实录》卷三

〇〇一二　明万历三十三年　赫图阿拉城增筑外城

《钦定盛京通志》卷一八

乙巳年。乃增築外城。

〇〇一三　明万历三十三年　赫图阿拉城增筑外城

嘉庆朝《大清会典事例》卷七二二，并见光绪朝《大清会典事例》卷九五八

乙巳增築外城。

週九里。南三門。北二門。東二門。西一門。

明万历四十三年

（一六一五年一月至一六一六年二月）

〇〇一四　明万历四十三年四月初一日　始建七大庙

《清太祖高皇帝实录》卷四

夏四月。丁丑朔　始建佛寺。及玉皇諸廟於城東之阜。凡七大廟。

〇〇一五　明万历四十三年四月　赫图阿拉建七大庙

四
月於城東
阜上建佛
寺玉皇廟
十王殿共
七大廟

《满洲实录》卷四，并见《清太祖武皇帝实录》卷四

天命元年

（一六一六年二月至一六一七年二月）

〇〇一六　天命元年　建都赫图阿拉

《盛京典制备考》卷一

興京城在遼金時爲瀋州地明初建州衛於此我
太祖高皇帝發祥之地天命元年以爲都城

天命三年

（一六一八年一月至一六一九年二月）

○○一七 天命三年九月初四日 筑界凡城

《清太祖武皇帝实录》卷二

九月初四日

帝與諸王臣議曰今與大明爲敵我國居該與敵相遠其東邊軍士途路更遙行兵之時馬匹疲苦可將馬牧於近邊地西近大明國於界凡處築城議定遂經營基址收聚木石因天漸寒且止

〇〇一八　天命三年九月初四日　筑城界藩

《满洲实录》卷五

九

月初四日

與諸王大臣
帝

馬牧於近邊
匹疲苦可將
行兵之時馬
士途路更遥
遠其東邊軍
居處與敵相
國為敵我國
議曰令與明

寒且止
木石因天漸
營基址收聚
城議定遂經
於界藩處築
地西近明國

○○一九　天命三年九月　筑城界凡

《清太祖高皇帝实录》卷五

己丑

上與諸貝勒大臣議曰今與明爲難我仍居國内之地西嚮行師則遊東軍士道遠馬力困乏須牧馬於沿邊之地近明界築城界凡居之議定遂營基址運木石值天寒暫止

〇〇二〇　天命三年　城界凡

康熙朝《大清会典》卷一四一，并见雍正朝《大清会典》卷二一九

天命三年。城界凡。

〇〇二一　天命三年　城界藩

《钦定盛京通志》卷一八，并见《盛京典制备考》卷一

太祖天命三年。城界藩。

我

〇〇二二 天命三年 筑界藩城 嘉庆朝《大清会典事例》卷七二二，并见光绪朝《大清会典事例》卷九五八

天命三年。於瀋陽城西北一百二十里鐵背山上。築界藩城。週圍一里。東一門。又一小城。週圍一百八十步。西一門。

〇〇二三 天命三年 迁界藩城 康熙朝《盛京通志》卷一

天命三年取撫順遷界蕃城

天命四年

（一六一九年二月至一六二〇年二月）

〇〇二四　天命四年二月十五日　筑界凡城

《清太祖武皇帝实录》卷三

二月十五日遣人夫一萬五千赴界凡處運築城之石令騎兵四百衛之

○○二五 天命四年二月十五日 筑界藩城

《满洲实录》卷五

二月十五

四百衛之石令騎兵運築城之赴界藩處一萬五千日遣人夫

〇〇二六　天命四年二月十五日　界凡筑城

己巳，令夫役萬五千人赴界凡運石築城，以騎兵四百衛之

《清太祖高皇帝实录》卷六

〇〇二七　天命四年六月　建界凡行宫等

帝謂王臣曰吾等不回都城於界凡築城架屋居之令兵馬不濟渾河牧於邊境可也諸王臣議定奏曰不如還都各修馬廄採草牧養以水洗濯方得肥壯也士卒歸家以便整頓器具帝曰是非汝所知也當此六月炎天行兵已經二十日自此歸家遠近不等或有二三日至者或有居都城之東三四日方至者今天暑路遙馬匹何日得肥吾欲居界凡令馬牧於此也早令之壯八月興師言訖遂至界凡居之牧馬於邊遣人迎后幷諸王妃至大宴之是月帝行宮及王臣軍士房屋皆成

《清太祖武皇帝实录》卷三

○○二八　天命四年六月　建界藩行宫等

《满洲实录》卷五

濟渾河牧於之令兵馬不築城治屋居都城於界藩曰吾等不回帝謂王大臣

歸家以便整肥壯也士卒水洗拭方得採草牧養以都各修馬廐奏曰不如還王大臣議定邊境可也諸

二三日至者近不等或有自此歸家遠已經二十日月炎暑行兵知也當此六曰是非汝所頓跽具　帝

早令之壮八马牧於此地欲居界藩令何日得肥吾暑路遥马匹方至者令天之东三四日或有居都城

大臣军士房帝行宫及王宴之是月诸王妃至大遣人迎后并之牧马於边遂至界藩居月兴师言讫

屋皆成

〇〇二九　天命四年六月　界凡宫室等成

《清太祖高皇帝实录》卷六，参见《清太祖高皇帝圣训》卷一

上諭貝勒諸臣曰吾等勿回都城築城界凡治屋廬以居牧馬邊境勿渡渾河何如貝勒諸臣議曰不如還都近水草息馬濃陰之下浴之飼之馬乃速壯且使士卒歸家繕治兵仗便

上曰此非爾所知也今六月盛夏行兵已二十日矣若還都二三日乃至軍士由都至各路屯寨又須三四日炎蒸之時復經遠涉馬何由壯耶吾居界凡牧馬於此至八月又可興師矣遂駐蹕界凡令軍士盡牧馬於邊

上建宮室於界凡城內及諸貝勒大臣兵民房

舍皆成迎

皇后并諸貝勒福金至大宴行慶賀禮

天命五年

（一六二〇年二月至一六二一年一月）

〇〇三〇　天命五年十月初一日　迁撒尔湖城

《清太祖高皇帝实录》卷七

冬十月。甲辰朔　是月。自界凡遷於撒爾湖。築軍民廬舍至十一月乃成

〇〇三一　天命五年十月　迁撒儿湖城

《清太祖武皇帝实录》卷三

月自界凡遷于撒兒湖建軍民房舍至十一月乃成

十

〇〇三二　天命五年十月　迁萨尔浒城

《满洲实录》卷六

十月自界藩遷於薩爾滸建軍民房舍至十一月乃成

○○三三　天命五年　筑东京城

雍正朝《大清会典》卷八七

五年。克遼陽瀋陽。定議建都。始築東京。

天命六年

（一六二一年一月至一六二二年二月）

〇〇三四　天命六年闰二月十一日　筑撒儿湖城工毕

《清太祖武皇帝实录》卷三，参见《满洲实录》卷六

閏二月十一日築撒兒湖城畢帝曰築城之夫最苦可賜牛以勞之羣臣曰與其用國中之牛盍俟掠大明牛驢而給食之帝乃陞殿聚諸王臣曰人君無野處露宿之理故築城也君明乃成國國治乃成君至於君之下有王王安即民安民安即王安故天作之君君恩臣臣敬君禮也至于王宜愛民民宜尊王爲主者宜憐僕僕宜爲其主僕所事之農業與主共食而主所獲之財及所敗之物亦當與僕共之如是互相關切天欣人愛豈不各成歡慶哉如築城之木石豈出于築城之地耶鑿石於山採木於林搬運之遠既已勞矣而築壘之工不更苦乎今爾等之意實不欲出己之財故耳不知征大明當以大義舉之如爲犒築城之夫而掠之最不可也正言間副將布兒津後至帝問曰自何來如是喘息想徒步來耶布兒津對曰自築城處來帝曰爾空身行走尚且勞倦運木石而築城者寧不勞歟遂賞牛散賜犒勞夫役

〇〇三五　天命六年闰二月十一日　筑撒尔湖城工毕

《清太祖高皇帝实录》卷六

閏二月。癸酉朔。癸未。築撒爾湖城工竣。

上念築城夫役良苦今犒以牛羣臣奏曰與其取諸公家何若征明以所獲牛畜給之

上乃御殿集貝勒諸臣曰朕以人君無野處之理故築城以居夫君賢而後有國國治而後有君貝勒良而後有民民安而後有貝勒故天作之君恩養其下而下敬其上禮也至於諸貝勒宜愛其民民宜尊其貝勒即一家之中爲主者宜恤其僕爲僕者宜敬其主如其僕以力耕所穫供其主而不敢私其主積有財物亦贍其僕而無所吝如此則上下相親

天心悦。人情和。無往不善矣。夫築城所用木石。豈出於築城之地耶。鑿石於山。採木於林。長路轉運。既已疲矣。況又版築興作。其勞益甚。今爾等吝惜己財。乃爲此言。不知征明原以伸大義奉天而行。若爲築城犒夫之故。而畧取其牛。甚不可也。言方竟。適有梅勒額眞副將博爾晉後至。上問曰。汝適安在。徒步來耶。何喘息不寧也。博爾晉對曰。自築城所來。上曰。爾輕身行。憊如是。彼輓運興築之夫。寧不勞乎。遂計夫役賜牛。併以食鹽給之

〇〇三六 天命六年三月二十一日 迁居辽阳

《清太祖武皇帝实录》卷三

帝聚諸王臣議曰遼陽乃天賜我者可遷居于此耶抑仍還本國耶諸王臣俱以還國對帝曰若我兵還遼陽必復固守凡城堡之民逃散于山谷者俱遺之矣棄所得之疆土而還國必復煩征討且此處乃大明朝鮮蒙古三國之中要地也可居天與之地諸王臣對曰此言誠然議定遂遣人迎后妃皇子

○○三七　天命六年三月二十一日　迁居辽阳

《满洲实录》卷七

二十一日

帝聚諸王大

我兵一還則
對　帝曰若
臣俱以還國
國耶諸王大
耶抑仍還本
可遷居於此
乃天賜我者
臣議曰遼陽

征討且此處
國後必復煩
之疆土而還
有矣棄所得
山谷不為我
民必逃散於
守凡城堡之
遼陽必復固

人迎后妃皇
然議定遂遣
對曰此言誠
之諸王大臣
與我即宜居
壞要地天既
蒙古三國接
乃明國朝鮮

子

〇〇三八 天命六年三月二十一日 议定迁都辽阳

《清太祖高皇帝实录》卷七，并见《清太祖高皇帝圣训》卷三

癸亥。

上集貝勒諸臣議曰。天既眷我。授以遼陽。今將移居此城耶。抑仍還我國耶。貝勒諸臣俱以還國對。上曰。國之所重。在土地人民。今還師。則遼陽一城。敵且復至。據而固守。週遭百姓。必將逃匿山谷。不復為我有矣。舍已得之疆土而還。後必復煩征討。非計之得也。且此地乃明及朝鮮蒙古接壤要害之區。天既與我。即宜居之。

貝勒諸臣皆曰善遂定議遷都迎后妃諸皇子

〇〇三九　天命六年三月二十四日　努尔哈齐居辽阳南城

《清太祖武皇帝实录》卷三

二十四

日釋遼陽獄中官民查削職閑住者復其原職設遊擊八員都司二員委之以事帝諭拔城破敵將士攻戰之功行賞畢因得河東又發庫銀布帛重賞總兵以下官員及士卒等有差移遼陽官民於北城其南城則帝與諸王臣軍民居之

〇〇四〇 天命六年三月二十四日 努尔哈齐居辽阳南城

《满洲实录》卷七

事。帝諭拔二員委之以擘八員都司其原職設遊職閑住者復中官民查削日釋遼陽獄

二十四

北城其南城則移遼陽官民於及士卒等有差總兵以下官員庫銀布帛重賞因得遼東又發戰之功行賞畢城破敵將士攻

臣及將士居之帝與諸王大

丙寅。釋遼陽繫獄官民，其奪職閒住之官，悉還職，設遊擊八員，都司二員，以理其事。

上諭克城先登，力戰諸將士功，行賞畢，又以遼東既定，發帑銀布帛，大賚總兵以下各官及軍士有差。移遼陽官民居於北城關廂，其南大城，則上與貝勒諸臣，及將士居之。

〇〇四二　天命六年六月十五日　筑辽东城内小城

《满文老档》上册（译自满文）

汗回城，修築遼東城内汗居住之小城時，分别諸申與漢人。拆房平地，已於十三日施工。

〇〇四三　天命六年八月二十八日　迁居新城

《满文老档》上册（译自满文）

二十八日，汗率众福晋、诸贝勒、众汉官及其妻室诣筑新城之地。八旗宰八牛，各设筵十席，大宴之。又每旗各以牛十头赏筑城之汉人。八旗八游击之妻，各赏金簪一枝。

〇〇四四 天命六年九月十四日 于太子河北筑城

《满文老档》上册（译自满文）

汗曰：“该辽东城年代久远，业已老朽，且城垣广大。我若出征，必致守城人陷於危难矣。东有朝鲜，北有蒙古，此二国皆與我陌生。若捨此西征大明，则必有後顧之憂。需更築堅城，酌留守兵，以解後患，即可安心南征。”諸貝勒大臣諫曰：“若棄所得之城郭所居之室廬，於新地築城建房，恐力所不能，勞苦國人也！”汗曰：“我與大國構兵，豈能即圖安逸乎？爾惟慮一時之小勞苦，而我所圖者大也。若惜一時小勞，何能成將來之大業耶？可令漢人築城，至於廬舍，可令各主營建，如此，其勞無幾也！”自八月始，於太子河北岸山崗建城池。

〇〇四五 天命六年十一月三十日 着不许拆毁庙宇

《满文老档》上册（译自满文）

三十日，汗降書諭曰："任何人不得拆毁廟宇，不得於廟院内拴繫馬牛，不得於廟院内便溺。有違此言，拆毁廟宇，拴繫馬牛者，見即執而罪之。"

〇〇四六　天命六年　城撒尔湖

康熙朝《大清会典》卷一四一，并见雍正朝《大清会典》卷二一九

六年。城撒爾湖。

〇〇四七　天命六年　城萨尔浒

《钦定盛京通志》卷一八，并见《盛京典制备考》卷一

六年城薩爾滸。

〇〇四八　天命六年　筑萨尔浒城

嘉庆朝《大清会典事例》卷七二二，并见光绪朝《大清会典事例》卷九五八

六年。於瀋陽城西一百二十里築薩爾滸城。週圍三里。南與東各一門。西南西北各一門。外城週圍七里。四面各一門。

〇〇四九　天命六年　城东京并建宫殿

康熙朝《盛京通志》卷一

天命六年

取遼陽於遼陽東城

東京而

宮殿建焉

〇〇五〇　天命六年　东京城垣

康熙朝《盛京通志》卷一

東京城

在太子河東離遼陽八里天命六年建城週圍六里零十步高三丈五尺東西廣二百八十丈南北袤二百六十二丈五尺城門八東門二一曰撫近一曰內治西門二一曰懷遠一曰外攘南門二一曰德盛一曰天祐北門二一曰福勝一曰地載號曰東京

〇〇五一　天命六年　创建东京城垣

《钦定盛京通志》卷一八，并见《盛京典制备考》卷一

東京城創建

太祖高皇帝天命六年建。在太子河東邊。去遼陽州城八里。其城週六里零十步。高三丈五尺。東西廣二百八十丈。南北袤二百六十二丈五尺。城門八。

○○五二　天命六年　东京城垣

嘉庆朝《大清会典事例》卷七二二，并见光绪朝《大清会典事例》卷九五八

天命六年，於太子河邊築城，週六里零十步。高三丈五尺，東西廣二百八十丈，南北袤二百六十二丈五尺。城門八：東嚮者左曰迎陽，右曰韶陽；南嚮者左曰龍源，右曰大順；西嚮者左曰大遼，右曰顯德；北嚮者左曰懷遠，右曰安遠。是為東京。

天命七年

（一六二二年二月至一六二三年一月）

〇〇五三　天命七年三月　创立东京宫室

《清太祖武皇帝实录》卷四

是月帝聚諸王臣議曰皇天見祐將遼東地方付與我等然遼陽城大且多年傾圮東南有朝鮮西北有蒙古二國俱未服若釋此而征大明難免內顧之憂必另築城郭派兵堅守庶得坦然前驅而無後慮矣諸王臣諫曰若捨已得之城郭棄所居之房屋而更爲建立毋乃勞民乎帝曰既征大明豈容中止汝等惜一時之勞我惟遠大是圖若以一時之勞爲勞前途大事何由而成可令降民築城至于房屋各建之可也諸王臣俱服其言遂于城東五里代子河邊築城遷居之名其城曰東京

将遼東地方曰皇天見祐諸王大臣議是月　帝集

國難免内顧釋此而征明國俱未服若北有蒙古二南有朝鮮西多年傾圯東遼陽城大且付與我等然

棄所居之房已得之城郭臣諫曰若舍處矣諸王大前驅而無後守廡得坦然城郭派兵堅之憂必另築

若以一時之惟遠大是圖一時之勞我中止汝等惜征明國豈容乎帝曰既立毋乃勞民屋而更為建

帝言遂於城臣俱敬服可也諸王大屋各自建之築城至於房成可令降民大事何由而勞為勞前途

曰東京居之名其城河邊築城遷東五里太子

〇〇五五　天命七年三月　创建东京宫室

《清太祖高皇帝实录》卷八，并见《清太祖高皇帝圣训》卷三，参见《钦定盛京通志》卷一八

上集貝勒大臣議曰我國家承天眷佑遂有遼東之地但今遼陽城大年久傾圮東南有朝鮮北有蒙古二國俱未弭帖若舍此征明恐貽内顧憂必更築堅城分兵守禦庶得固我根本乘時征討也貝勒大臣諫曰舍見居之城郭室廬更爲創建毋乃勞民耶上曰今既與明搆兵豈能即圖安逸汝等所惜者一時小勞苦耳朕所慮者大也苟惜一時

之勞。何以成將來遠大之業耶。朕欲令降附之民築城。而廬舍各自營建。如此。雖暫勞亦永逸。已貝勒大臣皆曰善。遂築城於遼陽城東五里太子河邊。創建宫室。遷居之名曰東京

○○五六 天命七年 筑东京城

二二九

七年。於遼陽東帶子河邊築城。是爲東京。

康熙朝《大清会典》卷一四一，并见雍正朝《大清会典》卷

〇〇五七　天命七年　东京城建八角殿

《钦定盛京通志》卷二〇

八角殿

天命七年建。在

東京城内。

天命八年

（一六二三年一月至一六二四年二月）

〇〇五八　**天命八年　筑海城新城**

嘉庆朝《大清会典事例》卷七二二，并见光绪朝《大清会典事例》卷九五八事例》卷九五八

八年。於海州衛土城東南隅建新城。週圍二里一百七十六步。今海城縣城。增建一門。舊制週圍六百五十三步有奇。高三丈四尺。門四。

〇〇五九　**天命八年　重建牛庄城**

嘉庆朝《大清会典事例》卷七二二，并见光绪朝《大清会典事例》卷九五八

又重建牛莊城。週圍二里九十三步。門三。

天命九年

（一六二四年二月至一六二五年二月）

〇〇六〇 天命九年四月初一日 景祖等陵移于东京

《清太祖高皇帝实录》卷九，并见《清太祖高皇帝圣训》卷一

夏四月甲申朔

上以遼陽既定建都東京奉移

景祖

顯祖

孝慈皇后及皇妃皇伯父皇弟皇子諸陵墓於

東京命族弟鐸弼王善貝和齊往至祖居虎

攔哈達之赫圖阿喇地謁

祖陵及

皇后皇妃陵鐸弼等遵

旨。先以太牢祭告畢。乃奉
景祖
顯祖
孝慈皇后梓宮。舁以黃輿。暨皇伯父禮敦巴圖
魯皇弟貝勒達爾漢巴圖魯舒爾哈齊。青巴
圖魯穆爾哈齊。皇叔塔察篇古之子貝勒祜
爾哈齊靈櫬。舁以朱輿。日祭以太牢。將至。
上率諸貝勒大臣。令軍士被甲冑。執器械出城
迎二十里外。至皇華亭。
上及諸貝勒大臣軍士。悉俯伏道左。俟

景祖
顯祖暨
孝慈皇后靈輿過。乃起。至東京城東北四里之
楊魯山。預建寢殿。以安葬焉。設太牢焚楮幣
安侑諸靈。
上諭
二祖陵。奠酒行禮。祝曰。吾征明。復
祖
父仇。已得遼東。廣寧。祇移
寢園。永安斯土。惟我
祖

考。仰達
天地。垂福佑馬。其繼妃富察氏。及皇子阿爾哈
圖土門貝勒褚英櫬。亦同移於此

〇〇六一　天命九年四月初一日　景祖等陵移于东京

《东华录》天命卷四

夏四月甲申朔時於東京城東北之陽魯山營建　陵寢命族弟鐸弼王善貝和齊往虎攔哈達之赫圖阿喇以太牢祭告　祖陵奉移　梓宮鐸弼等奉　景祖　顯祖　孝慈皇后梓宮暨　皇伯父禮敦　皇弟舒爾哈齊穆爾哈齊　皇叔塔察篇古之子貝勒祜爾哈齊靈櫬至　上率諸貝勒大臣出城迎二十里外至皇

華亭恐俯伏道左俟靈輿過乃起奉安　山陵跪奠酒告曰我征
明復　祖　父仇已得遼東廣甯祇移　寢園安於所得之地惟
我　祖我　父仰達　天地永垂福佑焉繼妃富察氏及　皇子
褚英櫬亦同移於此

〇〇六二一　天命九年四月　移景祖等陵于东京

《清太祖武皇帝实录》卷四

四月內命宗弟多畢王善背胡吉往祖居虎攔哈達（山名）黑
土阿喇處（地名）移先陵三人承命至皇祖考妣及皇后諸陵前用太牢祭畢乃移諸靈櫬肩與
以行幪分黃紅各有其等皇祖考用紅幪中宮皇后用黃其大父李敦把土魯皇弟打喇漢
把土魯青把土魯宗弟胡里哈奇皇叔搭叉（偏諱子也）用紅逐日宰牛祭奠沿途不缺將至帝率
諸王臣令衆軍披掛出東京二十里迎至接官亭命束草爲漢人形放砲吶喊斬草人以瘞
其地帝暨諸王軍士俱俯伏道傍候皇祖考及皇后靈過乃起至東京城東北四里崗上建
立靈堂安置之乃盛陳祭儀宰牛羊多焚金銀紙張以祭諸靈躬詣祖考靈前跪奠祝曰吾
征大明以復祖父之讎遂得廣寧遼陽今迎先靈葬於所獲之地乞祖父上達天地神祇冥
中默祐可也祝畢再拜而起其繼娶袞代皇后及皇子阿兒哈兔土門靈櫬亦同移於此

鐸弼旺善貝
月内命宗第四

諸陵前用太
妣及皇后
至皇祖考
陵三人承命
處岡名移先
名赫圖阿拉
呼蘭哈達山
和齊往祖居

皇伯父禮敦
皇后用黄其
紅幪中宫
皇祖考用
紅各有其等
以行幪分黄
諸靈櫬肩輿
牢祭畢乃移

祭奠沿途無
紅逐日宰牛
篇古之子用
奇皇叔塔察
宗弟祜爾哈
魯青巴圖魯
達爾漢巴圖
巴圖魯皇弟

吶喊斬草人
漢人形放砲
亭命東草爲
里迎至接官
出東京二十
令衆軍披掛
率諸王大臣
間將至　帝

四里崗上建
東京城東北
靈過乃起至
考及　皇后
旁候　皇祖
士俱俯伏道
帝暨諸王軍
以奪其地

吾征明國以
前跪奠祝曰
諳　祖考靈
以祭諸靈躬
焚金銀紙張
儀宰牛羊多
之乃盛陳祭
立寢殿奉安

也祝畢再拜
冥中默祐可
達天地神祇
地乞祖父上
葬於所獲之
陽令迎先靈
遂得廣寧遼
復祖父之仇

亦同移於此
圖圖們靈櫬
皇子阿爾哈
袞代皇后及
而起其繼娶

〇〇六四 天命九年 奉移景显二祖陵于东京

嘉庆朝《大清会典事例》卷七二三，并见光绪朝《大清会典事例》卷九五九

天命九年。奉移
景祖翼皇帝
翼皇后
顯祖宣皇帝
宣皇后陵於
東京城東北四里之楊魯山。稱
東京
陵。

天命十年

（一六二五年二月至一六二六年一月）

〇〇六五 天命十年三月初一日 欲迁都沈阳

《清太祖高皇帝实录》卷九，并见《清太祖高皇帝圣训》卷三

三月。己酉朔。

上欲自東京遷都瀋陽。與貝勒諸臣議。貝勒諸臣諫曰。邇者築城東京。宮室既建。而民之廬舍。尚未完繕。今復遷移。歲荒食匱。又興大役。恐煩苦我國。

上不許。曰。瀋陽形勝之地。西征明。由都爾鼻渡遼河。路直且近。北征蒙古。二三日可至。南征朝鮮。可由清河路以進。且於渾河蘇克蘇滸河之上流。伐木。順流下。以之治宮室。爲薪。不

可勝用也時而出獵山近獸多河中水族亦可捕而取之朕籌此熟矣汝等寧不計及耶

〇〇六六　天命十年三月初四日　迁都至沈阳

《清太祖武皇帝实录》卷四

三月帝聚諸王臣議欲遷都瀋陽諸王臣諫曰東京城新築宮廨方成民之居室未備今欲遷移恐食用不足力役繁興民不堪苦矣帝不允曰瀋陽四通八達之處西征大明從都兒鼻渡遼河路直且近北征蒙古二三日可至南征朝鮮自清河路可進瀋陽渾河通蘇蘇河於蘇蘇河源頭處伐木順流而下材木不可勝用出遊打獵山近獸多且河中之利亦可兼收矣吾籌慮已定故欲遷都汝等何故不從乃於初三日出東京宿虎皮驛初四日至瀋陽

〇〇六七　天命十年三月初四日　迁都至沈阳

三月　帝聚

恐食用不足備令欲遷移民之居室未築宮廨方成曰東京城新諸王大臣諫欲遷都瀋陽諸王大臣議

且近北征蒙渡遼河路直國從都爾弼之處西征明陽四通八達帝不允曰瀋不堪苦矣力役繁興民

《满洲实录》卷八

伐木，順流而
護河上流處
河於蘇克素
通蘇克素護
進瀋陽渾河
自清河路可
至南征朝鮮
古二三日可

等何故不從
故欲遷都汝
吾籌慮已定
亦可捕取矣
且河中水族
獵山近獸多
勝用出遊打
下材木不可

至瀋陽
皮驛初四日
出東京駐虎
乃於初三日

○○六八　天命十年三月初五日　迁都至沈阳

《钦定盛京通志》卷一八

天命十年三月巳酉朔

太祖欲自東京遷都瀋陽與諸臣議貝勒諸臣諫曰邇者築城東京宫室旣建而民之廬舍尚未完繕今復遷移歲荒食匱又興大役恐致煩苦

太祖以瀋陽形勝之地籌之已熟遂不許於是月壬子出東京啟行夜駐虎皮驛癸丑至瀋陽

〇〇六九　天命十年　迁沈阳　康熙朝《盛京通志》卷一

天命十年遷瀋陽

〇〇七〇　天命十年　都沈阳　康熙朝《大清会典》卷一四一，并见雍正朝《大清会典》卷二一九

十年。都瀋陽。

○○七一　天命十年　定都沈阳

康熙朝《大清一统志》卷二八

太祖高皇帝诞膺

天命肇造鸿图，始由

兴京抚有东土，遂自界藩、萨尔浒、抚顺而筑

东京于辽阳。天命十年，以沈阳为形胜之地，王气所

锺，遂定都焉。

○○七二　天命十年　增修沈阳城

《盛京典制备考》卷首

我

太祖肇基

兴京，天命十年增修沈阳城

〇〇七三　**天命十年　迁都沈阳**

乾隆朝《大清会典则例》卷一三九，并见《盛京典制备考》卷一，参见《钦定盛京通志》卷一八

天命十年自
東京遷都瀋陽

〇〇七四　**天命十年　迁都沈阳**

嘉庆朝《大清会典事例》卷七二二，并见光绪朝《大清会典事例》卷九五八

天命十年自
東京遷都瀋陽。

天命十一年

（一六二六年一月至一六二七年二月）

〇〇七五　天命十一年五月二十一日　上谒堂子

《清太祖高皇帝实录》卷一〇

壬戌，奥巴将至。

上谒

堂子，出城迎十里许，御帐殿，奥巴率从者列帐前，偕台吉贺尔禾代拜思噶尔向前稽首，奥巴复诣

上膝前再拜，行抱见礼。

上起，就御座前，答之。次及贺尔禾代拜思噶尔各行礼如仪，复就位跪，请

上及诸贝勒安。大贝勒二贝勒诸台吉与奥巴

以次行禮。與巴等獻紫貂皮、貂裘、槖駝、馬。曰。
我等所有之物。被察哈爾喀爾喀侵我時悉
掠去。無堪進獻者。
上曰。彼二部落原因貪得而來掠汝。不待言也。
今爾我無恙。得會足矣。遂張筵大宴。賜雕鞍
竝馬、繡披領、鏤金帶、有頂冠各三。奧巴喜曰。
今
皇帝所賚。明日仍取還否。吾喜甚未信。殊以爲
異。
上曰。此微物耳。何足論。此後凡以物與汝者。或

係隨意持贈其物未必甚佳若見諸貝勒中衣服器具之佳者請之當不爾靳也遂偕與巴等入瀋陽城每日賜宴恩禮甚厚

《清太祖武皇帝实录》卷四

○○七六　天命十一年八月十一日　努尔哈齐崩

七月二十三日帝不豫詣清河温泉沐浴十三日大漸欲還京遂乘舟順代子河而下遣人請后迎之于渾河相遇至靉鷄堡離瀋陽四十里八月十一日庚戌未時崩

〇〇七七　天命十一年八月十一日　努尔哈齐崩

《满洲实录》卷八

七月二十三日 帝不豫詣清河溫泉坐湯十三日大漸欲還

京遂乘舟順太子河而下遣人召后迎之於渾河相遇至艾家堡離瀋陽四十里八月十一日庚戌未時

崩在位十一年壽六十八國政及子孫遺命預有告誡臨終遂不言及羣臣更番舁

奉夜初更至瀋陽入宮中諸王大臣并官民號慟不絶

〇〇七八　天命十一年八月十一日　努尔哈齐崩

《清太祖高皇帝实录》卷一〇

八月。庚子朔〇丙午。上大漸。欲還京。乘舟。順太子河而下。使人召大妃來迎。入渾河。大妃至。泝流至靉雞堡。距瀋陽城四十里。庚戌。未刻。上崩。在位凡十一年。年六十有八。上於國家政事。子孫遺訓。平日皆預定。告誡臨崩。不復言及。羣臣更番舁至瀋陽城。昏刻入宮中。諸貝勒大臣及侍衛。以至羣臣萬民哀慟呼號。如喪考妣。遠近不絕。

〇〇七九　天命十一年八月十二日　安厝大行皇帝梓宫

《清太祖武皇帝实录》卷四，并见《满洲实录》卷八，参见《清太祖高皇帝实录》卷一〇、嘉庆朝《大清会典事例》卷三六八、光绪朝《大清会典事例》卷四五六

七月二十三日帝不豫詣清河温泉沐浴十三日大漸欲還京遂乘舟順代子河而下遣人請后迎之于渾河相遇至靉鷄堡離瀋陽四十里八月十一日庚戌未時崩在位十一年壽六十八爲國事子孫早有明訓臨終遂不言及羣臣輪班以肩帝柩夜初更至瀋陽入宮中諸王臣并官民哀聲不絶帝后原係夜黑國主楊機奴貝勒女崩後復立兀喇國滿泰貝勒女爲后饒丰姿然心懷嫉妬每致帝不悦雖有機變終爲帝之明所制留之恐後爲國亂預遺言於諸王曰俟吾終必令殉之諸王以帝遺言告后后支吾不從諸王曰先帝有命雖欲不從不可得也后遂服禮衣盡以珠寶飾之哀謂諸王曰吾自十二歲事先帝豐衣美食已二十六年吾不忍離故相從于地下吾二幼子多兒哄多鐸當恩養之諸王泣而對曰二幼弟吾等若不恩養是忘父也豈有不恩養之理于是后於十二日辛亥辰時自盡壽三十七乃與帝同柩巳時出宮安厝于瀋陽城內西北角

天聪三年

（一六二九年一月至一六三〇年二月）

〇〇八〇　天聪三年二月初十日　建太祖山陵

《清太宗实录》卷五

丙申

初

上命诸贝勒大臣敬卜吉壤建造

山陵奉迁

太祖高皇帝梓宫安葬。至是定议。卜吉于沈阳城东二十里浑河北石嘴头山。遣官诣东京。奉迁

孝慈高皇后梓宫。与

太祖高皇帝合葬。大贝勒莽古尔泰母妃富察氏柩。亦同迁焉

○○八一　**天聪三年二月初十日　建太祖山陵**

嘉庆朝《大清会典事例》卷三六八，并见光绪朝《大清会典事例》卷四五六

三年二月初十日。

太宗文皇帝諭諸貝勒大臣曰。

皇考太祖梓宮。宜遷吉地。遂卜地於瀋陽城東二十里渾河北石嘴頭山。遣官詣東京。奉遷

孝慈高皇后梓宮合葬。大貝勒莽古爾泰母福晉富察氏柩。亦同遷焉。

〇〇八二　**天聪三年二月十三日　清太祖梓宫葬于山陵**

天聰三年。二月

己亥。葬

福陵。

《清太祖高皇帝实录》卷一〇

〇〇八三　**天聪三年二月十三日　清太祖梓宫葬山陵**

《清太宗实录》卷五，参见嘉庆朝《大清会典事例》卷三六八、光绪朝《大清会典事例》卷四五六

己亥。清明節。丑刻。以奉遷

太祖高皇帝梓宮。

上率諸貝勒大臣。詣

太祖梓宮前。行告祭禮。奠酒。舉哀。焚楮幣。讀祝。祝詞曰。

皇考升遐。於時三載。向以未獲吉壤。敬奉
梓宮。暫安瀋陽城內。宏規鉅制。有待經營。今謹卜地於渾河北
石嘴頭山。川縈山拱。佳氣鬱葱。敬建
寶城。用諏吉日。奉遷
皇考梓宮。奠兹佳域。伏願億萬斯年。
神靈永安。慶流奕世。申錫無疆。謹告。遂焚祝文。
上與諸貝勒親奉
太祖梓宮出殿。諸大臣奉安靈轝。列鹵簿。奏樂。八旗諸臣以次
恭舁
龍轜至
山陵。隨奉
孝慈高皇后梓宮。與

太祖高皇帝合葬。大貝勒莽古爾泰母妃富察氏靈櫬亦祔葬於傍。葬畢。焚楮幣以祭。於是命官。敬謹守護陵東西兩旁。立下馬坊。禁乘車馬行走。過必下。諸貝勒大臣以下。小民以上。違者治罪

〇〇八四　天聰三年二月二十三日　重葺辽阳玉皇庙　《清太宗实录》卷五

己酉。車駕次遼陽。遍閱寺廟。見玉皇廟殿宇圮壞。命重葺之。仍諭察出原毀之人。令其修復廟內屋舍

〇〇八五　**天聪三年　移建奉天府儒学**　雍正朝《盛京通志》卷二一，参见康熙朝《大清会典》卷一四一、雍正朝《大清会典》卷二二〇

奉天府儒學
在府治東南隅考明時瀋陽中衛學在衛治西北隅
正統元年重建
本朝天聰三年改建今地初建
聖殿三間戟門三間欞星門一座

〇〇八六　**天聪三年　建先师庙**　乾隆朝《大清会典则例》卷一五五，并见嘉庆朝《大清会典事例》卷八二三、光绪朝《大清会典事例》卷一〇九三

天聰三年建
先師廟於城東南隅殿三間戟門三間廟門一座

天聪四年

（一六三〇年二月至一六三一年一月）

〇〇八七 天聪四年四月初六日 筑沈阳北城墙

《满文老档》下册（译自满文）

瀋陽城北面未曾修築，仍係明人所築者。其餘三面，早已修築。天聰四年四月初六日之【原檔殘缺】，始行修築。

〇〇八八　天聪四年　敕建辽阳莲花寺　《钦定盛京通志》卷九七

蓮花寺在城南三里喇嘛園。正殿五楹。前殿六楹。東西配廡各三楹。塔一座。本朝天聰四年。勅建。

〇〇八九　天聪四年　敕建辽阳州莲花寺　乾隆朝《大清一统志》卷六〇

蓮花寺在遼陽州南三里。本朝天聰四年勅建。

天聪五年

（一六三一年二月至一六三二年二月）

〇〇九〇 天聪五年二月十八日 重建玉皇庙成

《清太宗实录》卷八

壬戌。

先是。

太祖时。建玉皇庙于辽阳城南教场。香火不绝。后为贝勒阿济格。多尔衮。多铎。属下庄屯人拆毁。造棺椁市卖。

上闻之。怒。追讯毁者。偿值重建。至是落成。

上以庙貌重新。给办香火牲祭银百两

○○九一　天聪五年七月初八日　设六部

《清太宗实录》卷九

庚辰

上集諸貝勒大臣議爰定官制設立六部命墨爾根戴青貝勒多爾衮管吏部事圖爾格爲承政滿朱習禮爲蒙古承政李延庚爲漢承政其下設參政八員以索尼爲啓心郎貝勒德格類管戶部事英俄爾岱覺羅薩璧翰爲承政巴思翰爲蒙古承政吳守進爲漢承政其下設參政八員以布丹爲啓心郎貝勒薩哈廉管禮部事巴都禮吉孫爲承政布彥代爲蒙古承政金玉和爲漢承政其下設參政八員以祁充格爲啓心郎貝勒岳託管兵部事納穆泰葉克書爲承政蘇納爲蒙古承政金礪爲漢承政其下設參政八員以穆成格爲啓心郎貝勒濟爾哈朗管刑部事車爾格索海爲承政多爾濟爲蒙古承政高鴻中孟喬芳爲漢承政其下設參政八員以額

爾格圖爲啟心郎貝勒阿巴泰管工部事孟阿圖康喀賴爲承政囊努克爲蒙古承政祝世廕爲漢承政其下設滿洲參政八員蒙古參政二員漢參政二員以苗碩渾爲滿洲啟心郎羅繡錦馬鳴珮爲漢啟心郎其餘辦事筆帖式各酌量事務繁簡補授

○○九二　天聪五年　增拓沈阳城

康熙朝《盛京通志》卷一

天聰五年因舊城增拓其制内外甎石高三丈五尺闊一丈八尺女墻七尺五寸週圍九里三百三十二步四面垜口六百五十一敵樓八座角樓四座改舊門爲八東之大東門曰撫近小東門曰内治南之大南

門曰德盛小南門曰天祐西之大西門曰懷遠小西門曰外攘北之大北門曰福勝小北門曰地載池濶十四丈五尺週圍十里二百四步鐘樓一在福勝門內大街鼓樓一在地載門內大街

〇〇九三　天聪五年　增拓沈阳城

康熙朝《大清会典》卷一四一，并见雍正朝《大清会典》卷二一九

天聰五年。因舊城增拓其制。爲門凡八。南曰德盛。天祐。東曰撫近。內治。西曰懷遠。外攘。北曰福盛。地載。高三丈五尺。厚一丈八尺。女墻七尺五寸。四面垜口六百五十一。敵樓八座。角樓四

座。週圍九里三百三十二步。池。週圍十里二百四步。濶十四丈五尺

○○九四　天聪五年　增拓沈阳城

乾隆朝《大清会典则例》卷一三九

天聰五年增拓

盛京舊城周九里三百三十二步高三丈五尺厚丈八尺池周十里二百四步廣十四丈五尺闢門八

〇〇九五　天聪五年　增拓沈阳旧城

嘉庆朝《大清会典事例》卷七二二，并见光绪朝《大清会典事例》卷九五八

天聰五年。增拓瀋陽舊城。其制内外甎石高三丈五尺，厚一丈八尺。女牆七尺五寸。週圍九里三百三十二步。四面箭口六百五十一。明樓八座。角樓四座。改舊門爲八。原設四門。東嚮者左曰撫近，右曰内治。南嚮者左曰德盛，右曰天祐。西嚮者左曰懷遠，右曰外攘。北嚮者左曰福勝，右曰地載。池闊十四丈五尺。週圍十里二百四步。

〇〇九六　天聪五年　增拓沈阳旧城

《盛京典制备考》卷一

盛京城天聰五年因金遼瀋州舊治拓其制改築高三丈五尺厚一丈八尺女牆高七尺五寸週圍九里三百三十二步垛口六百五十有一城門八門樓如之角樓四東二門左曰撫近右曰内治南二門左曰德盛右曰天佑西二門左曰懷遠右曰外攘北二門左曰地載右曰福勝每門原設大礮一位

池　寬十四丈五尺週圍十里二百零四步

○○九七 天聪五年 增拓沈阳城

《钦定盛京通志》卷一八

天聰五年，因舊城增拓，其制内外甎石，高三丈五尺，厚一丈八尺，女墻七尺五寸，週圍九里三百三十二步，四面垜口六百五十一，明樓八座，角樓四座，改舊門爲八。東向者，左曰撫近，右曰内治；南向者，左曰德盛，右曰天佑；西向者，左曰懷遠，右曰外攘；北向者，右曰福勝，左曰地載。池闊十四丈五尺，週圍十里二百四十步。鐘樓一，在福勝門内大街；鼓樓一，在地載門内大街。八門正對，方隅截然。内池七十餘處，水不外洩。

○○九八　天聪五年　增拓沈阳城

太宗文皇帝天聪五年因舊城增拓之周九里有奇爲門八南之東曰德盛門南之西曰天佑門北之東曰福勝門北之西曰地載門東之南曰撫近門東之北曰内治門西之南曰懷遠門西之北曰外攘門

《皇朝通志》卷三四

○○九九　天聪五年　沈阳钟鼓楼

鐘鼓樓　鐘樓一在福勝門内大街　鼓樓一在地載門内大街

《盛京典制备考》卷一

〇一〇〇 天聪五年 沈阳城内池

《盛京典制备考》卷一

內池 城內有池七十二土人名曰泡子夏秋雨潦歸之水不外洩而無泛溢之虞城內藉其瀦蓄爲不時之備云

天聪六年

（一六三二年二月至一六三三年二月）

○一○一　天聪六年六月初五日　谕不许拆毁格根汗庙

以谕旨懸於歸化城格根汗廟曰滿洲國天聰皇帝勑諭歸化城格根汗廟宇理宜虔奉毋許拆毁如有擅敢拆毁並擅取器物者我兵既已經此豈有不再至之理察出决不輕貸

《清太宗实录》卷一二，参见康熙朝《大清一统志》卷三四八

○一○二　天聪六年八月初八日　六部衙门工竣

癸酉工部大臣以六部衙門工竣奏聞上親往

《清太宗实录》卷一二，参见《清太祖高皇帝圣训》卷二

〇一〇三　天聰六年　建六部公署

康熙朝《盛京通志》卷一三，并见《钦定盛京通志》卷四五、《八旗通志初集·营建志》卷二四

將軍公署 在德盛門內街東天聰六年設立六部爲吏部衙門

戶部公署 在德盛門內街東天聰六年設立六部時建今因之大堂三間司房五間儀門五間大門三間 **倉** 共三處一在德盛門內房屋十七間一在城南五里房屋一十二間一在城北房屋十間 典京 **庫** 在德盛門內共一十四間樓八間 **草場** 在城外東邊牆內

稅課司公署 城內西北隅房屋六間

禮部公署 在德盛門內街東天聰六年設立六部時建今因之大堂五間廂房二間大樓三間小樓二間大門三間

刑部公署在懷遠門內街西天聰六年建

工部公署天聰六年設立六部在懷遠門街西

○一○四　天聰六年　于盛京建公廨

乾隆朝《大清会典则例》卷一三九

天聰六年建學宫於德盛門内

殿三間戟門三間廟門一座○又建吏部於德盛門内街東吏部南戸部大堂三間司房九間案卷房三間班房四間儀門五間大門三間銀庫十有八門戸部南禮部大堂五間後堂三間司房六間六品官辦事房三間大門三間貯果房

三間梨窖冰窖各一所朝鮮使館一所○又建刑部於天祐門街西其南兵部又南工部

○一○五 天聪六年 建学宫及六部衙署

嘉庆朝《大清会典事例》卷七二四，并见光绪朝《大清会典事例》卷九六一

公廨○天聰六年。建學宫於德盛門内東南隅建吏部於德盛門街東。後改為將軍署其南戶部大堂三間。司房九間。案卷房三間。班房四間。儀門五間。大門三間。銀庫十八間。戶部南。禮部大堂五

部。又南工部。

間。後堂三間。司房六間。六品官辦事房三間。大門三間。貯果房三間。梨窨冰窨各一所。朝鮮貢使館一所。○又建刑部於天祐門街西。其南兵

○一○六　**天聪六年　建文庙于德盛门内**

嘉庆朝《大清会典事例》卷七二三，并见光绪朝《大清会典事例》卷九六○

祠廟○天聰六年。建文廟於德盛門內。正殿三間。戟門三間。廟門一座。

〇一〇七　天聪六年　于抚近门内设吏部衙门

《钦定八旗通志》卷一一六

駐防將軍衙署在撫近門内天聰六年設立六部時爲吏部衙門

〇一〇八　天聪六年　牛庄设驻防

卷一一六

《八旗通志初集·营建志》卷二四，并见《钦定八旗通志》

牛莊駐防：天聰六年設。城週圍二里四十步。城内建立衙門學舍。

天聪七年

（一六三三年二月至一六三四年一月）

〇一〇九　天聪七年　筑兰磐城

嘉庆朝《大清会典事例》卷七二二，并见光绪朝《大清会典事例》卷九五八

七年修

築蘭磐城。鳳凰城西二百四十里。週圍一里十三步。南一門。

天聪八年

（一六三四年一月至一六三五年二月）

○一一○　天聪八年正月二十二日　建孔有德等宅第

《清太宗实录》卷一七

遣官营造都元帅孔有德总兵官耿仲明第宅。孔有德疏辞曰：臣自归附以来，凡所属官兵荷蒙圣恩给赐牲畜衣食房产，已极周渥。欲报深恩，旦夕匪懈，即梦寐之中时切在念。今更劳睿虑，遣官为臣修第，重伤民力。臣何以当？且臣所居之地亦已足矣。但愿皇上勉图进取，奄有天下，国家底定，民庶康宁，此时以华屋赐臣，臣亦受之无愧。今值倥偬之际，为臣营治室宇，臣心实切不安。伏望皇上允臣所辞，停止土木之工，臣不胜欣幸之至。

上諭之曰爾言良是真誠心憂國之言但進取之事難以預料
惟仰賴
上天之垂佑耳若得如所言克取天下自當更營第宅以俾爾
居然必待異時規取他人之物則我等現在第宅遂置而不
修乎況今所營造亦非過爲壯麗聊以示眷注之意且使他
國聞之知朕優待功臣如此也耿仲明奏曰臣以庸戇謬邀
厚恩嘗戴如
天之德末由報稱深切愧恥今又蒙
皇上營賜臣第以示格外之仁此
皇上莫大之恩也臣雖木石豈有不知但去年臣於東京舊居
已增置數間儘可棲息今復興工營造不惟糜費財物且恐
妨農時而疲民力也臣雖受恩不安彌甚伏祈

皇上收回成命，俾仍住舊居，臣之獲福没世難忘矣。

上不允辭，一如諭孔有德之旨諭之。

《清太宗实录》卷一八，并见乾隆朝《大清会典则例》卷一七一

○一一一 天聪八年四月初六日 沈阳城赫图阿喇城更名

其瀋陽城，稱曰天眷盛京。赫圖阿喇城曰天眷興京。毋得仍襲漢語舊名，俱照我國新定者稱之。若不遵新定之名，仍稱漢字舊名者，是不奉國法，恣行悖亂者也。察出，決不輕恕。

〇一一二　天聪八年十月初六日　着为太祖陵建寝殿等

冬十月甲申朔　己丑，礼部和硕贝勒萨哈廉传谕工部曰：太祖山陵应建寝殿，植松木，立石狮、石象、石虎、石马、石驼等，俱仿古制行之。

《清太宗实录》卷二〇

〇一一三　天聪八年十二月二十二日　盛京暂缓建天地坛

是日，牛彔章京刘学诚条奏二事：一曰立郊社坛以敬事天地。今盛京门外设立堂子，遇朔望车驾亲诣行礼，昭事之诚亦已至矣。然此但寻常之事，非

《清太宗实录》卷二一

天子之禮也。我
皇上爲
天地宗子，當恭建
天地壇，凡出師祈年，
皇上步行至壇禱祀，每冬至日郊
天用太牢，夏至日祀
地用少牢，奉
始祖神位入壇配享，所司官敬謹襄事，用九升九奏禮，此敬
天地之大典，朝廷之要務也。一曰勤視朝，以體恤民情，我國設
立六部，分理民事，逢五日十日，各部彙奏，勤政恤民爲法甚

善，但一切章疏止憑部臣之言，其中保無下情
皇上所不盡知者，似於體恤之道，猶有未備，宜設立通政司，於
朝門外東設鼓，西設鐘，曉諭人民，有願自効者擊鼓，三員冤

者撞鐘三通政司官隨即奏聞凡遇朔望
皇上御殿親加研鞫庶民情虛實悉邀
聖明洞鑒此乃勤政恤民人君當行之要道也
皇上誠能行此二者以承
天意以順民心則大業立成而曆數綿固於無疆矣
上覽畢曰疏中欲朕視朝勤政所言誠是設通政司一事朕心
久欲行之但以兵興未暇耳至於建
郊社立
宗廟未知
天意何在何敢遽行果蒙
天佑克成大業彼時順承
天心恭議大典未晚也

○一一四　天聪八年　沈阳更名曰盛京

《钦定盛京通志》卷一八，参见《盛京典制备考》卷一

盛京城創建

天聰五年建本遼金瀋州治元爲瀋陽路總管府治明爲瀋陽衛洪武二十一年指揮閔忠因舊址增築門四週圍九里三十步高二丈五尺池二重内闊三丈深八尺週圍一十里三十步外闊三丈深八尺週圍一十一里有奇我

太祖天命三年城界藩六年城薩爾滸又城東京天命十年遷瀋陽天聰五年因舊城增拓其制内外甎石高三丈五尺厚一丈八尺女墻七尺五寸週圍九里三百三十二步四面垜口六

百五十一。明樓八座。角樓四座。改舊門爲八。東向者。左曰撫近。右曰內治。南向者。左曰德盛。右曰天佑。西向者。左曰懷遠。右曰外攘。北向者。右曰福勝。左曰地載。池闊十四丈五尺。週圍十里二百四步。鐘樓一。在福勝門內大街。鼓樓一。在地載門內大街。八門正戴方隅。截然內池七十餘處。水不外洩。城邑既定。遂創

天地壇壝。營

太廟。建

宮殿。置內閣六部都察院理藩院等衙門。修學宮。設閱武場。而

京闕之規模大備天聰八年更名曰
盛京。

〇一一五　天聪八年　沈阳定名天眷盛京

嘉庆朝《大清会典事例》卷七二二，并见光绪朝《大清会典事例》卷九五八

八年定瀋陽
都城名曰
天眷盛京。

○一一六　天聪八年　沈阳始名盛京

城池

盛京城周九里三百三十二步○門八○南之左曰德盛○南之右曰天佑○北之東曰福勝○北之西曰地載○東之南曰撫近○東之北曰內治○西之南曰懷遠○西之北曰外攘○門樓八○角樓四○城壕周十里二百四步○廣十四丈五尺○外餘牆周三十二里四十八步○本明瀋陽衛舊址○我 太祖高皇帝天命十年○東京遷都於此○ 太宗文皇帝天聰五年○因舊城增拓之○八年○始名 盛京

嘉庆朝《大清一统志》卷五七

○一一七　天聪八年　赫图阿拉改称兴京

興京在遼金時。為瀋州地。明初置建州衛於此。我 太祖高皇帝發祥之地。距 盛京城東微南二百七十里。其城週五里。南一門。

《钦定盛京通志》卷一八

東二門北一門外城周九里南三門北三門東二門西一門羣山拱護河水縈環天府神皐毓祥萬禩我太祖癸卯年𠚍建內城乙巳年乃增築外城太宗文皇帝天聰八年改稱興京

〇一一八 **天聪八年 赫图阿拉改称兴京**

嘉庆朝《大清会典事例》卷七二二，并见光绪朝《大清会典事例》卷九五八

興京城垣

始祖居長白山棟鄂謨輝之野鄂多理城在寧古塔城西南三百三十里勒富善河西岸

肇祖原皇帝居赫圖阿拉。係鄂多理城西。蘇克素護河嘉哈河之間。興祖直皇帝景祖翼皇帝顯祖宣皇帝皆居之。太祖高皇帝丁亥歲。遷居呼蘭哈達南岡新城。癸卯。仍於赫圖阿拉舊址築城。是年又於建州衛築城。週五里。南一門。東二門。北一門。乙巳增築外城。週九里。南三門。北二門。東二門。西一門。天聰八年。名曰天眷興京。

天聪九年

（一六三五年二月至一六三六年二月）

○一一九　天聪九年七月二十五日　修建兴京庙宇需用颜料

《清太宗实录》卷二四

遣董得

貴達拜萍八家人齎書往朝鮮書曰予舊居興京城有寺宇

頹圮者今復加修理又蒙古大元世祖忽必烈時帕斯八喇

嘛以千金鑄佛一尊後湯古忒國沙爾巴胡土克圖喇嘛攜

之歸於元太祖成吉思後裔察哈爾林丹汗今察哈爾國滅

闔屬來附此佛已至我國復有諸寶粧成佛像亦皆攜至今

度造寺宇供養想尊崇釋教亦王所稔知也需用顏料非予

自奉亦不在互市之例希一一發給幸勿稽誤

〇二〇 天聪九年 敕修广祐寺

康熙朝《盛京通志》卷二〇

廣祐寺

在西門外有白塔俗呼白塔寺天聰九年奉
勅重修內有碑記謂此寺創於漢時唐尉遲恭
重修蓋古刹也內有自來佛一尊相傳前代有
一鄉民往廣寧貿易路遇一童子曰我欲往廣
祐寺能負我往以銀布相酬其人諾之數百里
不終朝而至抵寺則一金身佛像也數人輿之
不動寺僧與之酬以銀布

〇二一 天聪九年 敕修广祐寺

《钦定盛京通志》卷九七

廣祐寺在西門外三里。有白塔。俗呼白塔寺。正殿五楹。前殿三楹。大門三楹。鐘鼓樓各一。明神宗六年修。
本朝天聰九年。奉
勅重修。內有碑記。謂此寺創於漢時。唐尉遲恭重修。蓋遼郡古刹也。內有自來佛一尊。相傳前代有一鄉民。貿易廣寧。路遇一童子。曰我往廣祐寺。能負我往。以銀布相酬。其人諾之。數百里不終朝而至。抵寺則一金身佛像也。數人舁之不動。寺人舁之。酬以銀布。

〇一二二　天聪九年　奉旨重修广祐寺

六〇

《盛京典制备考》卷二，参见乾隆朝《大清一统志》卷

遼陽州

廣祐寺

在州西門外三里有白塔俗呼白塔寺前明建

本朝天聰九年奉

旨重修

天聪十年

（一六三六年二月至一六三六年四月）

○一二三　天聪十年正月　盛京始建圜丘

《皇朝通志》卷三六

天聰十年正月羣臣奉上
太宗文皇帝尊號是年建
圜丘於
盛京德盛門外其制九成周圍一百十丈南門三東
西北門各一

○一二四　天聪十年三月初六日　改文馆为内三院

《清太宗实录》卷二八

辛亥改文館爲内三院一名内國史院一名内秘書院一名内弘文院分任職掌内國史院職掌記注皇上起居詔令收藏御製文字凡皇上用兵行政事宜編纂史書撰擬郊天告廟祝文及陞殿宣讀慶賀表文纂修歷代

祖宗實錄撰擬礦誌文編纂一切機密文移及各官章奏掌記

官員陞降文册撰擬功臣母妻誥命印文追贈諸貝勒册文

凡六部所辦事宜可入史册者選擇記載一應鄰國遠方往

來書札俱編爲史册内秘書院職掌撰與外國往來書札掌

錄各衙門奏疏及辯冤詞狀

皇上勅諭文武各官勅書並告祭文廟諭祭文武各官文内弘

文院職掌注釋歷代行事善惡進講

御前侍講皇子並教諸親王頒行制度

〇一二五　天聪十年三月十五日　拟新筑开城城门名

《清太宗实录》卷二八，并见《清太祖高皇帝圣训》卷三

庚申内院諸臣倣

明制擬新築開城城門名曰揚威門昭德門永安門輿化門

定遠門進呈

御覽

上曰此等矜誇僭越之字素與朕意不合與之揚之定之悉在

於

天非人力所能強得也凡事莫貴於務實今當以字義切當者

書之遂更其名曰鞏固門靖遠門鎮西門

〇一二六 天聪十年三月 改文馆为内三院

《满文老档》下册（译自满文）

汗定文館三院之名，分任職掌。國史院：該院職掌記注汗之詔令，收藏御制文字，凡汗起居、用兵、行政事宜，編纂史書，撰擬祭天祝文、升殿宣讀之表文、祭祀宗廟祭文，編修歷代祖宗史書，纂碑銘文，一切機密文移、官員陞降文冊及諸臣奏章，滙纂史書，撰擬追封諸貝勒冊文，六部所辦事宜，可入史冊者，選擇記載，撰擬功臣母妻誥命、印文，凡外國、鄰邦來往文書，俱編爲史冊。秘書院：該院職掌撰擬與外國來往文書，掌錄國中一應奏疏及辯冤詞狀、汗之敕諭、文武官員敕書，遣祭孔夫子廟，撰擬死人祭文。弘文院：該院職掌注釋歷代行事善惡，爲汗進講，侍講太子，並教諸親王，頒行制度。

乙酉

上以受尊號祭告

天地受

寬温仁聖皇帝尊號建國號曰大清改元爲崇德元年是日黎

明

上率諸貝勒滿洲蒙古漢官出德盛門至

壇

上下馬立陳設祭物畢導引官滿洲一員漢人一員引至

壇前

上東向立導引官復從西側引至

壇西南

上自西南升階在東側西向立贊禮官贊就位

上至正中向
上帝神位立贊禮官贊上香
上從東階升至香案前跪導引官奉香
上親三上香畢從西階下復位北向正立贊禮官贊跪
上率諸大臣行三跪九叩頭禮贊禮官復贊跪
上率諸大臣皆跪東側捧帛官三員跪奉
上帛
上獻畢授西側捧帛官三員一官跪受從中階升置香案上東側捧爵官三員以酒三爵相繼跪奉
上
上三獻畢授西側捧爵官皆跪受亦從中階升置
神位前祭品案上執事官俱於

壇内西側東向立。贊禮官贊跪，贊叩，俱行三跪九叩頭禮。贊禮

官贊跪。

上率諸大臣皆跪。讀祝官捧祝文至

壇上北向跪讀祝文。其文曰：維丙子年四月十一日，滿洲國皇

帝臣　敢昭告於

皇天后土之神曰：臣以眇躬嗣位以來，常思置器之重，時深履

薄之虞，夜寐夙興，兢兢業業，十年於此。幸賴

皇穹降佑，克興

祖

父基業，征服朝鮮，混一蒙古，更獲玉璽，遠拓邊疆。今内外臣民

謬推臣功，合稱尊號，以副

天心。臣以明人尚爲敵國，尊號不可遽稱，固辭弗獲，勉徇羣情，

踐天子位建國號曰大清改元爲崇德元年竊思恩澤未布
生民未安凉德懷慚益深乾惕伏惟
帝心昭鑒永佑邦家臣不勝惶悚之至謹以奏聞讀畢讀祝官
置祝文案上退西側東向立贊禮官贊跪贊叩
上率衆行三跪九叩頭禮畢贊禮官贊復位
上退至東側西向立諸貝勒大臣左右序立捧帛官讀祝官捧
爵官各捧祭物以次自中階而下捧至西側燔燎所捧帛讀
祝官皆跪焚帛及祝文捧爵官亦以酒跪奠於前於是徹祭
物置
壇前
上於
壇東側西向坐命諸貝勒大臣文武各官各依次列坐

上飲福受胙畢諸貝勒大臣均賜食徹饌贊禮官贊排班
上率衆排班贊跪行一跪三叩頭禮祭告
天地畢乃行受尊號禮（築）壇於
天壇之東備

大駕鹵簿玉璽四顆黃傘五柄團扇二柄纛十桿旗十桿大刀
三對戟三對立瓜一對卧瓜一對星一對吾杖三對馬十匹
金交椅金杌香盒香爐金水盆金唾盒金瓶樂器全設導引
官引
上由中階升壇御金椅諸貝勒大臣左右序列畢奏樂贊禮官
贊跪贊叩衆行三跪九叩頭禮贊禮官復贊跪衆皆跪左班
和碩墨爾根戴青貝勒多爾袞科爾沁貝勒土謝圖濟農巴
達禮捧寶一和碩額爾克楚虎爾貝勒多鐸和碩貝勒豪格

捧寶一右班和碩貝勒岳託察哈爾汗之子額駙額爾克孔果爾額哲捧寶一貝勒杜度都元帥孔有德捧寶一各以次

跪獻於

上

上受寶授内院官置寶盒内方奉寶時即進儀仗列於

上左右奉寶諸貝勒等復位贊禮官贊跪贊叩衆行三跪九叩頭禮畢贊禮官復贊跪衆皆跪於是滿洲蒙古漢官捧三體

表文立於壇東以

上稱尊號建國改元事宣示於衆曰我

皇上應

天順人聿修厥德收服朝鮮統一蒙古更得玉璽符瑞昭應鴻名偉業丕揚天下是以内外諸貝勒大臣同心推戴敬

上尊號曰
寬溫仁聖皇帝，建國號曰大清，改元爲崇德元年。宣諭畢，贊禮官贊跪，贊叩，復行三跪九叩頭禮。贊禮官贊復位，諸貝勒大臣各復位立，方行禮時，朝鮮使臣羅德憲、李廓不拜。
上曰：朝鮮使臣羅德憲、李廓無禮處難以枚舉，是皆朝鮮國王有意搆怨，欲朕先起釁端，戮其使臣，然後加朕以背棄盟誓之名，故令其如此耳。不知朕之素行，從不逞一時之小忿，如此瑣屑也。即兩國已成讎敵，兵刃相加，爭戰之際，以事遣人，亦無即戮其來使之理，況朝會乎？其勿問。諭畢，於壇前樹鵠，命善射者射之。射畢，列儀仗，作樂，還宮。

〇一二八 天聪十年四月十一日 建国号大清改元崇德

嘉庆朝《大清会典》卷二一〇，并见光绪朝《大清会典》卷二七

天聰十年四月乙
酉。建 國號曰大清。改 元崇德。行 受寶
禮。貝勒羣臣恭上 尊號曰 寬溫
仁聖皇帝。前期。築壇於 天壇之東。設
御座於壇上。陳 大駕鹵簿於壇前。屆日。
太宗文皇帝率貝勒以下文武百官。出
德盛門。詣 天壇祗告 天
地。禮成。 太宗文皇帝升壇 御寶
座。貝勒大臣等行三跪九叩禮畢。 太宗
文皇帝受寶。羣臣復行三跪九叩禮畢。皆跪。宣
表官奉滿洲蒙古漢字三體表文。立壇東。以次
宣讀。羣臣復行三跪九叩禮。復位。列儀仗
還宮。

〇一二九　天聪十年四月十一日　建国号大清改元崇德

嘉庆朝《大清会典事例》卷一二三四，并见光绪朝《大清会典事例》卷二九二

天聰十年四月乙酉，建國號曰大清，改元崇德。和碩貝勒羣臣上徽號曰寬溫仁聖皇帝。前期築壇於天壇之東，設寶座於壇上，設大駕鹵簿於壇前。屆期，太宗文皇帝率貝勒以下文武百官出德勝門，詣天壇祗告天

地禮成。文武各官奉
御寶先至
天壇之東。導引官二人。恭導
太宗文皇帝由中階升壇。
御寶座。貝勒大臣等行三跪九叩禮畢。皆跪。和碩貝勒
等奉
御寶跪獻
太宗文皇帝受寶。授內院官。羣臣復行三跪九叩禮畢。
皆跪。宣讀官奉滿洲蒙古漢字三體表文。立於
壇東。以次宣讀。羣臣復行三跪九叩禮畢。復位。
乃列儀仗。奏
還宮。

○一三○ 天聪十年四月十一日 肇建太庙

《清太宗实录》卷二八

以營建

太廟事祭告

太祖山陵其文曰孝子嗣皇帝　敢昭告於

皇考神位前曰臣敬遵典禮表揚

皇考

皇妣功德肇建

太廟

〇一三一　天聪十年四月十二日　建太庙奉安列祖神位

《清太宗实录》卷二八

先於盛京城东建

太庙，前殿安奉

太祖

太后神位，后殿正中安奉

始祖神位左安奉

高祖神位右安奉

曾祖神位，左末安奉

祖神位，皆南面，右末安奉

伯祖礼敦巴图鲁神位，东向，

○一三二 天聪十年四月十二日 定太祖山陵名

《清太宗实录》卷二八

丙戌

上率诸贝勒大臣诣

太庙，追尊

始祖为

泽王，

高祖为

庆王，

曾祖为

昌王，

祖为

福王，追封

伯祖禮敦巴圖魯爲武功郡王恭上

皇考太祖尊謚曰、

承天廣運聖德神功肇紀立極仁孝武皇帝

皇妣太后尊謚曰、

孝慈昭憲純德真順成天育聖武皇后

廟號

太祖、

陵曰

福陵

〇一三三 **天聪十年四月十二日 定努尔哈齐谥号庙号**

《大清会典》卷八七

崇德元年四月丙戌尊諡

承天廣運聖德神功肇紀立極仁孝武皇帝

廟號

太祖

《清太祖实录》卷一〇，参见雍正朝

〇一三四 **天聪十年四月十二日 努尔哈齐神位奉安太庙**

崇德元年四月丙戌奉安

列祖

太祖神位於

《清朝文献通考》卷一〇七

太廟追尊

列祖王號恭上

覆育列國英明皇帝

尊謚曰

承天廣運聖德神功肇紀立極仁孝武皇帝

廟號

太祖

皇太后

尊謚曰

孝慈昭憲純德貞順成天育聖武皇后

〇一三五　天聰十年四月十三日　定盛京宮殿名

《清太宗实录》卷二八

定宮殿名中宮爲清寧宮東宮爲關雎宮西宮爲麟趾宮次東宮爲衍慶宮次西宮爲永福宮臺東樓爲翔鳳樓臺西樓爲飛龍閣正殿爲崇政殿大門爲大清門東門爲東翼門西門爲西翼門大殿爲篤恭殿其內門兩翼門及大清門設守門人役命嚴加看守稽察出入人等內門止許守門人役常直勿容閒人直日官稽察之又命各官及侍衛護軍晨夕入朝皆集於大清門門內外或坐或立不許對闕背闕不許坐立御道中惟於御道左右相向坐立自大貝勒以下出入由左右兩階不許由御道行

〇一三六 天聪十年四月十五日 新筑城门定名

《满文老档》下册（译自满文）

十五日，文員仿傚明制，題寫新築城門名曰揚威門、昭德門、永安門、興化門、定遠門，進呈御覽。汗曰："題寫此等矜誇僭越之字，素與我意不合，興之、揚之、定之，皆在於天，不在人之驕矜僭越也。此等字樣，俱着停用，唯以字義相當者書之。"遂改書其名曰鞏固門、靖遠門、鎮西門。

○一三七　天聪十年四月　建国号大清改元崇德

乾隆朝《大清会典则例》卷五七

天聰十年四月建

國號曰大清改元崇德和碩貝勒羣臣上

徽號曰

寬温仁聖皇帝前期築壇於

天壇之東設

寶座於壇上設鹵簿大駕於壇前屆期

太宗文皇帝率貝勒以下文武百官出德盛門詣

天壇祇告

天

地禮成文武各官奉

御寶先至

天壇之東導引官二人恭導

太宗文皇帝由中階陞壇

御寶座貝勒大臣等行三跪九叩禮畢皆跪和碩貝勒

等奉

御寶跪獻

太宗文皇帝受寶授内院官羣臣復行三跪九叩禮畢

皆跪宣讀官奉滿洲蒙古漢字三體表文立於

壇東以次宣讀羣臣復行三跪九叩禮畢復位

還宮
乃列儀仗奏樂

〇一三八　天聪十年四月　皇太极改元建国号仪

康熙朝《大清会典》卷四〇

太宗文皇帝改元建號儀
崇德元年四月。
上率內外貝勒以下文武百官出
德盛門。詣
天壇。行告祭
天地禮。禮成。文武各官。先至
天壇東所築壇下。奉玉璽四顆。陳設壇上。大駕鹵簿。陳
設壇前。畢。導引官前引

上由中階陞壇。坐金椅上。諸貝勒大臣。左右序列畢。

鳴贊官贊跪叩頭。衆俱行三跪九叩頭禮。興。又

贊跪。衆皆跪。和碩貝勒等。捧寶跪獻。

上受寶。授內院官。置寶盝內。諸貝勒等復位。鳴贊官

贊跪叩頭。衆俱行三跪九叩頭禮。興。又贊跪。衆

皆跪。宣讀官捧滿洲蒙古漢字三體表文。立於

壇東。以次宣讀。上

尊號曰

寬溫仁聖皇帝。建國號曰大清。改元崇德。宣畢。贊叩

頭。衆俱行三跪九叩頭禮。興。贊退。諸貝勒羣臣

俱退。列儀仗。奏樂。

上還宮

〇一三九　天聪十年四月　皇太极改元建国号仪

雍正朝《大清会典》卷五七

太宗文皇帝改元建號儀

崇德元年四月。內外貝勒以下文武百官上

尊號。曰。寬温仁聖皇帝。是日。改元崇德。建

國號曰大清。前期。築壇於

天壇之東。屆期。

太宗文皇帝率內外貝勒以下文武百官。出德盛門。詣

天壇告祭

天

地。禮成。文武各官先至

天壇東所築壇下。奉玉璽。四顆。金椅。陳設壇上。大駕鹵簿

陳設壇前。畢。導引官二員在前。恭導

太宗文皇帝由中堦登壇。陞座。諸貝勒大臣左右序列。
鳴贊官贊跪。叩頭。衆俱行三跪九叩頭禮。興。贊
跪。衆皆跪。和碩貝勒等捧

寶跪獻。
太宗文皇帝受寶。授內院官置寶盝內。諸貝勒等復位。
鳴贊官贊跪。叩。興。衆俱行三跪九叩頭禮。興。贊
跪。衆皆跪。宣讀官捧滿洲蒙古漢字三體表文。
立於壇東。以次宣讀畢。贊叩。興。衆俱行三跪九
叩頭禮。興。贊退。諸貝勒羣臣俱退。列儀仗。奏樂。
還宮。

〇一四〇 天聪十年四月 皇太极改元建国号始祀南郊

四月

太宗率王貝勒以下文武羣臣齋戒三日

親祀

南郊以太牢熟薦建國號曰大清改元崇德是為

本朝祀

天於郊之始

《皇朝通志》卷三六

○一四一　天聪十年四月　皇太极以得元传国玺告祭南郊

崇德元年夏四月。

太宗文皇帝以得元傳國璽。受諸王大臣恭上尊號。乃躬親告祭。肇祀天於南郊。其儀蒼璧一。帛十有二。犢一。登一。簠二。簋二。籩豆各十有二。尊一。爵三。鑪一。鐙六。燔牛一。玉帛實於篚。牲載於俎。尊實酒。疏布冪勺具。設樂於壇下。分左右懸。禮制大備。

《钦定盛京通志》卷一九

○一四二　天聪十年四月　立太庙于盛京

天聰十年四月

太宗文皇帝受尊號建國大清改元崇德即

盛京立

太廟於撫近門東

《皇朝通志》卷三八

○一四三　天聪十年四月　奉安列祖太庙神位

崇德元年四月奉安

列祖

太祖神位於

《皇朝通志》卷三八

太廟追尊
始祖為
澤王
高祖為
慶王
曾祖為
昌王
祖為
福王恭上
太祖尊謚曰

承天廣運聖德神功肇紀立極仁孝武皇帝
廟號
太祖
皇太后尊謚曰
孝慈昭憲純德貞順成天育聖武皇后
前殿安奉
太祖
太后神位
後殿正中安奉
始祖神位左安奉

高祖神位右安奉
曾祖神位次左安奉
祖神位皆南面

○一四四　天聪十年　盛京圜丘及祀天于郊之始

盛京建
圜丘於德盛門外其制九成週圍一百十丈南門三東西
北門各一是歲天聰十年王貝勒以下諸文武大

《清朝文献通考》卷九一

臣以
太宗功德隆盛奉上
尊號曰
寬溫仁聖皇帝先期
太宗率王貝勒以下文武羣臣齋戒三日以太牢
親祀
南郊建國號曰大清改元崇德是為
本朝祀
天於郊之始

天聪年

（一六二七年至一六三六年四月）

○一四五　**天聪初年　修筑通远堡城**　嘉庆朝《大清会典事例》卷七二二，并见光绪朝《大清会典事例》卷九五八

天聰初年。修築通遠堡城。鳳凰城西北一百里。週圍一里二百十步。南一門。左二里又一城。週圍一里九十步。門一。右二里又一城。週圍一里六十步。門一。

○一四六　**天聪年　建宫殿坛庙于盛京**　乾隆朝《大清一统志》卷二八

太宗文皇帝底定金遼。築城垣。建壇廟。營宮闕。號曰盛京。

○一四七　天聪年　肇建盛京太庙

嘉庆朝《大清会典事例》卷四一一，并见光绪朝《大清会典事例》卷五二五

崇德元年肇建
太廟追尊
列祖凡四孟時饗歲暮祫祭並奏樂。

○一四八　天聪年　建盛京太庙

嘉庆朝《大清会典事例》卷三四一，并见光绪朝《大清会典事例》卷四二三

崇德元年。
太宗文皇帝於
盛京建立
太廟祇告
太祖山陵。

○一四九　天聪年　盛京太庙祭祀仪

《钦定盛京通志》卷一九，并见《盛京典制备考》卷一

崇德元年。始定制。四孟時饗。並每月薦新。每

歲

聖誕。及清明。孟秋。望日。歲暮。忌辰。均

太廟致祭。

殿中寶位。以昭穆序。並設床榻。衾。枕。褌。椸。帷幔。如生

事儀。

〇一五〇 天聰年 盛京圜丘及祀天于郊之始

雍正朝《盛京通志》卷三

天壇

在德盛門關外設

圜丘其制九成週圍一百十丈南門三東西北門各一

崇德元年肇祀

天於南郊

○一五一　天聪年　定盛京宫殿门名　康熙朝《大清会典》卷一四一，并见雍正朝《大清会典》卷二一一九

宫殿門名。

崇德元年。定

中宮爲清寧宮。東宮爲關雎宮。西宮爲麟趾宮。次東宮爲衍慶宮。次西宮爲永福宮。臺上樓爲翔鳳樓。臺下樓爲飛龍閣。

大殿爲篤恭殿。

正殿爲崇政殿。大門爲大清門。東門爲東翊門。西門爲西翊門

〇一五二　天聪年　定努尔哈齐陵名福陵

嘉庆朝《大清会典》卷四八，并见嘉庆朝《大清会典事例》卷七二三、光绪朝《大清会典》卷六二、光绪朝《大清会典事例》卷九五九

太祖高皇帝之陵。在
盛京城東二十里。
孝慈高皇后祔焉。
崇德元年。尊稱爲
福陵

崇德元年

（一六三六年五月至一六三七年一月）

○一五三　崇德元年五月二十六日　王府等门外立下马桩

《满文老档》下册（译自满文）

第十四册　崇德元年五月

二十六日，奉聖汗諭旨，文館大學士范文程、希福、剛林及學士羅碩、並詹霸、羅繡錦至和碩親王、多羅郡王、多羅貝勒府門外立樁，以示乘馬坐車之人到此下馬下車。和碩親王府門各四十根；多羅郡王府門各三十根，多羅貝勒府門各二十根。

〇一五四　崇德元年五月二十六日　王府等门外立下马桩

《清太宗实录》卷二九，并见《八旗通志初集·营建志》卷二三、《钦定八旗通志》卷一一二

己巳。

上命内院大學士范文程、希福、剛林、學士羅碩、詹霸、羅繡錦至

和碩親王、多羅郡王、多羅貝勒府立下馬椿於門外

〇一五五　崇德元年八月初三日　造屋逾制治罪

《清太宗实录》卷三〇

甲戌。都察院

奏言：

皇上盛德寬仁，所在聞風歸附，遠人既至，悉加優賜給以房產，

此仁之至也。臣等聞工部撥房舍與來附之人，復造新屋以

還原主，未奉明旨，私擴牆垣比舊甚大，誠恐有悞民事，伏乞

聖裁
上覽奏以示諸王諸王奏曰似此勞民踰制察究果實當以法
懲之。
上曰部臣未諳練者亦多若事事加罪反增淫昧可集該部諸
臣嚴飭之令其謹識毋忘後有違者定治以罪

〇一五六　崇德元年　建巨流河城

嘉庆朝《大清会典事例》卷七二二，并见光绪朝《大清会典事例》卷九五八

崇德元年。建巨流河城。廣寧縣城東北二百二十里。週圍二里。門三。

崇德二年

（一六三七年一月至一六三八年二月）

○一五七　崇德二年八月二十一日　筑都尔鼻城

《清太宗实录》卷三八

丙辰。以築都爾鼻城，命和碩睿親王多爾袞、相度基址。多羅饒餘貝勒阿巴泰，率八固山額眞，每甲喇章京一員，每牛彔甲士二十二人，夫役十名，前往興工。又遣甲喇章京伊爾德、訥爾特、敦拜、席翰、馬克圖、禧福、伊成格、俄里堪等，率護軍四百人，防衛築城工役

○一五八　**崇德二年　建大政殿**

康熙朝《盛京通志》卷四，参见雍正朝《盛京通志》卷七、《盛京典制备考》卷一

大政殿

崇德二年建在城之中殿制八隅左右列署凡十為諸王議大政之所

○一五九　**崇德二年　建大政殿**

《钦定盛京通志》卷一九

大政殿

崇德二年建。

太宗文皇帝御以聽政之大殿也。在城之中。

大内宫闕之東。殿制八隅。左右列署十。為諸王大臣議政之所。

〇一六〇　崇德二年　建大政殿

嘉庆朝《大清一统志》卷五七

宫殿

大政殿在大内宫闕之東〇崇德二年建〇國初視朝之大殿也〇殿制八隅〇左右列署十〇為諸王大臣議政之所

〇一六一　崇德二年　建大政殿

《清仁宗御制诗二集》卷一五（第三册）

殿在大内宫闕之東崇德二年建國初視朝之大殿也前列亭左右各五為宗室王貝勒及八旗大臣議政之所

〇一六二一　崇德二年　建大政殿

卷九五八

嘉庆朝《大清会典事例》卷七二二，并见光绪朝《大清会典事例》

崇德二年。建

大政殿於城中。制八隅。上蓋琉璃黄瓦。華檐八角。

太宗文皇帝聽政御焉。左右列署十。左翊王亭一。右翊王亭一。八旗亭八。

爲諸王大臣議政之所。

○一六三　崇德二年　建大内宫阙

康熙朝《盛京通志》卷四

大内宫闕

崇德二年建在殿之右南北袤八十五丈三尺

東西廣三十二丈二尺其外大門曰

大清門門之東西有奏樂亭左闕門曰文德右闕門

曰武功其內爲

崇政殿殿之後爲

鳳凰樓樓之後爲

清寧宫其東爲

東宫西爲

西宫

〇一六四 崇德二年 建大内宫阙

嘉庆朝《大清会典事例》卷七二二，并见光绪朝《大清会典事例》卷九五八，参见雍正朝《盛京通志》卷七、《盛京典制备考》卷一

又於
大政殿之西。建
大內宮闕。南北袤八十五丈三尺。東西廣三十二
丈二尺。正殿爲
崇政殿。左右翊門二。殿之後爲
鳳凰樓。樓北爲
清寧宮。宮後左右配房各三間。東爲
衍慶宮。
關雎宮。西爲
永福宮。

關睢宫。西爲
永福宫。
麟趾宫。殿南正門爲
大淸門。砌旁設諫木一。左右翊門二。東西奏樂亭
二。坊二。左曰
文德坊。右曰
武功坊。朝房東西各五間。後值房十二間。正南照
壁一座。

〇一六五　崇德二年　建大内宫阙

《钦定盛京通志》卷二〇

大内宫闕

崇德二年建。在大政殿之西南北袤八十五丈三尺。東西廣三十二丈二尺。正門曰大清門。

〇一六六　崇德二年　大内宫殿

《云自在龛随笔》卷一

盛京大政殿，崇德二年造，左右列署，近北二所為諸王議政之所，以下分列八旗。大内宫闕，崇德二年造，在殿之右。大清門内為崇政殿，殿後為鳳凰樓，樓後為清寧宫。東樓為翔鳳樓，西樓為飛龍閣。大殿為篤恭殿。

○一六七　崇德二年　盛京建内务府公署　康熙朝《盛京通志》卷一三

内務府公署在大清門外之東其前一座東西相對廂房六間文書房一間後一座東邊樓房五間樓南廂房五間樓北廂房三間崇德二年建

○一六八　崇德二年　宫殿修理由内务府职掌　康熙朝《盛京通志》卷四

大清門之東則今內務府治事之所宫殿歲時修理皆內務府董其事

〇一六九　崇德二年　宫殿修理由内务府专掌

嘉庆朝《大清会典事例》卷七二二，并见光绪朝《大清会典事例》卷九五八

又定。凡宫殿歲時修理。由内務府專掌。

崇德三年

（一六三八年二月至一六三九年二月）

〇一七〇 崇德三年三月初一日 筑辽阳城

《清太宗实录》卷四一

崇德三年戊寅三月甲子朔

上自朶雲起行至博碩堆駐蹕 是日遣牛彔

章京法譚率八人齎敕諭留守盛京諸王敕

曰

寬温仁聖皇帝敕諭留守盛京諸王朕曾有旨

命傚都爾鼻城規模築遼陽城今觀都爾鼻

城甚小朕思大軍出征之後遼陽乃駐防地

士馬繁衆城小何以能容今城基未築可每

面再廣十丈朕籌畫再三故有是命

○一七一 崇德三年八月十二日 建实胜寺工成

《清太宗实录》卷四三

壬寅。實勝寺
工成。先是
上征察哈爾國時。察哈爾汗懼。出奔圖白忒部
落。至打草灘而卒。其國人咸來歸順。有墨爾
根喇嘛。載古帕斯八喇嘛所供嘛哈噶喇佛
至。
上命於盛京城西三里外。建寺供之。至是告成。
賜名實勝寺。鑄鐘重千觔。懸於寺內。東西建
石碑二。東一碑前鐫滿洲字。後鐫漢字。西一

碑前鐫蒙古字。後鐫圖白忒字。碑文云。幽谷無私有至斯響。洪鐘虛受無來不應。而況於

法身圓對。規矩冥立。一音稱物。宮商潛運。故如來利見迦維。託生王室。憑五衍之軾。拯溺逝川。開八正之門。大庇交喪。於是元關幽鍵。感而遂通。遥源濬波。酌而不竭。既而方廣東被。教肄南移。周魯二莊。同昭夜景之鑒。漢晉兩明。並勒丹青之飾。自茲遺文間出。列刹相望。其來蓋亦遠矣。至大元世祖時。有喇嘛帕斯八。用千金鑄護法嘛哈噶喇。奉祀於五臺山。後請移於沙漠。又有喇嘛沙爾巴胡土克

圖。復移於大元裔察哈爾林丹汗國。祀之。我
大清國
寬溫仁聖皇帝。征破其國。人民咸歸。時有喇嘛
墨爾根。載佛像而來。
上聞之。乃命衆喇嘛往迎。以禮舁至盛京西郊。
因曰。有護法。不可無大聖。猶之乎有大聖。不
可無護法也。乃命工部。卜地建寺於城西三
里許。構大殿五楹。裝塑西方佛像三尊。左右
列阿難。迦葉。無量壽蓮華生。八大菩薩。十八
羅漢。繪四怛的喇佛城於棚廠。又陳設尊勝
塔。菩薩塔。供佛金華嚴世界。具上嵌東珠。又

有須彌山七寶八物。及金壺金鐘金銀器皿俱全。東西廡各三楹。東藏如來一百八龕託生畫像。并諸品經卷。西供嘛哈噶喇。前天王殿三楹。外山門三楹。至於僧寮。禪寶。廚舍。鐘鼓。音樂之類。悉爲之備。營於崇德元年丙子歲孟秋。至崇德三年戊寅歲告成。名曰。蓮華淨土實勝寺。殿宇弘麗。塑像巍峩。層軒延袤。永奉神居。豈惟寒暑調。雨暘若。受一時之福利。將世彌積而功宣。身逾遠而名劭。行將垂示於無窮矣。大清崇德三年戊寅秋八月吉旦立。國史院大學士剛林撰滿文。學士羅繡

錦譯漢文。弘文院大學士希福譯蒙古文。道
木藏古式譯圖白忒文。筆帖式赫德書。
上率內外諸王。貝勒。貝子。文武衆官出懷遠門
幸實勝寺。
上將至。喇嘛及僧作樂。引
上至佛位前。
上率衆行三跪九叩頭禮。
上御儀門外。設宴。宴畢。恭順王孔有德懷順王
耿仲明。智順王尚可喜。及朝鮮國王子李溰。
李淏並外藩土謝圖親王巴達禮。卓禮克圖

親王吳克善。扎薩克圖郡王布塔齊。及其子海賴。冰圖王孔果爾。札魯特部落內齊。桑噶爾。四子部落巴拜。翁牛特部落達爾漢戴青。巴林部落滿珠習禮。吳喇忒部落杜巴。喀喇沁部落查薩袞杜稜。萬旦。塞冷。土默特部落查薩袞達爾漢。俄木布楚虎爾。烏朱穆秦部落多爾濟塞臣濟農。席勒圖綽爾濟喇嘛。古門綽爾濟喇嘛。護衛桑噶爾寨。都喇爾達爾漢等。各獻駝。馬。銀兩。緞疋。貂皮。紙張等物。以爲施助。

上俱命寺僧收掌之。又發帑銀一千六百。蟒緞

三。緞五。貂裘一。玲瓏鞍轡一。凡在事人役。皆依次賞之

〇一七二　崇德三年八月三十日　赏建崇政殿有功官员

陞半
個牛彔章京劉光先爲牛彔章京以其建崇政殿有功故也

《清太宗实录》卷四三

〇一七三　崇德三年八月　建实胜寺工成

壬寅實勝寺成先是墨爾根喇嘛載古怕斯八喇嘛所供嘛哈噶喇佛至　上命工部於盛京城西三里外建寺供之至是告成名實勝寺

《东华录》崇德卷三

〇一七四　崇德三年　建内务府公署

內務府公署在大淸門外東西房六間文書房一間東樓房五間南北廂房七間

崇德三年建

《钦定盛京通志》卷四五

〇一七五　**崇德三年　建内务府署**

嘉庆朝《大清会典事例》卷七二四，并见光绪朝《大清会典事例》卷九六〇

崇德三年。建內務府署於大淸門外。東西房十六間。文書房十六間。樓房五間。南北廂房七間。

〇一七六　**崇德三年　盛京至辽河筑路掘濠**

嘉庆朝《大清会典事例》卷七二二，并见光绪朝《大清会典事例》卷九五八

崇德三年。命修盛京。自城至遼河大路廣十丈兩旁掘濠。深三尺。

崇德五年

（一六四〇年一月至一六四一年二月）

〇一七七 崇德五年四月初十日 修笃恭殿兴工

《清太宗实录》卷五一

辛酉。修

篤恭殿興工。以阿山、金玉和董其事

〇一七八 崇德五年十月 重修明净舍利塔

《清太宗实录》卷五三

命部臣重修

盛京西北十五里外明淨舍利佛塔

〇一七九　崇德五年　敕建护国寺塔记

《钦定盛京通志》卷一二七

敕建護國寺墖記　崇德庚辰　剛林

夫幽谷無私有至斯響洪鐘虛受無叩不鳴而

况於法身圓對規矩寘立一音稱物宫商潛運

故如來利見迦維託生王室憑五衍之軾拯溺

游川開八正之門大庇交丧法力維持乎八極

慈威鎮攝乎羣魔大智靜涵靈源普挹

聖主道濟蒼生化隆無外念茲功德允合瞻依

特敕工部遴委喇嘛錫伯札綽爾吉弼勒圖朗蘇相爲

度鳩工

盛京四面各建莊嚴寶寺每寺中大佛一尊左右

佛二尊菩薩八尊天王四位浮屠一座東爲慧燈朗照名曰永光寺南爲普安衆庶名曰廣慈寺西爲虔祝
聖壽名曰延壽寺北爲流通正法名曰法輪寺各立穹碑永垂來禩銘曰
皇圖肇啟寶域宏開仰兹佛日躋於春臺雨暘時敘
國無祲災三途靡忒五福斯來

崇德六年

（一六四一年二月至一六四二年一月）

○一八○ 崇德六年 敕建永安桥

康熙朝《盛京通志》卷一一

永安橋 俗名大石橋城西三十里崇德六年 敕建

○一八一 崇德六年 建永安桥

《清高宗御制诗四集》卷五四（第十三册），参见《清高宗御制诗四集》卷五二（第十三册）

題永安橋

向多沮洳盛京西（盛京城西至廣寧向多沮洳行旅頗艱）百廿里修道似隄（太祖初定瀋陽即命修築疊道一百二十里）更建坦行永安約（太宗崇德六年又於此建永安橋自是坦行無阻）

〇一八二　崇德六年　复建永安桥

太宗崇德六年復建永安橋以通汙潦而道

益固自是師行無阻用集大勳

《清仁宗御制诗二集》卷一四（第三册）

〇一八三　崇德六年　复建永安桥

皇帝崇德六年復建永安橋以通汙潦而道

太宗文

益固自是師行無阻用集大勳至柳河溝一

帶之壘道

《清宣宗御制诗余集》卷三

〇一八四　崇德六年　敕修栖云寺

《钦定盛京通志》卷九七，并见乾隆朝《大清一统志》卷六〇

棲雲寺在城東三十里。明永樂成化年間。疊次修葺。有碑記。正殿五楹。後殿六楹。前殿七楹。東西廡各五楹。本朝崇德六年勅修。

〇一八五　崇德六年　重建舍利寺

《钦定盛京通志》卷九七，并见乾隆朝《大清一统志》卷六〇，参见《盛京典制备考》卷二

舍利寺在城西十二里塔灣。一名回龍寺。崇德六年。勅工部重建。大殿三楹。東西配廡各三楹。韋馱殿一楹。經堂三楹。垂花門三楹。大門三楹。寺前有塔。名舍利塔。

○一八六 崇德六年 重修无垢净光舍利佛塔碑记

《奉天通志》卷二五九

重修無垢淨光舍利佛塔碑記 崇德六年

工部奉命重修無垢淨光舍利佛塔是塔原係大遼興宗時有本邑李弘遂等百餘人見彼時君臣合德風雨順人民安欲建塔以紀一時之盛乃糾僧人雲秀法眞同造此塔於崇熙十三年四月告成迄今六百餘年我大清寬溫仁聖皇帝見此頹壞詳察建塔來歷於崇德六年命該部重修建佛殿三間令僧玄聲等五名看守

督工甲喇將軍臧國祚

此碑立於塔前高約七八尺石質甚堅陽面滿蒙文陰面漢文其漢字形大寸許筆氣惇厚當三十年前曾一摩讀字跡淸楚一望了然今則漸就剝蝕矣

塔座北面砌卧碑一方鐫滿蒙漢字文曰大淸崇德五年歲次
庚辰工部奉聖旨重修
塔南面儘上層簷際砌石一方用遠鏡窺測有無文字辨不淸
楚又碑文序建塔時代年月及首事人姓名頗詳所謂詳察來
歷是也當時必有牌版可據塔上簷際石版或係遼時建塔記
文耶
塔身八面磚座一層佛座一層塔簷十三層塔尖合鉢尙完好
簷際均嵌銅拖力鏡最上層南面三鏡形體極大餘鏡較小已
脫落不全向南磚鏇洞內用遠鏡測窺似有藏貯但辨別不淸
塔身佛位正南曰寶生佛西南曰等觀佛正西曰平等佛西北
曰惠華佛正北曰大慈佛東北曰普濟佛正東曰慈悲佛東南
曰阿閦佛佛像及題額字跡完全無缺正西面佛頂題額上有
空洞高四行磚約一尺餘留此洞不知何用也
按瀋陽縣志舍利寺塔在縣城西十二里塔灣舍利寺前淸崇

德二年勅工部重修此言崇德五年記明言遼興宗時建而志言相傳唐時建或未見此記按碑文崇熙十三年崇字誤當爲重

〇一八七　崇德六年　建实胜寺及规制

實勝寺

聖主統蒼生義問昭星日外藩接踵來向化衆心一從俗建招提設教情咸率明兵薄畿圻躬征雄師出克敵指顧間紀勝以事實寺額

《清仁宗御制诗三集》卷五四（第七册）

闡

前猷念昔衷敬述實勝寺太宗文皇帝建在承德縣外攘門外二里俗呼黄寺亦曰皇寺大殿五楹左右經堂各三楹東西配殿各三楹碑亭二座天王殿三楹鐘鼓樓二座山門三楹東西牌樓二座禪堂僧房三十四間寺内有瑪哈噶喇樓天聰九年元裔察哈爾林丹汗之母以白駝載瑪哈噶喇佛金像並金字喇嘛經傳國璽至此駝臥不起遂建此樓 太祖時蒙古諸部科爾沁先已歸附 太宗天聰年間如敖漢奈曼喀爾喀巴林喀喇沁扎嚕特土默特諸部奔走臣服崇德六年 太宗以偏師破明兵十三萬於松杏兩山間歸建此寺額曰實勝以紀戰功時諸蒙古崇尚象教 太宗建此以威懷遠人又安國俗皆聖人神道設教之意非徒夸徽梵夾為種種之勝解也

故宫学资料丛编·宫廷建筑类

清代宫廷建筑大事史料长编·清入关前（天命天聪崇德年）及顺治朝卷 二

中国紫禁城学会 编纂

故宫出版社

崇德七年

（一六四二年一月至一六四三年二月）

〇一八八 崇德七年 赏重修塔桥有功者

壬辰

以三等甲喇章京

藏國祚修北舍利佛塔又修永定橋勤勞可

嘉陞爲二等甲喇章京

《清太宗实录》卷六二

崇德八年

（一六四三年二月至一六四四年二月）

〇一八九　崇德八年二月二十六日　禁私建寺庙

《清太宗实录》卷六四

庚寅。諭禮部曰：前有禁令，除部冊紀載有名寺廟外，不許另行修建。如不遵從前禁約，擅行創建修整者，或經部中察出，或被傍人及奴僕首告，治以重罪。其該管牛彔章京，撥什庫，亦罪之。

〇一九〇　崇德八年六月二十三日　查究差役

《清太宗实录》卷六五，参见《清太宗文皇帝圣训》卷四

乙酉

上幸御馬廠見部臣役遣民夫修治道路不分
高下皆增土培高諭諸臣曰國有差徭民力
疲敝皆由工部所致如修治道塗不過培下
就高取其平坦而已乃不論高下概行培築
重困民力甚爲擾累至於民房稠密之處不
即量行拆毀布置均匀乃止揭取數椽而置
之小民何以安居爾等其詳加查究於是諸
臣參處工部具奏
上命工部承政薩穆什喀參政裴國珍啟心郎
喀木圖俱坐以應得之罪參政囊努克因不
深知免議

〇一九一　崇德八年七月初七日　定王公府第制

定和碩親王以下輔
國公以上府第制

《清太宗实录》卷六五

〇一九二　崇德八年七月二十八日　另建理藩院衙门

乙未都察院叅政
祖可法張存仁理事官雷興等奏言
皇上膺圖御宇撫馭臣民凡禮樂制度昭萬世
之成規前旨命設內三院及臣等衙門相鄰

《清太宗实录》卷六五，并见《清太宗文皇帝圣训》卷四

不遠。立朝侍班，諮商政事，皆

聖心之所裁定也。考諸古制，甚爲合宜。近聞將

内三院衙門移於理藩院之外，臣等思内三

院理合仍近臣院，宜將理藩院外移。蓋三院

係

朝廷近臣，豈可遠居？臣等身任言路，凡立衙門

定規度等事，或有未協，理應陳奏。伏冀

聖鑒。疏入。

上是之，命部臣改理藩院衙門爲内三院，另建

理藩院近禮部衙門。

〇一九三　崇德八年八月初九日　皇太极崩

上無疾端坐而崩。

上在位十有七年。壽五十有二

是夜亥刻。

《清太宗实录》卷六五

〇一九四　崇德八年八月初九日　皇太极崩　康熙朝《大清会典》卷六七，并见雍正朝《大清会典》卷九六

大行皇帝崩

崇德八年八月初九日。

○一九五　崇德八年八月初九日　皇太极崩

太宗文皇帝崩

崇德八年八月初九日

乾隆朝《大清会典则例》卷八五，并见嘉庆朝《大清会典事例》卷三六八、光绪朝《大清会典事例》卷四五六

○一九六　崇德八年八月初十日　皇太极梓宫奉安崇政殿

辛未諸王大

臣等迎

梓宫奉安於崇政殿

《清太宗实录》卷六五

〇一九七　崇德八年八月初十日　皇太极梓宫奉安崇政殿

次日。奉移
大行皇帝梓宫。作樂。奉安
崇政殿。

康熙朝《大清会典》卷六七，并见雍正朝《大清会典》卷九六、乾隆朝《大清会典则例》卷八五、嘉庆朝《大清会典事例》卷三六八、光绪朝《大清会典事例》卷四五六

〇一九八　崇德八年八月二十六日　福临即皇帝位以明年为顺治元年

丁亥。

上即皇帝位是日内外諸王貝勒率文武羣臣集篤恭殿前
上出宫時寒甚侍臣進貂裘
上視裘卻弗御時

《清世祖实录》卷一

上甫六齡將升輦乳媪欲同坐

上曰此非汝所宜乘不許

上升輦由東掖門出諸王貝勒文武羣臣跪迎

上御殿顧謂侍臣曰諸伯叔兄朝賀宜答禮乎宜坐受乎侍臣

對曰不宜答禮於是和碩鄭親王濟爾哈朗和碩睿親王多

爾衮率內外諸王貝勒貝子公文武羣臣行三跪九叩頭禮

畢頒詔大赦詔曰我

太祖武皇帝受

天明命肇造丕基懋建鴻功貽厥孫子

皇考大行皇帝嗣登大寶盛德深仁弘謨遠畧克協

天心不服者武功以戡定已歸者文德以懷柔拓土興基國以

滋大在位十有七年於崇德八年八月初九日

上賓令諸伯叔兄及文武羣臣咸以國家不可無主神器不可

久虚谓朕为
皇考之子应继大统乃于八月二十六日即皇帝位以明年为
顺治元年朕年幼冲尚赖诸伯叔兄大臣共襄治理所有应
行赦款开列于后谋犯朝廷焚毁
宗庙陵寝宫殿逃亡叛逆蛊毒魇魅窃盗祭
天器皿及御用诸物子孙殺祖父母父母鬻卖兄弟妻妾告夫
内乱殺人聚党劫财等大恶向在不赦今咸赦除之其余一
切死罪囚禁隐匿偷盗及未完赃赎等罪尽行赦免如有以
赦前事讦告者以其罪罪之逃走遗失者如经原主认识给
还免罪彼此相称贷者照旧准偿布告中外咸使闻知

○一九九　崇德八年九月二十日　山陵工成祭告圜丘太庙

《清世祖实录》卷二

辛亥。

大行皇帝山陵寳城宫殿告成，擇日

梓宫發引奉安

陵寢，遣鎮國將軍阿拜祭告

圜丘

太廟

○二○○ 崇德八年九月二十日 山陵工成祭告圜丘太庙

嘉庆朝《大清会典事例》卷三六八，并见光绪朝《大清会典事例》卷四五六

太宗文皇帝山陵寶城宫殿告成。遣官祭告

圜丘

太廟。

○二○一 崇德八年九月二十一日 葬皇太极于山陵

《清太宗实录》卷六五

昭陵。

九月。壬子。葬

○二○二　崇德八年九月二十一日　奉移大行皇帝梓宫诣陵寝　《清世祖实录》卷二，参见嘉庆朝《大清会典事例》卷三六八、光绪朝《大清会典事例》卷四五六

壬子奉移
大行皇帝梓宫敬安
陵寝

○二○三　崇德八年九月　奉大行皇帝梓宫诣陵　康熙朝《大清会典》卷六七，并见《雍正会典》卷九六

九月。恭奉
大行皇帝梓宫詣
昭陵。

○二○四 崇德八年九月 奉宝位诣陵

乾隆朝《大清会典则例》卷八五

九月恭奉

寶位詣

昭陵

○二○五 崇德八年十二月十七日 以督造福陵功授袭职

《清世祖实录》卷二

以督造

福陵功贈故牛彔章京趙夢彩為三等甲喇章京以其子鼎襲

職授撥什庫田永茂為牛彔章京

〇二〇六　**崇德八年　敕建关帝庙**

康熙朝《盛京通志》卷二〇，参见康熙朝《大清一统志》卷三二

關帝廟二處一在地載門外教場崇德八年敕建其大門坊表賜額曰義高千古歲時官給香燭

〇二〇七　**崇德八年　敕建关帝庙**

《钦定盛京通志》卷九七，并见嘉庆朝《大清会典事例》卷七二三、光绪朝《大清会典事例》卷九六〇

關帝廟有三。一在地載門外城西北五里教場。崇德八年敕建。正殿三楹。東西配廡各三楹。大門三楹。賜額曰義高千古。歲時官給香燭

〇二〇八　崇德八年　重修慈清寺　康熙朝《盛京通志》卷二〇

慈清寺縣東門外三里崇德八年
勅賜銀四十兩重修。

〇二〇九　崇德八年　重修慈清寺　《钦定盛京通志》卷九七

慈清寺在城東二里。龍首山上。寺前有古塔。一名三清觀。正殿二楹。三清殿三楹。耳房三楹。大門二楹。
本朝崇德八年。
勅賜銀兩重修。

○二一○ 崇德八年 重修慈清寺

《盛京典制备考》卷二

慈清寺

在城東龍首山山前有古塔

本朝崇德八年

勑賜銀兩重修

崇德年

（一六三六年五月至一六四四年二月）

○二一一　崇德年间　敕建实胜寺

《钦定盛京通志》卷九七，并见乾隆朝《大清一统志》卷六〇

實勝寺在外攘門關外二里。俗呼黃寺。亦曰皇寺。大殿五楹。左右經堂各三楹。東西配殿各三楹。碑亭二座。天王殿三楹。鐘鼓樓二座。山門三楹。東西牌樓二座。禪堂僧房三十四間。我太宗文皇帝破明兵十三萬於松山。勅建此寺。

○二一二　崇德年间　工程保固规定

康熙朝《大清会典》卷一三一，并见雍正朝《大清会典》卷一九七、乾隆朝《大清会典则例》卷一二七、嘉庆朝《大清会典事例》卷六六五、光绪朝《大清会典事例》卷八六七

凡脩建城垣。崇德間定。城垣房屋衙門工完。令部臣相視。記其堅瑕。如工作不堪者。即令原管工官脩理。如果堅固。仍定限期。三年內塌壞者。

责令赔偿

○二一三　崇德年间　定王府规制　康熙朝《大清会典》卷一三一，并见雍正朝《大清会典》卷一九七、《八旗通志初集·营建志》卷二三、《钦定八旗通志》卷一一二

王府規制

崇德間定。親王府臺基高一丈。正房一座。廂房二座。內門蓋於臺基之外。緑瓦硃漆。兩層樓一座。並其餘房屋及門。俱在平地蓋造。樓房大門。用平常筒瓦。其餘用板瓦

府第 房屋附

〇二一四　**崇德年间　府第规制**

郡王府。臺基高八尺。正房一座。廂房二座。內門蓋於臺基上。兩層樓一座。正房及內門。用綠瓦。兩廂房。用平常筒瓦。俱硃漆。餘與親王同

貝勒府。臺基高六尺。正房一座。廂房二座。內門蓋於臺基上。用平常筒瓦。硃漆。餘與郡王同

貝子府。正房廂房。俱在平地蓋造。大門用硃漆板瓦

乾隆朝《大清会典则例》卷一二七，并见嘉庆朝《大清会典事例》卷六六六、光绪朝《大清会典事例》卷八六九

一府第規制崇德年間定親王府制正屋一座
廂房二座臺基高十尺内門一重在臺基之外
均綠瓦門柱朱髹大門一重兩層樓一座及其
餘房屋均於平地建造樓大門用甋瓦餘屋用
版瓦郡王府制大門一重正屋一座廂房二座
臺基高八尺内門一重在臺基之上正屋内門
均綠瓦門柱朱髹廂房用甋瓦餘與親王府同

貝勒府制大門一重正屋一座廂房二座臺基
高六尺内門一重在臺基之上均甋瓦門柱朱

髹餘與郡王府同貝子府制大門一重正屋一

座廂房二座均於平地建造用版瓦門柱朱髹

康熙朝《大清会典》卷一三一，并见雍正朝《大清会典》

○二一五　崇德年间　王府违制治罪

凡王府違制。崇德間定。王府不遵定制。臺基過

高。及多蓋房屋者。俱治罪

卷一九七、《八旗通志初集·营建志》卷二三

清入关前

（一六一六年至一六四三年）

○二一六 清入关前 盛京宫殿规制

康熙朝《大清会典》卷一四一，并见雍正朝《大清会典》卷二一九

國初定都

盛京。首建

宫殿。

宸居肅穆。鞏鴻圖而奠丕基。締造之始。規模固已

弘遠矣。規制名額。具載於後

宫殿規制

篤恭殿

崇政殿在　篤恭殿右

翔鳳樓

飛龍閣　俱在　崇政殿後

清寧宫在　翔鳳樓後

關雎宫在　清寧宫左

衍慶宫在　關雎宫左

麟趾宫在　清寧宫右

永福宫在　麟趾宫右

大清門在　崇政殿南

東翊門在　大清門左

西翊門在　大清門右

〇二一七 **清入关前 建大殿于盛京** 康熙朝《大清会典》卷一四一，并见雍正朝《大清会典》卷二一一九

國初建

大殿於

盛京。殿制八隅。左右列署凡十。爲諸王議政之所。

又于

大殿西建

正殿。殿之後有樓。樓之後爲

中宮。其東西各有宮。

正殿之南有大門。其東西各有門

〇二二八　清入关前　宫殿应修择吉修理　康熙朝《大清会典》卷一四一，并见雍正朝《大清会典》卷二二九

凡

宫殿有應修處所。照內務府來文。核明需用錢糧。移文工部。俟覆准日。擇吉修理

〇二二九　清入关前　内务府掌宫殿岁修　乾隆朝《大清会典则例》卷一三九

國初定凡

宫殿歲時修理內務府專掌其事

〇二二〇　清入关前　设工部承政等官　康熙朝《大清会典》卷一四一

國初建置

盛京。設工部承政。叅政。啟心郎。筆帖式等官。

〇二二一　清入關前　建僧箓司道箓司　康熙朝《盛京通志》卷二〇

國初建

僧錄司在崇壽寺　道錄司在都城隍廟

〇二二二　**清入关前　城垣工作用八旗人役**　康熙朝《大清会典》卷一四一，并见雍正朝《大清会典》卷二一九

凡城垣工作。

國初泒取八旗人役建造。

〇二二三　**清入关前　建堂子于抚近门外**　康熙朝《盛京通志》卷二〇

堂子在盛京撫近門外

國初　勅建

〇二二四 **清入关前 建堂子于盛京** 康熙朝《大清会典》卷一三一，并见雍正朝《大清会典》卷一九七、《古今图书集成·职方典》卷三

堂子

國初建於

盛京。

〇二二五 **清入关前 建堂子于内治门外** 《钦定盛京通志》卷一九，并见《盛京典制备考》卷一

〔堂子〕在城東內治門外。

國初祀

天神之所。

〇二二六　清入关前　盛京天坛

康熙朝《盛京通志》卷二，参见康熙朝《大清会典》卷一四一、雍正朝《大清会典》卷二二九

天壇

在德盛門關外設

圜丘週圍一百十丈南門三東西北門各一本朝初祀

天之所

○二二七　清入关前　盛京太庙　康熙朝《盛京通志》卷二，参见康熙朝《大清会典》卷一四一、雍正朝《大清会典》卷二一九、《清朝文献通考》卷一○七

太廟、
在撫近門外大殿五間前殿三間大門三間大
門傍東西角門二間大殿後房六間週圍廣三
十五丈袤四十丈本朝初祀
列祖之所

○二二八　清入关前　盛京太庙　雍正朝《盛京通志》卷三

太廟

在撫近門外大殿五間前殿三間大門三間大
門傍東西角門二間大殿後房六間週圍廣三

十五丈袤四十丈

國朝初祀

列祖之所

〇二二九　清入关前　建兴京显祐宫

康熙朝《盛京通志》卷二〇，并见《古今图书集成·职方典》卷一六五，参见《清世祖实录》卷一一五

顯祐宫在[illegible]城之東北。國初建

〇二三〇 **清入关前　建兴京显祐宫**

《钦定盛京通志》卷九七

興京

顯祐宫在城東北二里。正殿三楹，後殿三楹。配殿六楹。大門三楹。

國初建。

〇二三一 **清入关前　建御花园**

康熙朝《盛京通志》卷五，并见雍正朝《盛京通志》卷九

御花園

在城西北五里

國初建

〇二三二　清入关前　敕建实胜寺　康熙朝《盛京通志》卷二〇

實勝寺俗呼爲黄寺在外攘門關外　國初　勑建有碑

〇二三三　清入关前　兴京地藏寺　《钦定盛京通志》卷九七

地藏寺在顯祐宫東。地藏殿五楹。大佛殿五楹。配廡各三楹。又左右殿各五楹。韋馱殿三楹。大門三楹。耳房三楹。鐘鼓樓各一。國初建。

○二三四　清入关前　敕建盛京四塔

《钦定盛京通志》卷九七

東塔永光寺在撫近門外五里。大殿五楹。碑亭二座。天王殿三楹。鐘鼓樓二座。山門三楹。寺東實塔一座。禪堂僧房二十四間。

西塔延壽寺在懷遠門外五里。大殿五楹。經堂三楹。碑亭二座。天王殿三楹。鐘鼓樓二座。寺西寶塔一座。山門三楹。晾經樓一楹。禪堂僧房三十間。

南塔廣慈寺在德盛門外五里。大殿五楹。碑亭二座。天王殿三楹。鐘鼓樓二座。寺南寶塔一座。山門三楹。晾經樓三楹。禪堂僧房三十六間。

北塔法輪寺在地載門外三里。大殿五楹。碑亭二座。東西配殿各三楹。天王殿三楹。鐘鼓樓二座。寺北寶塔一座。山門三楹。晾經樓一楹。禪堂僧房二十四間。以上四寺。俱敕建。國初時

○二三五　清入关前　修兴京陵取材地

乾隆朝《大清会典则例》卷一三九，并见嘉庆朝《大清会典事例》卷七二三、光绪朝《大清会典事例》卷九五九

國初定凡修
永陵於東一里外取土西南七里外燒甎西南四百里
外燒石灰小石採於張家口碑石龍趺石取於
盛京香鑪山

〇二二三六　清入关前　八旗分驻盛京城

清初分縣城内外各爲八界撫近門内及撫近關爲鑲紅旗界内治門内及内治關爲正紅旗界德盛門内及德盛關爲鑲黄旗界天佑門内及天佑關爲鑲藍旗界懷遠門内及懷遠關爲鑲白旗界外攘門内及外攘關爲正黄旗界福勝門内及福勝關爲正藍旗界地載門内及地載關爲正白旗界

《奉天通志》卷三六

〇二二三七　清入關前　建十王亭

《嘯亭杂录》卷二

十王亭

我文皇撫定遼、瀋，規模闊大，而集思廣益，納諫如流。造十王亭於宫右側，凡有軍國重事，集衆宗藩議于亭中而量加采擇。故當時政治肅清，良有以也。

○二三八　清入关前　兴京驻防设城

興京駐防自

太祖

太宗時始設城週圍三里半

《钦定八旗通志》卷一一六

○二三九　清入关前　义州驻防设衙门

義州駐防城週圍九里十三步

太宗皇帝初定錦州時建立衙門一所復改為城守尉衙

門

《钦定八旗通志》卷一一六

顺治元年

（一六四四年二月至一六四五年一月）

○二四○　顺治元年正月二十日　定诸王以下官民人等祭葬礼

《清世祖实录》卷三

己酉先是诸王以下官民人等祭神無定制至是下
諭曰祭以致敬若瀆祀無度過差必多反為無益以後各分
等次以時致祭務從儉約　定諸王以下官民人等祭葬禮
和碩親王薨
上輟朝三日禮部官視祭葬和碩親王以下奉國將軍以上固
山額真昂邦章京以下牛录章京以上固倫公主和碩福金
以下奉國將軍妻以上皆會喪設親王儀仗鞍馬十五匹空
馬十五匹王屬下官員及妻俱喪服用彩棺内襯五層王屬
下官員及妻大祭畢除服王屬下在部院衙門及閒散各官
未畢祭入署戴纓帽穿常服上墳日仍去纓其塋垣享殿皆
王府及所屬牛录下人夫起造初祭賜牛一羊八酒九瓶紙

錢三萬次祭賜亦如之加封諡勒石瑩所初祭次祭日除
上賜外自增入引旛一桿金銀錠七萬紙錢四萬羊九隻桌三
十張百日週年金銀錠一萬紙錢一萬羊九隻桌十五張多
羅郡王薨
上輟朝二日禮部官視祭葬和碩親王以下會喪屬員服喪除
服及棺襯造墳封諡立碑等儀俱如和碩親王例設郡王儀
仗鞍馬十四匹空馬十四匹初祭賜牛一羊六酒七瓶紙錢
二萬三千次祭賜亦如之初祭次祭日除
上賜外自增入引旛一桿金銀錠六萬紙錢三萬七千羊七隻
桌二十五張百日週年金銀錠一萬紙錢一萬羊七隻桌十
三張多羅貝勒薨
上輟朝一日禮部官視祭葬和碩親王以下會喪屬員服喪除
服及棺襯造墳封諡立碑等儀俱如多羅郡王例設貝勒儀

仗鞍馬十三匹空馬十三匹初祭賜牛一羊四酒五瓶紙錢
一萬五千次祭賜亦如之初祭次祭日除
上賜外自增入引旛一桿金銀錠五萬紙錢三萬五千羊五隻
桌二十張百日週年金銀錠一萬紙錢一萬羊五隻桌十張
固山貝子薨禮部官視祭葬多羅郡王以下會喪屬員服喪
除服及造墳俱如多羅貝勒例用彩棺内襯三層設貝子儀
仗鞍馬十二匹空馬十二匹初祭賜羊五瓶酒五瓶紙錢一
萬次祭賜亦如之初祭次祭日除
上賜外自增入引旛一桿金銀錠四萬紙錢三萬羊三隻桌十
五張百日週年金銀錠八千紙錢八千羊五隻桌八張鎮國
公卒禮部官視祭葬多羅貝勒以下會喪屬員服喪除服及
棺襯造墳俱如固山貝子例設執事鞍馬十匹空馬十匹初

祭賜羊四隻酒四瓶紙錢九千次祭賜亦如之初祭次祭日
除
上賜外自增入引旛一桿金銀錠三萬紙錢二萬一千羊三隻
桌十五張百日週年金銀錠七千紙錢七千羊四隻桌七張
輔國公卒禮部官視祭萁多羅貝勒以下會喪屬員服喪除
服及棺襯造墳俱如鎮國公例設執事鞍馬八匹空馬八匹
初祭賜羊四隻酒四瓶紙錢八千次祭賜亦如之初祭次祭
日除
上賜外自增入引旛一桿金銀錠二萬紙錢一萬二千羊三隻
桌十五張百日週年金銀錠六千紙錢六千羊四隻桌七張
鎮國將軍卒禮部官視祭萁輔國公以下鎮國將軍以上皆
會喪用紅棺内襯一層設執事鞍馬五匹初祭賜羊二隻酒
二瓶紙錢五千次祭賜亦如之初祭次祭日除

上賜外自增入引旛一桿金銀錠六千紙錢一千羊一隻桌六張輔國將軍卒禮部官視祭奠鎮國將軍以下會喪棺櫬如鎮國將軍例設執事鞍馬四匹初祭賜羊一隻酒一瓶紙錢四千次祭賜亦如之初祭次祭日除

上賜外自增入引旛一桿金銀錠五千紙錢一千羊二隻桌五張奉國將軍卒禮部官視祭奠輔國將軍以下會喪棺櫬如輔國將軍例設旗四桿鞍馬三匹初祭次祭日除

上賜羊一隻酒各一瓶紙錢各三千外自增入引旛一桿金銀錠四千紙錢一千羊一隻桌四張宗室卒用紅棺内櫬一層鞍馬二匹初祭次祭日用引旛一桿金銀錠三千紙錢三千

羊二隻桌三張和碩福金薨禮部官視祭奠和碩親王以下奉國將軍以上固倫公主和碩福金以下奉國將軍妻以上

皆會喪設儀仗鞍馬六匹用彩棺内襯五層王屬下官員帽

除纓官員妻俱喪服大祭畢除服初祭次祭日除

上賜牛一隻羊八隻酒九瓶紙錢二萬外自增入引旛一桿金

銀錠七萬紙錢五萬羊九隻桌三十張百日週年金銀錠一

萬紙錢一萬羊九隻桌十五張多羅福金薨禮部官視祭奠

多羅郡王以下會喪屬員服喪除服及棺襯俱如和碩福金

例設儀仗鞍馬五匹初祭次祭日除

上賜牛一隻羊六隻酒七瓶紙錢一萬五千外自增入引旛一

桿金銀錠六萬紙錢四萬五千羊八隻桌二十五張百日週

年金銀錠一萬紙錢一萬羊七隻桌十三張多羅貝勒福金

薨禮部官視祭奠多羅郡王以下會喪屬員服喪除服及棺

襯俱如多羅福金例設儀仗鞍馬四匹初祭次祭日除

上賜羊五隻酒五瓶紙錢一萬外自增入引旛一桿金銀錠五
萬紙錢四萬羊五隻桌二十張百日週年金銀錠一萬紙錢
一萬羊五隻桌十張固山貝子福金薨禮部官視祭奠多羅
貝勒以下會喪屬員服喪除服俱如多羅貝勒福金例用彩
棺内襯三層設儀仗鞍馬三匹初祭次祭日除
上賜羊三隻酒三瓶紙錢七千外自增入引旛一桿金銀錠四
萬紙錢三萬三千羊五隻桌十五張百日週年金銀錠八千
紙錢八千羊五隻桌八張鎮國公妻卒禮部官視祭奠固山
貝子以下會喪屬員服喪除服及棺襯執事馬匹俱如固山
貝子福金例初祭次祭日除
上賜羊二隻酒二瓶紙錢六千外自增入引旛一桿金銀錠三
萬紙錢二萬四千羊五隻桌十五張百日週年金銀錠七千
紙錢七千羊四隻桌七張輔國公妻卒禮部官視祭奠固山

貝子以下會喪屬員服喪除服及棺櫬執事馬匹俱如鎮國
公妻例初祭次祭日除
上賜羊二隻酒二瓶紙錢五千外自增入引旛一桿金銀錠二

萬紙錢一萬五千羊五隻桌十五張百日週年金銀錠六千
紙錢六千羊四隻桌七張異姓超品一等公卒禮部官視祭
奠設執事鞍馬七匹用紅棺內櫬一層聞訃初祭次祭凡三
遣官往視初祭次祭日除
上賜羊三隻酒六瓶紙錢二千五百外自增入引旛一桿金銀
錠八千紙錢五千五百羊一隻桌八張一等公二等公三等
公和碩額駙卒用紅棺內櫬一層設執事鞍馬六匹初祭次
祭日用引旛一桿金銀錠七千紙錢七千羊四隻桌七張固

山額真尚書昂邦章京多羅額駙卒用紅棺內襯一層設執
事鞍馬五匹初祭次祭日用引旛一桿金銀錠六千紙錢六

千羊三隻桌六張內大臣大學士梅勒章京侍郎護軍統領
前鋒統領貝勒壻多羅額駙鎮守盛京總管官卒用紅棺內
襯一層設執事鞍馬四匹初祭次祭日用引旛一桿金銀錠
五千紙錢五千羊三隻桌五張甲喇章京一等侍衛前鋒參
領固山額駙學士滿洲啓心郎理事官盛京副守官守外城
三品以上等官卒用紅棺內襯一層設旗四桿鞍馬三匹初
祭次祭日用引旛一桿金銀錠四千紙錢四千羊二隻桌四
張牛彔章京二等侍衛鎮國公輔國公壻漢啓心郎副理事
官都察院理藩院啓心郎贊禮郎祭酒鎮守盛京固山章京
哨長鎮守各外城官迎送官兩翼管臺官卒用紅棺內襯一

層設旗二桿鞍馬二匹初祭次祭日用引旛一桿金銀錠三千紙錢三千羊二隻桌三張半箇牛彔章京卒用紅棺内襯一層鞍馬一匹初祭次祭日用引旛一桿金銀錠二千紙錢二千羊一隻桌二張民用紅棺内襯一層鞍馬一匹初祭次祭日用引旛一桿金銀錠一千紙錢一千羊一隻桌二張凡官民焚所服衣及隨葬衣共五襲圍棺帳幔各聽其便自超品一等公以下牛彔章京以上等官父母妻及未分家之子故者各視其家官職大小用金銀紙錠羊桌等物鞍馬止用一匹其各官百日週年祭或常祭用金銀錠一千紙錢一千羊一隻桌三張自半箇牛彔章京以下暨民用金銀錠一百

紙錢一百羊一隻桌一張在八分内和碩親王子已娶妻未受封卒者用鞍馬七匹多羅郡王子鞍馬六匹多羅貝勒子

鞍馬五匹妻卒用鞍馬二匹祭用金銀紙錠羊桌等物各視
其父不用牛從減者聽固山貝子子卒用鞍馬四匹鎮國公
輔國公子卒鞍馬三匹妻卒鞍馬二匹祭用金銀紙錠羊桌
等物各視其父從減者聽
上不賜羊及紙錢初喪造室於墓所三年滿乃毀室築墳其妻
造室築墳如夫例若未娶妻之子不造室在八分内無品宗
室卒其馬匹金銀錠紙錢羊桌等物俱如鎮國將軍例超品
一等公以下梅勒章京以上願造室與否各聽其便葬於五
里外甲喇章京以下及民人不許造室舊造者毀亦令葬於
五里外盛京週圍五里内民墳各令移葬本屯墻外其在遠
地葬者亦毀室築墳遷葬親王以下民以上清明節止許插
紙錢於墓樹枝綵花永行停止凡官民祭時金銀錠紙錢不

許懸掛奠酒如前欲全焚紙幣者聽酒漿麪食隨便酌用若
額外祭及祭物踰分者坐以應得之罪

〇二四一 顺治元年二月二十九日 努尔哈齐大妃祔葬福陵 《清世祖实录》卷三

以大妃博爾濟錦氏祔葬
福陵改葬妃富察氏於
陵外以富察氏在
太祖時獲罪賜死故也

〇二四二　顺治元年三月二十日　亲王至庶民造屋筑基规制

定和碩親王以下庶民以上造屋築基之制
和碩親王多羅郡王多羅貝勒照例臺上造屋五座固山貝
子鎮國公輔國公屋基高二尺超品一等公以下庶民以上
屋基高一尺違者罪之

《清世祖实录》卷三

〇二四三　顺治元年五月初二日　多尔衮于武英殿升座

己丑師至燕京故明文
武官員出迎五里外攝政和碩睿親王進朝陽門老幼焚香
跪迎内監以故明鹵簿御輦陳皇城外跪迎路左啟王乘輦
王曰予法周公輔

《清世祖实录》卷五

冲主不當乘輦衆叩頭曰周公曾負扆攝國事今宜乘輦王曰
予來定天下不可不從衆意令將鹵簿向宮門陳設王儀仗

前列奏樂拜
天行三跪九叩頭禮復望
闕行三跪九叩頭禮畢乘輦入武英殿陞座故明衆官俱拜伏
呼萬歲王下令諭將士乘城廝養人等概不許入百姓安堵
秋毫無犯

《甲申核真略》

○二四四　顺治元年五月初三日　多尔衮入居武英殿

□王來者爲攝政王四□之弟也。四□有子八歲，自去歲即位，至是已踰年矣，稱順治元年。攝政云者，以其幼而代蒞政也。入居武英殿（賊焚大內，惟太廟及武英門殿尚存）。侍郎王鰲永從之以入，見攝政與各頭目俱席地而坐，乃潛走出。

〇二四五　顺治元年五月十二日　多尔衮遣官奏报底定燕京

《清世祖实录》卷五

己亥。攝政和碩睿親王多爾袞遣官奏報底定燕京。捷音奏言：臣統大軍前往燕京，自山海以西各城堡文武將吏皆爭先奉表迎降。四月二十六日，流賊李自成盡括金銀幣帛，載發長安。三十日，自成焚燬宫闕，遁走。臣隨遣内外藩王、貝勒、貝子、公、固山額真、護軍統領等率師追擊。臣親率餘兵於五月初二日抵燕京，京城文武官吏、耆老、士庶悉出城迎降，以巳刻入城。

〇二四六 顺治元年五月十七日 皇太极陵寝宝座告成

《清世祖实录》卷五

甲辰，以

山陵寝殿内寶座告成，祭

太行皇帝。

〇二四七　顺治元年五月十七日　皇太极陵寝宝位告成

《清初内国史院满文档案译编》（中）

十七日。以昭陵宝位告成礼，摄政和硕郑亲王以下，牛录章京以上各官往宝位前奏曰：顺治元年甲申，五月十七甲辰吉日，承袭皇位孝子福临，于皇考宽温仁圣皇帝神位前跪奏曰：以特修之神位告成，移放皇考神位礼，备祭品以祭神魂。颂文毕，摄政和硕郑亲王跪神位前，敬酒三盅，诸官皆跪，行三叩头礼，由内大臣、侍卫安放于宝座。皇福晋、固伦公主、和硕福晋以下，多罗格格、辅国公之妻以上，俱托饭桌、备用之桌并牛、羊肉，皇福晋跪，奠酒三盅，众人皆跪，行三叩头礼。续由摄政和硕郑亲王跪宝位前，奠酒三盅，诸官皆跪，行三叩头礼。此次祭品有凉帽、沙披领一套、袍服一套、靴袜两双、染三色整匹纸五万、元宝五万、牛一、羊八，烧酒、黄酒十坛，计饭桌共二十一。收元宝纸钱后，诸王、福晋等皆出。

〇二四八　顺治元年五月二十二日　葬崇祯帝后妃等

以禮葬明崇禎帝后及妃袁氏兩公主並天啟后張氏萬曆妃劉氏仍造陵墓如制

《清世祖实录》卷五

〇二四九　顺治元年五月二十七日　多尔衮入武英殿

甲寅攝政和碩睿親王入武英殿陞御座設故明鹵簿鳴鐘鼓奏樂大學士馮銓應襲恭順侯吳惟華率文武羣臣上表稱賀

《清世祖实录》卷五

〇二五〇　顺治元年五月　亲王等造屋之制

《八旗通志初集·营建志》卷二三，并见《钦定八旗通志》卷一一二

顺治元年五月，定和碩親王以下屋基之制：和碩親王、多羅郡王、多羅貝勒，照例臺基上造屋五座。固山貝子、鎮國公、輔國公，屋臺高二尺。

〇二五一　顺治元年六月十一日　定议迁都燕京

《清世祖实录》卷五，并见《清史稿》卷四

丁卯，攝政和碩睿親王多爾袞與諸王貝勒大臣等定議，應建都燕京，遣輔國公屯齊喀、和託、固山額真何洛會等齎奏迎駕。奏言：仰荷天眷及皇上洪福，已克燕京，臣再三思維，燕京勢踞形勝，乃自古興王

之地有明建都之所今既蒙

天畀

皇上遷都於此以定天下則宅中圖治宇内朝宗無不通達可

以慰天下仰望之心可以錫四方和恒之福伏祈

皇上熟慮俯納焉

〇二五二　顺治元年六月十一日　多尔衮奏报请迁都燕京

《清初内国史院满文档案译编》（中）

十一日。礼部侍郎阿哈尼堪、梅勒章京吴拜前来向皇上奏报。摄政王奉命大将军多尔衮向朝廷跪奏曰：仰荷天眷及皇上洪福，现已克明国燕京。臣再三思维，燕京势踞中原，乃自古兴王之地，有明建都之所，今既蒙天畀，皇上迁都于此，以定天下。则宅中图治，宇内朝宗，无不通达。若皇上不蒙天畀，则实有失天下之民。伏祈皇上熟虑。

○二五三　顺治元年六月十八日　盛京建四郊塔工成

《清世祖实录》卷五

盛京四郊塔工

成。賜諸喇嘛宴。及鞍馬幣帛器皿等物有差。

〇二五四　顺治元年六月十九日　后塔竣工

《清初内国史院满文档案译编》（中）

十九日。以后塔峻工礼，为佛开光，于塔前建蒙古包，内有西布扎喇木占霸喇嘛尊佛。众喇嘛、鄂木布、班弟等为之颂经，颂经毕，前往蒙古包前凉棚，背向塔坐于床上。钦命摄政和硕郑亲王、多罗饶余郡王、硕塞、阿格、内大臣、侍卫、梅勒章京等以上各官，俱礼服至塔前，诸王等各官皆免冠向西布扎喇木占霸喇嘛行三跪三叩头礼毕，诸王以下各官及领头大臣等，逐一向喇嘛叩献衣服里，退回行三跪三叩头礼毕，于塔前设桌。王等诸官皆行三跪三叩头礼，由郎苏喇嘛于前赞引，绕塔三圈，行三跪三叩头礼毕，各就其位。王等坐西厢凉棚，先备茶，设桌，出牛羊肉，分与做工之章京、匠役、差役等。贡喇嘛物品有：内库配雕鞍马一匹、散马一匹、驼一头、盔甲、配弓箭之雕刻撒袋、银五十两、貂一、虎一、海獭一，以上为一九；银壶一、暖瓶一、金酒盅一、玉酒盅一、琥珀酒盅一、银酒盅四，以上为一九；蟒缎一、妆缎一、片金一、闪缎一、碎花锦缎一、倭缎一、金钱花缎一、黄缎一、红缎一，此为一九，以上共三九。设此宴时，皇家设桌二十、酒十坛、饺子三百，礼部设奶酒二坛，户部宰牛一、羊二十六，共宰牲畜三九，八家各带茶二壶筵宴。二十二日，于东塔，二十五日于南塔，二十八日于北塔。摄政和硕郑亲王以下，梅勒章京以上各官，前往以上三塔，向喇嘛及各塔行叩头礼毕，将各宴桌及所宰牛、羊，俱照后塔例而行，贡喇嘛物品，亦如此行。

〇二五五 顺治元年六月二十二日 遣官祭告明宗庙之主迁于别所

《清初内国史院满文档案译编》（中）

二十二日。大清国摄政王告祭故明诸帝文曰：兹春流贼李自成颠覆明室，国祚已终。予驱除逆寇李自成，定鼎燕都。惟思：明承一代之运，以有天下，然历数转移，如四时递禅，非独有明为然。此乃天地之定数也。至于宗庙之主，迁置别所，自古以来厥有成例。第念曾为一代天下主，罔宜轻亵。兹以移置之故，遣官祀告，迁于别所。

○二五六　顺治元年六月二十七日　祭明太祖等帝

攝政和碩睿親王遣大學士馮銓祭故明太祖及諸帝文曰：兹者流寇李自成顛覆明室，國祚已終，予驅除逆寇，定鼎燕都，惟明乘一代之運以有天下，歷數轉移，如四時遞禪，非獨有明為然，乃天地之定數也。至於宗廟之主，遷置别所，自古以來，厥有成例，第念曾為一代天下主，罔宜輕褻，兹以移置之故，遣官祀告，遷於别所。

《清世祖实录》卷五

○二五七　顺治元年六月二十八日　明太祖神牌入历代帝王庙

甲申，以故明太祖神牌入歷代帝王廟。

《清世祖实录》卷五，并见《清史稿》卷四

〇二五八　顺治元年七月初八日　迁都于燕遣官祭告

《清世祖实录》卷六，并见《清史稿》卷四

癸巳

上以中原平定遷都於燕遣官祭告

上帝

太廟

福陵告

上帝文曰荷

天眷命錫我以故明燕土撫乂中邦盪平寇亂茲者俯徇羣情

遷都定鼎作京於燕用紹

皇天之休永錫蒸民之慶齋祓告虔惟

帝時佑之告

太廟文曰臣聞流寇李自成鴟張肆逆陷明北京崇禎帝自經

隨命攝政睿親王多爾袞為奉命大將軍統師西征未抵山
海關明總兵吴三桂遣使來迎我師比至開門納款我兵即
以是日整伍入關自成猶擁馬步軍二十餘萬逆我顏行大
將軍多爾袞奮張三軍一戰敗之追逐四十餘里俘斬無算
賊首尾不相顧狼狽西遁我大兵躡其後撫諭所過郡縣直
抵燕京自成惶懼焚明宫闕竄走西秦大將軍復簡精兵令
各王同固山額真等統領追賊隨親率師入京安撫百姓其
大軍追擊賊兵至真定之慶都兩戰兩敗之賊勢益不支鳥
獸駭散河北山東山西郡縣人民悉聞風歸降接踵恐後此
皆我
皇祖之素志也兹特虔告仰慰在
天之靈至燕地為歷代帝王都會諸王朝臣請都其地臣順衆

志。遷都於燕。以撫
天界之民。以建億萬年不拔之業。謹告祭
福陵文同。

〇二五九　顺治元年七月十九日　遣官访房山金陵绘图进览

遣官往房山訪
金朝陵寢。仍繪圖進覽。

《清世祖实录》卷六

〇二六〇　顺治元年七月二十八日　仲秋祭社稷

太常寺

請於仲秋祭

社稷攝政和碩睿親王諭俟

聖駕至京

南郊禮成後奏行

《清世祖实录》卷六

〇二六一　顺治元年七月二十九日　明帝后遗像藏通集库

以故明

諸帝后遺像同歷代帝后像藏通集庫

《清世祖实录》卷六

〇二六二　顺治元年七月　乾清宫兴工　《清世祖实录》卷六，并见《清史稿》卷四

是月興乾
清宫工

〇二六三　顺治元年八月十一日　大行皇帝宝宫安葬昭陵　《清世祖实录》卷七

丙寅
恭奉
大行皇帝寶宫安葬
昭陵攝政和碩鄭親王濟爾哈朗奉
上率和碩親王以下牛彔章京以上齊集
山陵殿前西階

皇太后率衆妃及公主格格和碩福金以下鎮國將軍固山額
真尚書等官命婦以上俱集
皇太后率衆妃及公主等詣
寶宫前舉哀畢跪獻三爵行三叩頭禮內大臣輔國將軍錫翰
等奉
寶宫由中堦升
陵殿奉安於地宫葬畢陳設祭物

皇太后衆妃及諸王官員獻爵行祭禮

〇二六四　顺治元年八月二十日　顺治帝迁都燕京　《清世祖实录》卷七

乙亥

上自盛京遷都燕京是日

車駕啟行駐蹕舊邊内木橋地方。

〇二六五　顺治元年八月二十八日　设明十三陵陵户　《清世祖实录》卷七

設故明十三陵司香官及陵户。給以香火地畝。

仍諭以虔潔禋祀禁止樵牧。用稱國家隆禮前朝至意。

○二六六 顺治元年九月初四日 顺治帝至京迎接礼仪

《清世祖实录》卷八

禮部啟言
聖駕至京文武百官迎接禮儀應行豫定先期工部錦衣衛修
治道途設行殿於通州城外南向司設監設帷幄
御座於中尚衣監備冠服錦衣衛設鹵簿儀仗旗手衛設金鼓
旗幟教坊司設大樂俱於行殿西候
駕至前導先期一日傳報文武百官俱吉服於行殿西道傍百
步之外候
駕過侍班跪接
駕入行殿陞御座鴻臚寺官贊排班文武各官班齊行五拜三
叩頭禮畢候
上更衣百官前行

駕由永定門入大清門陞武英殿文武百官由大清門左右進

至承天門外金水橋南文武分班

駕至跪迎俯伏候

駕過百官各散凡一應執事人員仍伺候次日黎明文武百官

於武英殿朝畢上表請即

帝位候旨俞允本部隨擇日具儀注進呈攝政和碩睿親王是

之

○二六七 顺治元年九月十四日 建堂子及其规制

《清世祖实录》卷八，参见《古今图书集成·职方典》卷三

建

堂子於玉河橋東亭殿三間有圍廊濶五丈三尺五寸深三丈三尺簷柱高一丈二尺六寸八角亭一座圍二丈六尺五寸簷柱一丈七寸收貯舊饗神房二間濶一丈七尺深一丈五尺五寸簷柱高一丈殿門一間濶一丈三尺五寸深一丈五尺簷柱高一丈一尺二寸祭神八角亭一座圍二丈二尺簷柱高九尺四寸大門三間濶四丈深二丈簷柱高一丈八寸圍牆外神廚房三間濶三丈五尺深二丈簷柱高一丈

〇二六八　**顺治元年九月十九日　顺治帝自正阳门入宫**

甲辰未刻

上自正陽門入宫

《清世祖实录》卷八，参见《清史稿》卷四

〇二六九　**顺治元年九月二十七日　大行皇帝神主奉安太庙**

《清世祖实录》卷八，参见《皇朝通志》卷三八

壬子恭奉

太祖武皇帝

孝慈武皇后

大行皇帝神主奉安

太廟遣固山額真宗室拜尹圖代祭禮部尚書覺羅郎球奉

太祖武皇帝神主甲喇章京胡世布奉

孝慈武皇后神主吏部尚書宗室鞏阿岱奉
大行皇帝神主禮部侍郎藍拜理事官哈爾松噶捧二功臣牌

位及太常寺官俱於内院齊集學士額色黑捧祝版至謹身
殿授太常寺卿郎球等奉
神主及功臣牌位依次而行太常寺官六員前導每階一揖代
祭官隨行至
太廟門外由東中門入奉
神主進前正殿跪奉
太祖武皇帝
孝慈武皇后神主安置正案南向
大行皇帝神主安置東側案上西向畢一叩頭興導引官引出
立於階上代祭官之後捧二功臣牌位進西廡殿内跪安正

義公費英東牌位於左至勇公額亦都牌位於右東向畢一
叩頭興出立於階下贊禮官贊行四跪四叩頭禮畢贊禮官
贊行初獻禮太常寺官三員各捧一爵詣案前跪獻畢鞠躬
退一跪一叩頭興各就本位贊讀祝文額色黑入殿内跪捧
祝文宣讀畢跪奉祝版置於
太祖神位前一叩頭退代祭官及捧主官行讀祝禮聽贊禮官
贊行一跪一叩頭禮畢贊行亞獻禮太常寺官獻爵如初獻
禮畢贊行終獻禮太常寺官獻爵亦如初獻禮畢各退二功
臣位前亦如前各三獻爵畢贊禮官贊行四跪四叩頭禮階
下各官亦照行禮畢贊焚祝額色黑捧祝詣送焚祝所各官

東向鞠躬階下各官亦鞠躬焚祝畢各官北向揖階下各官
亦揖代祭官立於階西側捧功臣牌位各官立於階下西側
導引官引奉
太祖武皇帝
孝慈武皇后
大行皇帝神主官詣
神位前行一跪一叩頭禮各奉
神主由殿内後門進至後殿跪置於
神位上退出殿門外行一叩頭禮導引官仍引至功臣殿前候
代祭官齋出

○二七○ 顺治元年九月二十七日 鸿胪寺上进历仪

《清世祖实录》卷八

鴻臚寺上進曆儀注十月初二日欽天監進曆先一日鴻臚寺執事官設曆案一於武英殿中又設案一於殿外東王門

簷下是日早文武百官各具朝服侍班

上御武英殿陞座内臣傳開門執事官方進錦衣衛傳鳴鞭訖鴻臚寺堂官跪奏執事官行禮起身一揖退内贊贊入班鞠躬五拜叩頭興平身贊各供事鴻臚寺堂官傳贊禮執事官引欽天監官就拜位鳴贊贊鞠躬四拜興平身内贊立於東王門外贊進曆序班二員從丹墀引欽天監官至東王

門外欽天監官捧曆從東王門進殿内内贊隨入欽天監官至案前立定内贊贊跪鴻臚寺堂官傳跪外贊亦贊跪内贊贊進曆欽天監官將曆跪置於案奏欽天監進順治二年

御覽月令等歷奏畢司禮監官捧上
御覽畢又奏
皇太后歷親王歷俱在午門外請命司禮監官捧進得旨是欽
天監官同司禮監官承旨畢内贊贊欽天監官俯伏興平身
鴻臚寺堂官傳俯伏外贊亦贊俯伏興平身欽天監官從東
邊門出鴻臚寺堂官傳起案執事捧案置殿東執事官引欽
天監官仍就拜位鳴贊贊鞠躬四拜興平身一揖退對贊贊
百官排班班齊鳴贊贊鞠躬四拜興平身鴻臚寺堂官一員
殿内跪奏傳制自叩四頭一揖一躬從東王門出至丹陛上
西立稱有制鳴贊贊跪傳制官傳欽天監進順治二年時憲
歷給賜百官頒行天下傳畢内贊立於傳制官後贊頒歷侍
内臣分頒畢外贊贊俯伏興四拜興平身鴻臚寺堂官殿内

跪奏禮畢鳴贊贊禮畢鳴鞭
上回宫

○二七一　顺治元年九月　建堂子于京师　《清朝文献通考》卷九九，并见《皇朝通志》卷三七、《宸垣识略》卷五、《养吉斋丛录》卷七

九月建
堂子於京師定上香致祭謁告之禮是年既定燕京卽建
堂子於長安左門外玉河橋東街門北向内門西向正中
爲祭
神殿南向前爲拜
天圜殿殿南正中設

大內致祭立杆石座次稍後兩翼分設各六行行各

六重第一重爲

皇子致祭立杆石座次親王郡王貝勒貝子公各以

次序列北向東南爲

上神殿南向崇德元年定制每年元旦

皇帝率親王以下副都統以上及藩王等詣

堂子上香行三跪九拜禮

○二七二 顺治元年十月初一日 顺治帝诣南郊告天即位

《清世祖实录》卷九

顺治元年甲申冬十月乙卯朔
上以定鼎燕京親詣
南郊告祭
天地即皇帝位是日黎明内院官奏請詣壇
上出宫升輦親王以下文武各官皆從鹵簿前導出大清門不
奏樂至
圜丘於昭亨門西降輦入左門御幄更衣畢太常寺寺丞從櫺
星門内導
上至階二級典儀官贊樂人就位執事官各司其事諸王立於
階三級文武各官列於櫺星門階東西典儀官贊迎
神協律郎奏迎神樂贊引官贊升壇導

上至
神位前。捧香官跪於
上左傍捧香贊引官贊跪上香
上跪三上香畢。贊復位
上復位。樂止。贊引官贊俯伏興。
上行四跪四叩頭禮。各官亦隨行禮。典儀官贊獻玉帛。協律郎
奏獻玉帛樂。贊引官導

上至
神位前。捧玉帛官二員跪
上左右捧玉帛。贊引官贊跪獻玉帛
上跪受玉帛。獻畢。授捧玉帛官置於案上。贊復位。
上復位。樂止。典儀官贊行初獻禮。協律郎奏初獻樂。贊引官導

上至
神位前捧爵官接爵官跪於
上左右捧爵贊引官跪獻爵
上跪受爵獻畢授接爵官置於案上贊引官贊詣讀祝所
上詣讀祝所樂止
上跪各官俱跪讀祝文祝文曰大清國皇帝臣[illegible]敢昭告於
皇天
后土帝鑒無私眷隆有德我
皇祖寵膺
天命肇造東土建立丕基及
皇考開國永家恢弘大業臣以眇躬纘茲鴻緒值明祚將終姦
雄蠭起以致生靈塗炭徯望來蘇臣欽承

祖宗功德倚任賢親爰整六師救民水火掃除暴虐撫輯黎元
内外同心大勳克集因兹定鼎燕京以綏中國臣工衆庶僉
云神助不可違輿情不可負宜登大位表正萬邦臣祗荷
天眷以順民情於本年十月初一日告
天即位仍用大清國號順治紀元率由初制伏惟
天地佑助早靖禍亂載戢干戈九州悉平登進仁壽俾我大清
皇圖永固爲此祈禱伏惟歆饗讀畢奏樂贊引官贊俯伏興
上行一跪一叩頭禮各官亦隨行禮贊復位
上復位樂止典儀官贊行亞獻禮如初獻儀典儀官贊行終獻
禮如亞獻儀典儀官贊徹饌協律郎奏樂執事官徹饌畢樂
止典儀官贊送
神協律郎奏送神樂贊引官贊俯伏興
上行四跪四叩頭禮各官亦隨行禮樂止典儀官贊執事官將

祝文、祭帛、諸祭物，捧置燎所。
上退立於拜位之東，祝帛過
上前。
上鞠躬，典儀官贊詣燎所，前視焚祝帛，協律郎奏樂，贊引官導
上至燎所，焚祝帛，灌奠，贊禮畢，贊引官導
上詣更衣所。
上衣黃衣，南向坐，諸王文武各官侍立，鳴贊官贊令排班，大學
士剛林從東班升階正中跪，學士詹霸於案上捧寶授剛林，
剛林捧寶奏云
皇帝已登大寶，諸王文武羣臣不勝懽忭，奏畢，以寶授詹霸，詹
霸捧置案上，剛林起退，鳴贊官贊百官行三跪九叩頭禮畢，
上起，各官俯躬，

上步至原降輦處升輦。鹵簿前導。奏樂。進大清門。
上入宮。設御座於皇極門階上。陳諸王表文於階東。諸王及文
武各官以次列階下。
上升輦出宮。衆官跪候
上陞御座。始起。階下三鳴鞭。內院、都察院、及鴻臚官俱於階上
行三跪九叩頭禮。鳴贊官贊排班。諸王以下文武各官排班
於丹墀下。跪。候讀表文畢。行三跪九叩頭禮。畢。退就班。三鳴
鞭。
上乘輦還宮。衆官皆跪。
駕過乃退。

〇二七三　顺治元年十月初十日　御皇极门颁即位诏　《清世祖实录》卷九

是日

上御皇極門頒即位詔於天下。

〇二七四　顺治元年十月二十四日　定摄政王府宫室规制　《清世祖实录》卷一〇

定攝政王冠服宮室之制帽頂用東珠十三顆金佛前嵌東珠七顆後金花嵌東珠六顆帶每板嵌東珠六顆猫睛石一顆帶用淺黃服用八團龍坐褥冬用貂皮夏用繡龍房基高十四尺樓三層覆以綠瓦脊及四邊俱用金黃瓦

○二七五　顺治元年十月三十日　定王府宫室之制

《清世祖实录》卷一〇

甲申定諸王貝勒貝子公等冠服宫室之制輔政王及諸親王帽頂嵌東珠十顆前金佛嵌東珠五顆後金花嵌東珠四顆帶每板嵌貓睛石一顆東珠四顆坐褥冬用貂鑲猞狸猻夏照舊郡王帽頂嵌東珠八顆前金佛嵌東珠四顆後金花嵌東珠三顆帶每板嵌貓睛石一顆東珠二顆坐褥冬用猞狸猻夏照舊凡欽賜諸王服色俱許穿用私綉者止許用五爪四團龍輔政王及諸親王郡王房基照舊脊瓦俱用綠貝勒帽頂嵌東珠七顆前金佛嵌東珠三顆後金花嵌東珠二顆帶每板嵌東珠一顆坐褥冬用豹皮夏照舊貝子帽頂嵌東珠六顆前金佛嵌東珠二顆後金花嵌東珠一顆帶每板嵌綠松石一顆坐褥冬用豹皮夏照舊鎮國公帽頂嵌

東珠五顆前金佛嵌東珠一顆後金花嵌綠松石一顆帶每板嵌寶石一顆坐褥照舊輔國公帽頂嵌東珠四顆前金佛嵌東珠一顆後金花嵌綠松石一顆帶每板鑲碧玉一塊坐褥照舊

〇二七六 **顺治元年十月　定和硕亲王以下脊瓦之制**　《八旗通志初集·营建志》卷二三，并见《钦定八旗通志》卷一一二

十月，定諸王、貝子、貝勒、公等宫室之制，親王、郡王，房基照舊，脊瓦俱用綠。

〇二七七　顺治元年十一月初四日　明南京西宫赐名慈禧殿　《同治上江两县志》卷二

冬十一月戊子明南京西宫成赐名慈禧殿

〇二七八　顺治元年十一月二十日　以冬至行郊祀礼预告太庙　《清世祖实录》卷一一

以冬至行郊祀禮預告太廟禮部臣早詣神位前設一鹿饗二兔胾菓五品於案自多羅貝勒以下滿漢文武羣臣俱朝服分列午門外大學士剛林奏請上躬祭

上出宫乘輿率諸王内大臣侍衛等出午門羣臣跪接陳
御蓋仗馬於
太廟角門
上降輿入角門步行侍衛等侍列南門外諸王内大臣随行太
常寺寺丞導
上入
太廟門歷階而揖
上入
廟贊引官贊就位
上就位北向立捧香官跪左側獻香贊引官贊拈香
上詣
太祖武皇帝

孝慈武皇后神位前三上香次詣
太宗文皇帝神位前亦三上香復位贊引官贊跪拜
上於殿内諸王於殿外行四拜禮興内大臣於殿外侍列典儀

官贊獻酒行初獻禮諸執事官獻爵
神位前鳴贊官贊跪
上跪諸王皆跪贊讀祝文大學士剛林入殿内跪於案左宣讀
祝文曰維順治元年甲申十一月乙酉朔越二十日甲辰孝
孫嗣皇帝　敢昭告於
太祖武皇帝
孝慈武皇后
太宗文皇帝祖位前因冬至有事
圜丘謹此預告讀畢跪奉祝版於
神位前一跪叩頭退

上率諸王拜興典儀官贊行亞獻禮諸執事官獻爵如前典儀官贊行終獻禮諸執事官獻爵亦如前獻畢贊引官贊拜

上率諸王行四拜禮典儀官贊焚祝文引導官導

上於西側向上立大學士剛林捧祝版過

上鞠躬諸王亦皆鞠躬焚畢引導官導

上至行禮處立贊禮畢

上一揖而退乘輿回宮進午門羣臣跪接

〇二七九　顺治元年十一月二十日　设斋戒牌铜人于武英殿

《清世祖实录》卷一一

是日禮部太常寺官設齋戒牌銅人於武英殿正中簷下黃案上行一跪三叩頭禮

〇二八〇　顺治元年十一月二十日　明陵设陵夫太监

先是設看守故明十三陵每陵夫二十四名田二十二頃至是定制除萬歷陵不設外其十二陵各設太監二名夫八名照役給田仍命戶部量給歲時祭品

《清世祖实录》卷一一

〇二八一　顺治元年十一月二十二日　奉三亭于武英殿

丙午以次日郊祀禮部太常寺官奉三亭於武英殿一貯祭帛香燭一貯金爐一貯祝版上書

《清世祖实录》卷一一

御名行一跪三叩頭禮送至
圜丘

〇二八二　顺治元年十一月二十三日　冬至祀圜丘

《清世祖实录》卷一一

丁未冬至祀
天於
圜丘
上親詣行禮是日五鼓禮部尚書覺羅郎球奉
昊天上帝神位於龍亭内焚香行一跪三叩頭禮禮部二侍郎
引導至壇太常寺官接奉於壇上奉從祀四神位於壇之第
二成大明位在東星辰位次之夜明位在西雲雷風雨位次
之一應祭品俱照常設

上帝位前太牢一燔柴太牢一大明夜明位各太牢一雲雷風
雨位牛一羊一豕一星辰位牛一羊一豕一陳設畢内院官
奏請
上往祭
上陞輿大陳鹵簿率諸王貝勒内大臣侍衛滿洲牛录章京等
文武各官五品以上漢官出大清門至天壇昭亨門西降輿
自左門入至御幄更衣太常寺贊禮
上立階之第二成諸王立階之第三成羣臣分列櫺星門階下
分獻大臣固山額真阿山禮部尚書覺羅郎球工部尚書星
訥吴拜等於從祀四神位前行禮寺丞入櫺星門導
上詣拜位典儀官贊樂舞生就位執事各司其事
上聽贊引官贊就拜位典儀官贊迎神協律郎奏迎神之樂贊

引官贊陞壇導
上至香案前立捧香官跪獻香於左贊引官贊跪焚香

上跪三上香訖贊復位
上復位樂止分獻從祀四神位前俱上香行禮如常儀
上四拜諸王及四分獻大臣並分列櫺星門外羣臣俱四拜典
儀官贊奠玉帛協律郎奏奠玉帛之樂贊詣神位前
上詣神位前四分獻大臣亦各就位捧玉帛二官跪進於
上之左右贊跪奠玉帛
上跪一獻授與捧玉帛官置案上贊復位
上復位樂止四分獻大臣亦各於神位前奠帛典儀官贊行初
獻禮協律郎奏初獻樂贊引官贊詣神位前
上詣神位前捧爵二官跪進於

上之左右贊跪獻爵

上跪一獻授與捧爵官置案上四分獻大臣亦各於神位前獻

爵贊詣讀祝文處

上詣讀祝處樂止鳴贊官贊跪

上跪諸王及四分獻大臣並羣臣皆跪讀祝文曰維順治元年

甲申十一月乙酉朔越二十三日丁未嗣天子臣　昭告於

昊天上帝令屆長至陽氣初復謹遵典禮率羣臣虔奉玉帛犧

牲粢盛庶品敬薦

昊天上帝惟歆享之讀畢仍置案上一拜而退奏樂贊拜興

上拜興諸王及四分獻大臣並羣臣俱如儀拜興贊復位

上復位樂止典儀官贊行亞獻禮協律郎奏樂贊引官贊詣神

位前

上詣神位前捧爵二官跪進於
上之左右贊跪獻爵
上跪一獻授與捧爵官置案上四分獻大臣亦各於神位前獻
爵贊復位
上復位樂止典儀官贊行終獻禮協律郎奏樂贊引官贊詣神
位前
上詣神位前捧爵二官跪進於
上之左右贊跪獻爵
上跪一獻授與捧爵官置案上四分獻大臣亦各於神位前獻
爵贊復位
上復位樂止典儀官贊受胙
上詣神位前跪受胙復位行四拜禮興典儀官贊徹豆協律郎

奏樂執事官徹畢樂止典儀官贊送神協律郎奏送神之樂

贊引官贊拜興

上四拜諸王及四分獻大臣并羣臣俱四拜樂止典儀官贊執

事官捧祝牌祭帛祭品詣燎所

上立拜位之左鞠躬候祝帛過四分獻大臣亦各捧祭帛詣燎

所典儀官奏

上視燎協律郎奏樂贊引官對引官導

上詣燎所焚祝帛奠酒贊禮畢導引官導

上至御幄更衣出昭亨門

上乘輿陳鹵簿奏樂進大清門羣臣於金水橋下馬侍立鹵簿

進端門陳設於午門外

上以

南郊禮成還告
太廟率諸王内大臣内院大學士禮部太常寺等官由角門入
上降輿導引官導入
廟陳設一鹿糲二兔𦵔菓五品上香讀祝行禮如前儀

○二八三　顺治元年十一月二十六日　京城分设八旗书院

《清世祖实录》卷一一

李若琳
等又言近奉旨滿洲官員子弟咸就成均肄業而臣衙門僻
在城東北隅諸子弟往返晷短途遥臣等議滿洲八旗地方
各覓空房一所立為書院將國學二廳六堂教官分教八旗
子弟各旗下仍設學長四人俱就各旗書院居住朝夕誨迪

臣等不時親詣稽察勤惰，仍定於每月逢六日，各師長率子弟同進衙門，臣當堂考課，以示勸懲。下禮部議。

《八旗通志初集·营建志》卷二一五，并见《钦定八旗通志》卷一一五

○二八四　**顺治元年十一月　京城分设八旗书院**

顺治元年十一月，國子監祭酒李若琳疏言：「近奉俞旨，滿洲官員子弟，咸就成均肄業。而臣衙門僻在城東北隅，諸子弟往返，晷短途遥。臣等議得滿洲八固山地方，各覓空房一所，立爲書院。將國學二廳六堂教官，分教八旗子弟。各旗下設學長四人，俱就各旗書院居住，朝夕誨迪，臣等不時親詣稽察勤惰。仍定於每月逢六日，各師長率子弟同進衙門，臣當堂考課，以示懲勸。」下禮部議行。

右世祖實録

○二八五 顺治元年十二月十六日 上太祖太宗册宝于陵寝

《清世祖实录》卷一二

庚午。恭上
太祖武皇帝。
孝慈武皇后册寶於
福陵。
太宗文皇帝册寶於
昭陵。是日，固山額真以上，內大臣、侍衛等，俱朝服集於武英殿。
大學士、禮部尚書由內院奉册寶出，置黃案上。
上御殿，閱册寶，行一跪三叩頭禮。畢，遣官恭齎
福陵香寶二顆，香册二本。
昭陵香寶一顆，香册一本，至盛京。

〇二八六　顺治元年　顺治帝定都京师

《皇朝通志》卷三二

京師

禹貢冀州之域周為燕召公封國漢唐為幽州遼會同元年升為南京始建都焉開泰時又稱為燕京金天德四年自會寧府遷都於此貞元元年改為聖都四年改為中都元初仍號燕京至元元年復為中都四年於中都之東北置城而遷都焉九年改為大都明初為燕王封國永樂九年建為北京稱行在十九年稱京師洪熙初復稱行在正統六年始定為京師

本朝順治元年
世祖章皇帝定都於此為萬世之基

《古今图书集成·职方典》卷一

〇二八七　顺治元年　顺治帝定鼎京师

世祖章皇帝順治元年殄滅流寇定鼎京師山東山西
河南悉平其府州縣各仍舊

〇二八八　**顺治元年　迁都京师**　康熙朝《盛京通志》卷四，并见康熙朝《大清一统志》卷二八、雍正朝《盛京通志》卷七、《钦定盛京通志》卷一九

京師

順治元年遷都

〇二八九　**顺治元年　肇定大清门名额**　《日下旧闻考》卷九

順治元年肇定大清門名額，有若殿廟宫闕制度，皆丕振鴻謨，因勝國之舊而斟酌損益之。聲靈赫濯，炳耀維新。

〇二九〇 顺治元年 上大清门牌额

乾隆朝《大清会典则例》卷一二六，并见嘉庆朝《大清会典事例》卷六六二、光绪朝《大清会典事例》卷八六三、《日下旧闻考》卷三九

營繕清吏司

宫殿

一營建

宫殿順治元年

定鼎燕京上

大清門牌額

〇二九一　顺治元年　作大内宫殿于燕京　康熙朝《大清会典》卷一三一，并见雍正朝《大清会典》卷一九七、《古今图书集成·职方典》卷三

順治元年作

大內宮殿於燕京。正殿曰

太和殿。

御以受朝賀。殿之左曰中左門。右曰中右門。兩廡之間。左曰體仁閣。右曰弘義閣。體仁閣之北曰左翼門。弘義閣之北曰右翼門。

太和殿之後曰

中和殿。中和殿之後曰

保和殿。殿之左曰後左門。右曰後右門。

太和殿之南。正中曰

太和門。門之左曰昭德門。右曰貞度門。

太和門外。兩廡之間。左曰協和門。右曰雍和門。

○二九二　**顺治元年　紫禁城等处设冰窖**

乾隆朝《大清会典则例》卷一三五，并见嘉庆朝《大清会典事例》卷七〇九，光绪朝《大清会典事例》卷九四〇

藏冰

一設窖藏冰順治元年定每歲冬至前工部發帑委所屬官至期伐冰收藏

紫禁城内設窖五通州取冰一窖計四千五百四十三塊京河取冰四窖各五千二百十塊

景山西門外設窖六通州取冰三窖各萬二千九

百三十七塊京河取冰三窖各萬二千八百九
塊德勝門外設窖八各萬三千二百五十塊

又定藏冰每塊見方一尺五寸行文奉宸苑及
通州知州豫期增設牐版蓄水凝凍伐運如額
不堅不潔者劾之

○二九三　顺治元年　京城太岁坛规制

《皇朝通志》卷三六

順治元年定每歲致祭

太歲壇之禮

太歲殿在

先農壇之東北正殿七間祀

太歲之神兩廡十有一間祀

十二月將之神每年正月初旬諏吉及十二月歲除前一日遣官致祭初春為迎歲暮為祖自後歲遇

水旱則遣官祭告祈禱有應報祀如儀

〇二九四　顺治元年　京城建堂子

康熙朝《大清会典》卷一三一，并见雍正朝《大清会典》卷一九七

堂子

國初建於

盛京。順治元年建於

京城玉河橋東。享殿三間。環以圍廊。八角亭一座。

神房二間。殿門一間。祭神八角亭一座。大門三

間。神厨三間

○二九五　顺治元年　建堂子及其规制

乾隆朝《大清会典则例》卷一六一，并见嘉庆朝《大清会典事例》卷八九二，光绪朝《大清会典事例》卷一一八一

順治元年

建

堂子於

長安左門外御河橋東祭

神殿五間南嚮上覆黄琉璃前為拜

天圜殿八面檽扉北嚮東南

上神殿三間南嚮内垣一重門三間西嚮門外西南

祭

神房三間北嚮門西直北為街門三間以朱柵外垣
一重

〇二一九六　顺治元年　京师白马关帝庙

《皇朝通志》卷四一

順治元年定祭
關帝之禮初定制致祭於
地安門外之西白馬關帝廟歲以五月十三日致祭
由太常寺先期題請即遣本寺堂官行禮

〇二九七　顺治元年　詹事府衙门　《茶余客话》卷二

詹事府衙門於順治元年設仍舊址是年旋裁併入內三院

〇二九八　顺治元年　太医院署祭先医之神位　《皇朝通志》卷四一

順治元年定祭

先醫神之禮每年春冬仲月上甲遣官祭

先醫於景惠殿在太醫院署内之左正殿内

太昊伏羲氏位居中

炎帝神農氏位居左

黄帝軒轅氏位居右南向配位

勾芒
風后東位西面
祝融
力牧西位東面東廡僦貸季天師岐伯伯高少師雷公
伊尹淳于意王叔和皇甫謐葛洪韋慈藏錢乙劉
完素李杲皆西向西廡鬼臾區俞跗少俞桐君馬
師皇扁鵲張機華陀巢元方孫思邈王冰朱肱張
元素朱彥修皆東向正殿以禮部尚書一人主祭
兩廡以太醫院堂官二人主祭先期由禮部題請
今由太常寺

〇二九九　顺治元年　敕修国子监

顺治元年我
世祖章皇帝定鼎燕京
命飭新國子監攄元明之舊左
廟右署規制大備

《钦定国子监志》卷一〇

〇三〇〇　顺治元年　京师八旗驻防方位

《日下旧闻考》卷三七

增顺治元年，世祖章皇帝定鼎燕京，分列八旗，拱衛皇居。鑲黄居安定門内，正黄居德勝門内，並在北方。正白居東直門内，鑲白居朝陽門内，並在東方。正紅居西直門内，鑲紅居阜成門内，並在西方。正藍居崇文門内，鑲藍居宣武門内，並在南方。蓋八旗方位相勝之義，以之行師，則整齊紀律，以之建國，則鞏固屏藩，誠振古以來所未有者也。

〇三〇一　顺治元年　京城城垣规制

康熙朝《大清会典》卷一三一，并见雍正朝《大清会典》卷一九七

順治元年定鼎燕京。京城周圍四十里。爲九門。南曰正陽、崇文、宣武。東曰朝陽、東直。西曰阜成、西直。北曰安定、德勝。城南一面長二千二百九十五丈九尺三寸。北二千二百三十二丈四尺五寸。東一千七百八十六丈九尺三寸。西一千五百六十四丈五尺二寸。高三丈五尺五寸。垛口五尺八寸。基六丈二尺。頂收五丈。外

重城包

京城南一面。轉抱東西角樓止。長二十八里。爲七門。南曰永定、左安、右安。東曰廣渠、東便。西曰廣

寧。西便城。南一面。長二千四百五十四丈四尺七寸。東。一千八十五丈一尺。西。一千九十三丈二尺。各高二丈。垛口四尺。基厚二丈。頂收一丈四尺。各門俱有甕城

〇三〇二　顺治元年　京城街道沟渠管理

雍正朝《大清会典》卷二〇九

凡九門街道。順治元年。差工部漢司官一員。清理街道。修濬溝渠。仍令五城司坊官分理。

〇三〇三 顺治元年 京师桥道管理

乾隆朝《大清会典则例》卷一三五，并见嘉庆朝《大清会典事例》卷七〇五、光绪朝《大清会典事例》卷九三二

又議準

京師街道差本部漢司官一人專管仍令五城司坊官分理凡在京内外街道若有作踐掘成坑坎盖房侵占或傍城使車撒放牲畜損壞城脚及

大清門前

御道

正陽橋及各門月城等處作踐損壞者交刑部治罪

〇三〇四　顺治元年　京城街巷设护门栅栏

乾隆朝《大清会典则例》卷一三五，并见嘉庆朝《大清会典事例》卷七〇五、光绪朝《大清会典事例》卷九三四

顺治元年定

京城内外大小衚巷設立護門栅闌有作踐損壞者交刑部治罪

〇三〇五　顺治元年　京城内外沟渠管理

乾隆朝《大清会典则例》卷一三五，并见嘉庆朝《大清会典事例》卷七〇五、光绪朝《大清会典事例》卷九三四

顺治元年定令街道廳管理
京城内外溝渠以時疏濬若有旗民人等淤塞溝
道者送刑部治罪

〇三〇六　顺治元年　直省桥梁道路管理

乾隆朝《大清会典则例》卷一三五，并见嘉庆朝《大清会典事例》卷七〇五、光绪朝《大清会典事例》卷九三二

顺治
元年定凡直省橋道令地方各官以時修理若

橋梁不堅完道路不平坦及津要之處應置橋梁而不置者皆交部分别議處

〇三〇七　**顺治元年　昌平明十二陵设内监陵户**　乾隆朝《大清会典则例》卷一三七，并见嘉庆朝《大清会典事例》卷七一五、光绪朝《大清会典事例》卷九五〇

順治元年定昌平州明代十二陵設内監陵户禁止樵牧

〇三〇八　**顺治元年　太宗文皇帝陵称昭陵**　嘉庆朝《大清会典事例》卷七二三，并见光绪朝《大清会典事例》卷九五九，参见光绪朝《大清会典》卷六二

太宗文皇帝之陵。在奉天府城西十里。孝端文皇后祔焉。顺治元年。尊稱爲昭陵。

〇三〇九　**顺治元年　设盛京留都之制**　康熙朝《盛京通志》卷一，并见雍正朝《盛京通志》卷五、《钦定盛京通志》卷一八、《盛京典制备考》卷一

盛京順治元年遷都京師監往代畱都之制續設將軍鎮守留四部置府尹分蒞州縣

〇三一〇 顺治元年 盛京改建工部及规制

乾隆朝《大清会典则例》卷一三九，并见嘉庆朝《大清会典事例》卷七二四、光绪朝《大清会典事例》卷九六一

順

治元年改建工部於禮部之南大堂三間後堂五間左右司房八間儀門一間大門三間班房四間銀庫一間顏料庫三間熟鐵庫荒鐵庫大繩庫各四間線麻庫三間織造庫在懷遠門内共十有四間

〇三一一 顺治元年 盛京设工部及其职掌

康熙朝《大清会典》卷一四一

國初建置

盛京。設工部承政。叅政。啟心郎。筆帖式等官。順治元年。裁併奉天將軍管理。後復設滿洲侍郎一員。郎中二員。員外郎六員。主事二員。司庫二員。筆帖式十七員。烏林人七名。管匠役官一員。管理修

陵夫役物料漢軍四品官一員。五品官一員。管理各項匠役漢軍六品官一員。看守篤恭殿漢軍六品官一員。分掌百工營作。山澤採捕等事

〇三一二　顺治元年　裁盛京将军公署　康熙朝《盛京通志》卷一三，并见《钦定盛京通志》卷四五、《八旗通志初集·营建志》卷二四

盛京

將軍公署在德盛門內街東天聰六年設立六部時爲吏部衙門順治元年遷都

奉裁

〇三一三　顺治元年　裁盛京驻防将军衙署　《钦定八旗通志》卷一一六

盛京駐防將軍衙署在撫近門內天聰六年設立六部時爲吏部衙門順治元年遷

都裁改

〇三一四　**顺治元年　裁盛京刑部公署**　康熙朝《盛京通志》卷一三，并见《钦定盛京通志》卷四五

刑部公署在懷遠門內街西天聰六年建順治元年遷　都奉裁

〇三一五　**顺治元年　盛京工部公署改设**　康熙朝《盛京通志》卷一三

工部公署天聰六年設立六部在懷遠門內街西順治元年遷　都後改德盛門內街東大堂三間後堂三間川堂五間廂房四間大門三間

〇三一六　**顺治元年　盛京工部公署改设**　《钦定盛京通志》卷四五

工部公署天聰六年設立六部在懷遠門內街西順治元年改設德盛門內街東大

堂三間川堂五間左右司房八間檔房三間
儀門一座大門三間班房四間

○三一七　顺治元年　盛京内务府治事公所

內務府公署在大淸門外之東其前一座東西相對廂房六間文書房一間後一座東邊樓房五間樓南廂房五間樓北廂房三間崇德二年建順治元年遷　都後爲
內務府佐領
治事公所

康熙朝《盛京通志》卷一三

○三一八　顺治元年　盛京内务府办事公所

內務府公署在大淸門外東西房六間文書房一間東樓房五間南北廂房七間
崇德三年建順治元年
改爲內務府辦事公所

《钦定盛京通志》卷一八

〇三一九　**顺治元年　天坛大典在京师举行**

卷六

康熙朝《盛京通志》卷二，参见雍正朝《盛京通志》

天壇　在德盛門關外設

圜丘週圍一百十丈南門三東西北門各一本朝初祀

天之所　順治元年遷都京師大典專在京師舉行

〇三二〇　**顺治元年　太庙大典在京师举行**

卷六

康熙朝《盛京通志》卷二，参见雍正朝《盛京通志》

太廟　在撫近門外大殿五間前殿三間大門三間大

門傍東西角門二間大殿後房六間週圍廣三
十五丈袤四十丈本朝初祀
列祖之所
順治元年遷都立
太廟於京師大典專在京師舉行

○三二一　**顺治元年　各监局太监匠役隶工部**　康熙朝《大清会典》卷一三二，并见雍正朝《大清会典》卷一九八、乾隆朝《大清会典则例》卷一三七、嘉庆朝《大清会典事例》卷七一七、光绪朝《大清会典事例》卷九五三

順治元年。各監局太監匠役。俱隸
工部。

○三三二二　**顺治元年　内工雇觅匠役规定**　乾隆朝《大清会典则例》卷一三七，并见嘉庆朝《大清会典事例》卷七一七、光绪朝《大清会典事例》卷九五三

顺治元年定内工取用匠夫行文到部移咨都察院轉行五城取用如工程緊急行該坊官取送

○三三二三　**顺治元年　湖北荆州驻防设教场**　《八旗通志初集·营建志》卷二四，并见《钦定八旗通志》卷一一七

右俱本駐防來文

八文。

湖北荆州府駐防：

教場，順治元年設，在府城南關外。後因大兵駐劄，地勢窄小，復擴其地，計週圍四百四十

顺治二年

（一六四五年一月至一六四六年二月）

〇三二四　顺治二年正月初十日　修葺南京宫殿

二年明宏光元年春正月乙酉朔明南京大風拔木雪數尺癸巳大雷電雨雹甲午修奉先殿及午門左右掖門

《同治上江两县志》卷二

〇三二五　顺治二年三月初一日　奏请工部搭造被焚朝廊

陝西道監察御史趙開心奏言朝參之儀。故明兩掖門外有東西兩廊各官按品級坐立。今為逆賊焚燬每遇朝參。各官坐立無所歷位踰階起止莫定況時值春夏之交。大雨時行之候。羣臣斷難露處請令工部就六科廊基址鱗次搭造俾棲止有定朝常肅而體統嚴矣下所司議。

《清世祖实录》卷一五

〇三二六　顺治二年四月初九日　贡院颓坏应即修葺

《清世祖实录》卷一五

禮部

議覆都給事中龔鼎孳疏言故明舊制。考取舉人第一場時文七篇。二場論一篇表一篇。判五條。三場策五道。今應如科臣請減時文二篇。照故明洪武時例。用時文五篇。於論表判外增用詩。去策改用奏疏。至京城貢院頹壞。應即修葺。

〇三二七　顺治二年五月十二日　修建文德坊

《清世祖实录》卷一六

欽天監管監正事湯若望奏言

宸居重地。負陰抱陽。陰宜斂藏。陽宜開廣。棋盤街房屋蔽塞。宜禁。文德武功兩坊。左右相配。今文德坊已火。即宜修建。從之

○三二八　顺治二年五月十二日　大清门与正阳门现状

欽天監湯若望揭帖　順治二年五月十二日到

欽天監管監正事湯若望謹揭爲宸居形勢尊嚴都門關係尤重謹循職陳言伏乞聖鑒事據漏刻科管挈壺正等官趙從禮楊起敬趙應麒杜如預呈稱大清門前近有貿易之人排棚鱗集今又磚瓦壘砌成房都門重地形勢尊嚴喜其開暢而不喜其蔽塞欲其寬廣而不欲其窄狹譬諸人之心胸眉宇不宜壅鬱此形家一定之理也東江米巷文德牌坊被燬似應修豎以培風氣等因到監該望看得宸居重地負陰而抱陽陰宜斂藏陽宜開廣此理固然若正陽門與大清門之間正乃諸陽之首而棋盤街爲其眉宇豈可令有迫蹙之狀哉邇見小民聚集貿易初猶蓆棚今因懼火易以瓦屋蔽塞窄狹甚非所宜又文德武功兩坊左右相配似宜速爲修豎以肅觀瞻在該科術數之言或未足信而職掌攸關義難隱默爲此具題伏候勑旨爲此除具題外理合具揭須至揭帖者順治二年五月日欽天監管監正事湯若望

《明清史料》首编第二本

○三二九　顺治二年五月十七日　明旧臣捐木建宫殿

故明文華殿中書舍人張朝聘助木千株修建宫殿自請議敘得旨用人惟

《清世祖实录》卷一六

以才德。豈有因捐助授官之理。此項木原從何來。著經管官察明。酌量給價

〇三三三〇 顺治二年五月二十九日 复建太和殿中和殿位育宫 《清史稿》卷四

復建太和殿、中和殿、位育宫。

注：保和殿，顺治三年定名位育宫

〇三三三一 顺治二年五月三十日 太和殿中和殿位育宫兴工 《清世祖实录》卷一七

是月。興太和殿中和殿。位育宫工

〇三三三二　顺治二年五月三十日　乾清宫建成

乾清宫成。乾清宫連廊長八丈六尺八寸。寬連廊四丈二尺六寸。山柱高三丈三尺。兩傍大房二座。每座連廊五間。長五丈四尺。寬連廊三丈六尺。山柱高二丈三尺九寸。兩傍房二座。每座連廊五間。長連廊五丈一尺。寬三丈六尺。山柱高二丈三尺六寸。四角小殿一座。每面三間。寬三丈四面皆同。高二丈五尺。兩傍長房二座。每座十二間。長十四丈四尺。寬三丈二尺。山柱高二丈四尺四寸。後長房二十五間。長二十七丈五尺。寬二丈五尺。山柱高二丈一尺六寸。小樓五座。每座長一丈五寸。寬一丈二尺四寸。乾清宫門一座五間長八丈二尺。寬連廊四丈三尺。山柱高三丈一尺

《清世祖实录》卷一七，参见《清史稿》卷四

〇三三三　顺治二年五月　改应天府名曰江宁府　　康熙朝《江宁县志》卷一，参见《古今图书集成·职方典》卷六五三

大清

世祖章皇帝順治二年五月，

豫王統大兵南下，改南京爲江南省，應天府爲

江寧府，縣屬如故。

〇三三四　顺治二年六月初四日　皇极殿建造工费及大木产地　　《多尔衮摄政日记》

六月初四日

大學士等入啟事，王上賜坐，叩頭謝。大學士讀章奏，各隨事處分訖，賜

茶。王上問殿工大木產於何處，大學士等對曰川廣。又問大木可常有

否，對曰極大者亦甚難得。殿柱間有三合、四合、六合者。王上又問曰，聞

皇極一殿費至六百萬金果否對曰誠然其兩廠見貯木料尚不在數
內

○三三三五　顺治二年六月二十八日　蠲免河南等处砖料等银

己卯以南京平定頒赦河南江
北江南等處

河南江北
江南直省地方應解工部營繕司折色料銀磚料銀蘇蔴銀
匠價銀

自順治二年六月初一日以前
逋欠在民者盡與蠲免

《清世祖实录》卷一七

○三三六　顺治二年八月　都城隍庙位置

《皇朝通志》卷四一

順治二年八月致祭

都城隍之神是年以八月二十七日遣太常寺堂官致祭行禮自後歲以為常廟在都城宣武門内

〇三七 顺治二年九月二十四日 以福陵昭陵太庙册宝成赏赐官员

《清初内国史院满文档案译编》（中）

二十四日。以撰修福陵、昭陵香册、香宝并太庙玉册、玉宝告成，并以山西，江南两省奉诏礼，赏内翰林院大臣及笔帖式等。受赏官若撰修该四项、三项或两项者，汇总赏两次；若撰修一项者，惟赏一次；只撰修诏书者，赏半。其受赏者如下：撰修香册、香宝、玉册、玉宝及诏书之大学士冯铨、洪承畴、刚林，撰修玉册、玉宝及诏书之大学士李建泰、祁充格等五人，各赏银二百两、面缎各八、里缎各八；撰修香册、香宝之大学士范文程、谢升二人，各赏银一百两、面缎各四、里缎各四；撰诏书之大学士宁完我，赏银五十两、面缎二、里缎二；撰修香册、香宝、玉册、玉宝及诏书之学士詹霸、赫德，撰修玉册、玉宝及诏书之学士伊图、来衮、庆泰等五人，各赏银一百两、面缎各四、里缎各四；撰修香册、香宝并被荐举之常乃，赏银三十两、面缎一、里缎一；撰修香册、香宝、玉册、玉宝及诏书之主事图海、胡西泰、色楞、锡岱、顾巴达、杜堂、佐丕、杨西，撰修香册、香宝及诏书之主事郎亭左、布尔凯、西图等十一人，各赏银四十两；冯泰、罗民、硕色、常格、索诺木等五名，撰修香册、香宝之助撰，撰修玉册、玉宝及诏书之学官毕赫、科尔科岱，撰修香册、香宝之助撰，撰诏书之学官等六人，各赏银三十二两。

撰修香册、香宝、玉册、玉宝及诏书之学官杨天友、苏和、雅斯泰、赵忠济、张万春，中书吴洪永、朱定新、袁忠德、李文、张司印、朱国兆、王忠庞，撰修香册、香宝、玉册、玉宝之中书吴占元，撰修玉册、玉宝及诏书之学官吉斯泰、硕尔格，撰修香册、香宝及诏书之学官顾鲁，撰修玉册、玉宝及诏书之笔帖式巴海、宗图、达哈、那萨阿、春铎等二十一人，各赏银二十四两。撰修香册、香宝之助撰尚国栋、碧里克图二人，各赏银二十两。

撰一次诏书之主事康德泽，赏银十两。

撰修香册、香宝之笔帖式韩楚汉、穆和礼，撰两次诏书之学官赫叶、中书张小成、李世唐、李佐衡、姜成邦、杨庭兆、梁卫本、袁成、杨振林、王元福等十二人，各赏银十二两。

撰一次诏书之学官尼曼、额尔济图，笔帖式莽塞、勒齐、齐通格、德塞、贺托、贺图、朱臣、那海、那尔泰、罗多等十二人，各赏银六两。

管理撰修香册、香宝、玉册、玉宝之工部郎中法谭、佟国尹、一等太监王孟兆、苏松良等四人，各赏银二十两。

二等太监金松宾、李义培、包金超等三人，各赏银十六两。

学官参达塞、莫罗混二人各赏银十五两；通事陈英德、书办叶义苏二人，各赏银十两。

管理撰修香册、香宝之三等太监李良碧、李耀臣、李英士三人，各赏银六两。

四等太监马登云、刘永泰、李进山、张苏元、张进超等五人，各赏银四两。

整修香木之一等匠人魏功兴、徐登、闻德义等三人，各赏银四两。

二等匠人包金超、尤元旦、刘文孝，三等匠人刘龙、王俗友、姜友等六人，各赏银三两。

整修玉石之一等匠人辛崇硕、周登、钱文赛、韩银奎、孔齐新、李山等六人，各赏银四两。

二等匠人徐明、陈金连、高奎、辛松齐、周金钟、任孝、巩齐礼、史德洪、金士齐、王金宪、曾秀礼、王松品等十二人，各赏银三两。

将此受赏人俱启知皇叔父摄政王后，于二十二日，将应赏之物置于午门外东庑红案上，各受赏官身着朝服、朝帽，挨次点名，跪地受赏，并以受赏礼，至武英门外，行三跪九叩头礼。

〇三三八　顺治二年十月初六日　建明崇祯陵享殿

甲申工部奏請以修造故明崇禎陵餘銀更建享殿從之

《清世祖实录》卷二一

〇三三九　顺治二年十月　建崇祯陵享殿

十月

命建明崇禎帝陵享殿時工部奏請以造陵餘銀更建享殿從之

《清朝文献通考》卷一二〇

〇三四〇　**顺治二年　建太和殿令顺天府解送匠役**　康熙朝《大清会典》卷一三二，并见雍正朝《大清会典》卷一九八、嘉庆朝《大清会典事例》卷七一七、光绪朝《大清会典事例》卷九五二，参见乾隆朝《大清会典则例》卷一三七

顺治二年。建

太和殿。令顺天府所屬州縣。各解匠役一百名。赴

工應役

〇三四一　**顺治二年　定紫禁城前三殿及门庑等名**　乾隆朝《大清会典则例》卷一二六，并见嘉庆朝《大清会典事例》卷六六二、光绪朝《大清会典事例》卷八六三

二年定正中三殿名殿前曰

太和門門之左曰昭德門右曰貞度門東廡之中

曰協和門西廡之中曰雍和門

太和門之後曰

太和殿殿之左曰中左門右曰中右門東廡之中

曰體仁閣西廡之中曰弘義閣體仁閣之北曰

左翼門弘義閣之北曰右翼門

太和殿後曰

中和殿

中和殿後曰

保和殿殿之左曰後左門右曰後右門

〇三四二　顺治二年　敕建乾清宫　嘉庆朝《大清会典事例》卷六六二，并见光绪朝《大清会典事例》卷八六三

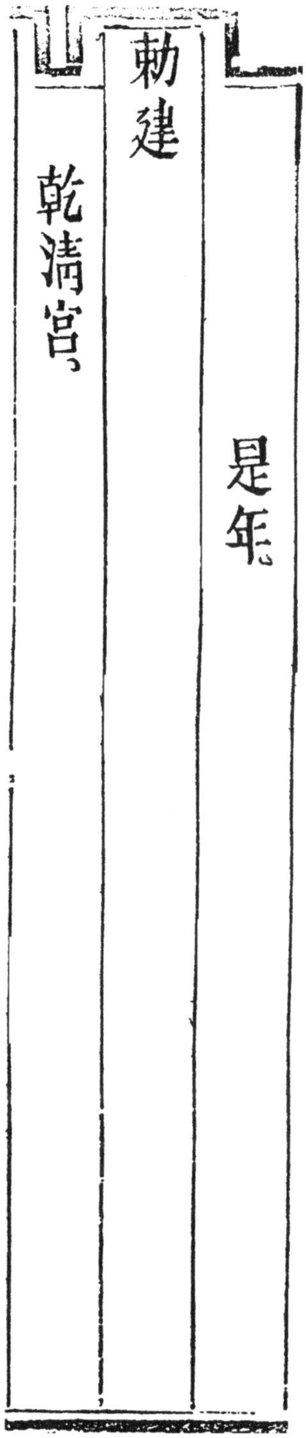

〇三四三　顺治二年　增建銮仪卫署　《日下旧闻考》卷七二

增 鑾儀衛署在長安右門外，卽明錦衣衛舊署。本朝順治二年改爲鑾儀衛，所屬有内外駕庫、鐘樓、鼓樓、馴象所。鑾儀衞册

〇三四四　顺治二年　城楼红铺禁闲人登视

康熙朝《大清会典》卷一三一，并见雍正朝《大清会典》卷一九七、乾隆朝《大清会典则例》卷一二七、嘉庆朝《大清会典事例》卷六六五、光绪朝《大清会典事例》八六八

凡城垣禁約。順治二年。禁城樓紅鋪。不許閒人登視。違者治罪

〇三四五　顺治二年　临清砖厂管理

康熙朝《大清会典》卷一三二，并见雍正朝《大清会典》卷一九九、嘉庆朝《大清会典事例》卷六七〇、光绪朝《大清会典事例》卷八七五，参见乾隆朝《大清会典则例》卷一二八

順治二年。題差工部司官一員。提督臨清甎廠。兼理閘座。歲支直省額設甎料銀二萬四千兩。燒造城磚六十萬。斧办磚四十萬

〇三四六　**顺治二年　除豁直省匠籍**　康熙朝《大清会典》卷一三二，并见雍正朝《大清会典》卷一九八、乾隆朝《大清会典则例》卷一三七、嘉庆朝《大清会典事例》卷七一七、光绪朝《大清会典事例》卷九五二

顺治二年題准，除豁直省匠籍，免徵京班匠價。

〇三四七　**顺治二年　采育里设驻防衙署**　《八旗通志初集·营建志》卷二四，并见《钦定八旗通志》卷一一七

采育里駐防：順治二年設。防守尉衙署一所，十六間。防禦衙署二所，各十間。甲兵五十名，各營房二間，分列防守尉衙署東西。

○三四八 顺治二年 喜峰口设驻防衙署

《八旗通志初集·营建志》卷二四，并见《钦定八旗通志》卷一一七

喜峰口駐防：順治二年設。章京衙署二所，内一所九間，一所十間。筆帖式衙署二所，各六間。甲兵八名，各營房二間。

○三四九 顺治二年 山海关设驻防衙署

《八旗通志初集·营建志》卷二四

山海關駐防：順治二年設。總管衙署一所。除住房外，有大堂五間，二堂五間，廂房六間。其餘八旗官兵房屋，共六百二十三間。俱在山海衛城内。教場在南門外。

○三五○ 顺治二年 陕西西安府驻防设衙署

《八旗通志初集·营建志》卷二四，并见《钦定八旗通志》卷一一七

陝西西安府駐防：順治二年設。自府城北門起，南至城中鐘樓止，自鐘樓起，東至東門止；修築界牆，駐劄官兵。南北長一千二十八步，東西長一千二百步

〇三五一　顺治二年　吴三桂捐千金营思陵

平西王吴三桂捐千金營思陵。本朝亦助費若干云。

《北游录》

〇三五二　顺治二年　定致祭历代帝王庙

【增】順治二年，定每歲春秋仲月，諏日遣官祭帝王廟。增遼太祖、金太祖、金世宗、元太祖、明太祖五帝，增遼代功臣呼嚕、金代功臣宗翰、宗望、明代功臣徐達、劉基等從祀。大清會典　按：呼嚕，滿洲語手背也，舊作斛羅。今譯改。

【增】順治二年，定致祭歷代帝王廟，正殿每代設籩豆一案，五帝龕統改三案，共十六案。其禮神制帛，仍每位一端，每案設帛篚一，兩廡四位共一案，末案三位一案，素帛每位一端，兩廡各增帛篚二，香案香鑪二。其上香儀：皇帝親祭一上香，若遣官致祭三皇位前三上香。

《日下旧闻考》卷五

顺治三年

（一六四六年二月至一六四七年二月）

〇三五三　顺治三年三月二十二日　盗发明帝陵者诛

《清史稿》卷四

昌平民王科等盗發明帝陵，伏誅。

〇三五四　顺治三年四月二十八日　修盛京孔庙

《清世祖实录》卷二五，参见《清史稿》卷四

先師孔子廟

甲辰修盛京

〇三五五　顺治三年十月初四日　议建中书科及六科衙署

《史料丛刊初编》第六册

順治三年丙戌冬十月初四日丙子工部右侍郎臣趙京仕
等題疏爲中書與六科並設内府立制原嚴其中所貯係
誥勅非祕重之處難以與焉今中書臣上官鉝等以嶺南

會館爲暫作科署之請亦逆知
內庭查無空署故不得不如是籲也第嶺南會館住趾城
外踰遠禁地似不應爲供撰
諸勅之所合俟
大工少有次第仍於原基蓋造庶供職有地而體統不致
褻越矣奉
聖旨中書衙門皇城內暫查給數間俟大工完日議修

〇三五六　顺治三年十月三十日　太和殿等工成

壬寅太和中和等殿體仁等閣太和等
門工成太和殿連廊共十一間長十八丈五尺寬十丈一尺
高七丈五尺中和殿連廊共五間寬六丈五尺七寸四面俱
同高四丈八尺位育宮連廊共九間長十四丈一尺寬六丈

《清世祖实录》卷二八，参见《清史稿》卷四六尺高五丈八尺左右配殿連廊各七間長九丈二尺寬五丈二尺高三丈七尺五寸體仁弘義二閣每閣連廊各九間長十三丈七尺寬五丈二尺高五丈九尺五寸太和門連廊共九間長十四丈七尺寬六丈三尺高五丈四尺協和門雍和門左翼門右翼門每門俱五間長八丈寬三丈高二丈九尺五寸昭德門貞度門中左門中右門每門連廊五間長六丈二尺寬四丈一尺高三丈五尺左右兩長廊每廊三十六間高二丈五尺寬三丈五尺長三十九丈五尺八寸井房二座豕羊滌臓房二座各長一丈五尺四面俱同高一丈四尺兩小房二座各三間長三丈寬一丈五尺高一丈三尺五寸粢盛房二座各五間長五丈八尺寬三丈八尺高二丈八尺前後四角樓每樓長四丈九尺五寸寬四丈九尺五寸高五

丈三尺五寸。御膳兩房每房連廊各九間。長十一丈一尺。寬
四丈三尺。高二丈九尺。貯菓肉前樓二座每座連廊八間。長
八丈五尺。寬三丈五尺。高三丈五尺五寸。後樓二座。每座連
廊八間。長八丈四尺。寬三丈五尺。高三丈五尺五寸。

○三五七　顺治三年十一月二十七日　发帑烧造临清砖

《史料丛刊初编》第六册

二十七日己巳工部監督臨清甎廠兼理閘座營繕清吏司
主事臣袁于令奏爲臨清土性堅韌陶法稱良故設有甎
廠臣莅任後即履窰場查覈傾圮召集離散將舊存甎數
報部遵照往例派令漕民船隻帶運北抵通州或中途抛
擲隨即查補以預備
都城重大之需殫心竭力夙夜冰競今有限存甎已運而

接工燒造無資非預入
告恐誤亟需伏乞
准敕該部議發帑資或照昔例於山東臨清鈔關兌支俾
得置辦薪料及時甄陶務求堅緻庶一代經營聿新萬載
基業鞏固矣奉
聖旨工部知道

〇三五八　顺治三年十二月二十二日　位育宫工成

《清世祖实录》卷二九，参见《清史稿》

卷四

甲午位育宫成
上御太和殿諸王及文武羣臣行慶賀禮賜宴

〇三五九　顺治三年十二月二十二日　移居位育宫

《清世祖实录》卷二九

是日移居位育宫

〇三六〇　顺治三年　以太和殿告成恩赉在事官员

康熙朝《大清会典》卷一三一，并见雍正朝《大清会典》卷一九七、乾隆朝《大清会典则例》卷一二六

凡宫殿告成恩賚。順治三年。以太和殿告成。在事滿漢官員。各加職銜。并在工人員。各賞朝衣。皮裘。靴。帽。銀兩。有差

〇三六一　顺治三年　古北口设驻防衙署　《八旗通志初集·营建志》卷二四，并见《钦定八旗通志》卷一一七

古北口駐防：順治三年設。章京衙署四所，各八間。筆帖式衙署二所，各六間。甲兵八十名，各營房一間。俱在小城潮河川。

顺治四年

（一六四七年二月至一六四八年一月）

〇三六二　顺治四年正月初八日　兴五凤楼工

《清世祖实录》卷三〇

興五鳳樓工

〇三六三　顺治四年四月　修明陵

康熙朝《昌平州志》卷二六，并见光绪朝《昌平州志》卷一，

参见《日下旧闻考》卷一三六

四年夏四月命工部修明陵

〇三六四　顺治四年四月　修葺明陵

《光绪顺天府志》卷二六，并见光绪朝《昌平州志》卷一

順治四年四月諭工部敕：朕巡幸畿輔，道經昌平，見明朝諸陵寢，殿宇牆垣，傾圮特甚，近陵樹木，多被砍伐，向來守護未周，殊不合理。爾部卽將殘毁諸處，盡行修葺，見存樹木，永禁樵採。添設陵户，令其小心看守。責令昌平道官，不時嚴加巡察。爾部仍酌量每年或一次，或二次，差官察問，勿致疏虞。

〇三六五　顺治四年六月初七日　修五凤楼过侈

工部理事官鄂木瑣課生監修五鳳樓違旨過侈革去
半個牛彔章京。

《清世祖实录》卷三二

〇三六六　顺治四年七月初四日　建射殿于左翼门外

癸卯諭工部建射殿於左翼門外

《清世祖实录》卷三三，参见《清史稿》卷四

〇三六七　顺治四年七月二十五日　历代帝王陵寝有毁废者即与修理

以廣東初
定特頒恩詔詔曰自平定中原以後粵東尚為唐藩諸逆所

《清世祖实录》卷三三

阻以故嶺海之外聲教未達稅畝增科越年橫斂爾百姓辛
苦墊隘已非一日朕甚憫焉遂移平南之師席捲惠潮省會
但殲僞孽罔治脅從諸郡悉平全省底定念爾官民僻處遐
荒久切來蘇之望初無後至之心朕用是肆赦青葍蕫百姓
同沾恩賚所有該省合行恩例開列於後
所在應祭壇廟有司務竭誠致祭毋致褻
慢歷代帝王陵寢及名臣賢士墳墓被人毀發者即與修理
禁止樵牧
播告遐邇咸
使聞知

○三六八　顺治四年九月十三日　宫殿工成官员加官

《清世祖实录》卷三四

庚戌，以督造
宫殿工成，加工部营缮司郎中李迎晙本部右侍郎衔，仍管
郎中事。

○三六九　顺治四年十月初十日　定亲王座位制

《清世祖实录》卷三四

丁丑，定親王
座位制，高八尺，長一丈一尺，寬九尺，階高一尺五寸，施以朱
漆，繪五爪金龍，後屏繪五爪龍及五色雲，止用繪漆，雕刻有
禁。

○三七○　顺治四年十一月二十二日　五凤楼告成

五鳳樓告成正樓九間計長一十八丈九尺濶七丈七尺六寸簷柱高一丈九尺五寸中柱高七丈一尺鐘鼓樓二座每座各三間長三丈濶四丈三尺八寸簷柱高一丈二尺中柱高二丈三尺角樓四座每座三間四面如一各六丈二尺簷柱高一丈九尺寶頂以下高四丈八尺兩側長房各十三間長十九丈八尺九寸濶二丈六尺簷柱高一丈三尺三寸中柱高三丈三尺上門樓五間長一十二丈七尺濶五丈四尺簷柱高二丈中柱高五丈五尺五寸城角樓一座四面如一各五丈一尺簷柱高一丈二尺寶頂以下高四丈九尺内造長房各十二間長十六丈六尺濶三丈五尺簷柱高一丈二尺八寸中柱高一丈九尺

《清世祖实录》卷三五，参见《清史稿》卷四

〇三七一　**顺治四年　建午门及两观**　康熙朝《大清会典》卷一三一，并见雍正朝《大清会典》卷一九七、乾隆朝《大清会典则例》卷一二六、《古今图书集成·职方典》卷三

四年。建闕門曰
午門。翼以兩觀。中三門。東西爲左右掖門

〇三七二　**顺治四年　重建午门等**　嘉庆朝《大清会典事例》卷六六二，并见光绪朝《大清会典事例》卷八六三

四年。奉
旨重建
午門九楹。重樓三闕。明廊傑閣。中三間。東西爲左
右掖門。

〇三七三　**顺治四年　午门形制**　《国朝宫史》卷一一，参见《日下旧闻考》卷一〇

正中南向爲午門，順治四年建，卽紫禁城南門也。東西兩觀對聳，上覆崇樓五，中樓深廣各九楹，東西四樓深廣各五楹，閣道十三楹，南北相接，崇宏壯麗，卽俗所謂五鳳樓也。

〇三七四　**顺治四年　郑亲王府建筑违制罚银**　康熙朝《大清会典》卷一三一，并见雍正朝《大清会典》卷一九七、乾隆朝《大清会典则例》卷一二七、嘉庆朝《大清会典事例》卷六六六、光绪朝《大清会典事例》卷八六六九

順治四年。以鄭親王殿。臺基踰制。及擅用銅獅龜鶴。罰銀二千兩

〇三七五　顺治四年　重建新昌旌忠祠　康熙朝《大清一统志》卷二〇〇

旌忠祠在新昌縣治左。明末建。祀吳甘來。本朝順治四年。奉
勅重建。
賜祭田七十畝。

〇三七六　顺治四年　题准临清砖价　康熙朝《大清会典》卷一三二，并见雍正朝《大清会典》卷一九九、乾隆朝《大清会典则例》卷一二八、嘉庆朝《大清会典事例》卷六七一、光绪朝《大清会典事例》卷八七六

凡臨清磚價。順治四年題准。臨清城甎。每塊給價銀二分七釐。其斧刃甎。每二塊。折算城磚一塊

〇三七七　顺治四年　漕船带砖

康熙朝《大清会典》卷一三二，并见雍正朝《大清会典》卷一九九、乾隆朝《大清会典则例》卷一二八、嘉庆朝《大清会典事例》卷六七二、光绪朝《大清会典事例》卷八七八

凡帶甎船隻。順治四年覆准。令經過臨閘糧船。每隻帶磚四十五塊。官民船隻。每梁頭一尺。帶甎十二塊。俱給批。運交通惠河監督照數查收。其官民船隻。運抵天津。務關張灣通州者。名爲長載。例應給批帶運。其不到天津等處者。名爲短載。免其帶運。每梁頭一尺。納價銀一錢七分。又鹽貨船。每隻納紙價銀六錢。俱收貯解部。若船隻到通無甎。卽係拋棄。該監督報部究處。若回船過臨。不繳甎批者。拿送問罪。如地方官縱容。不行申報。一併題參

〇三七八　顺治四年　漕船带砖运价　康熙朝《大清会典》卷一三二，并见雍正朝《大清会典》卷一二二八、嘉庆朝《大清会典事例》卷六七二、光绪朝《大清会典则例》卷一九九、乾隆朝《大清会典则例》卷八七八

顺治四年题准。临甎用漕民舡隻帶運抵通。例無脚價。自通州五閘。轉運至大通橋廠。每塊于輕齎銀內。支給一分。又自廠車運至各工所。每塊給脚價一分一釐五毫

〇三七九　顺治四年　禁马鞍山樵牧　乾隆朝《大清会典则例》卷一二八，并见嘉庆朝《大清会典事例》卷六七二、光绪朝《大清会典事例》卷八七八

禁令順治四年題準禁止馬鞍等山樵牧以山內柴草供燒石灰之用

○三八○ 顺治四年 昌平景陵瓜园植槐伐去

《古今图书集成·职方典》卷五○

翠微志蔣山後龍母莊東一里有竇禹錫植槐空腹中可設案羅坐八人

北游紀方竇氏植槐在景陵瓜園中順治四年伐去

燕都游覽志謂在德陵旁者非也

顺治五年

（一六四八年一月至一六四九年二月）

〇三八一　顺治五年正月二十四日　禁官员房柱涂朱民间屋梁贴金　《清世祖实录》卷三六

禁官員房柱塗朱及民間屋梁貼金

〇三八二　顺治五年正月二十五日　定王公府第彩绘制　《清世祖实录》卷三六，并见《八旗通志初集·营建志》卷二三、《钦定八旗通志》卷一一二

辛酉定王公府第制和碩親王繪金緑五爪龍柱施純色紅青不雕龍首殿樓門基址高與室基等多羅郡王繪金緑四爪龍多羅貝勒繪金緑各色花卉固山貝子駙馬鎮國公輔國公繪金緑細花卉餘如諸王制

○三八三 顺治五年三月初四日 郑亲王降爵罚银

《清世祖实录》卷三七

己亥。貝子吞齊、尚善、吞齊喀、及公扎喀納、富喇塔、努賽等共訐告鄭親王濟爾哈朗罪狀。於是令鄭親王及詞内牽連諸人齊集質訊。貝子吞齊等云：得燕京時，鄭王自盛京發銀千兩，令吞齊啟攝政王，求夫役修其府第。我曾諫止。及鄭王至燕京，遣達爾岱博博爾岱莽加脅我云：我令爾等往啟，竟遺忘此語，何人當用官夫修房，何人不當修房耶？我因見其援比失當，故不行啟聞。鄭王云：發千金修房是實，並無令其索求夫役，及較量應否修房等語。況賜銀修房，我曾向巴特瑪德爾得赫藍拜言，與其修暫居之房，何如修久住之房。是實。至於遣達爾岱博博爾岱莽加，則忘之矣。訊莽加供云：王

令僧住攜千金來是實不曾遣我何敢妄證訊博博爾岱供
云我一時記不在心日久忘矣訊達爾岱供云王使我同博
博爾代齎加往傳令吞齊啟奏何人房當修何人房不當修
爾為何不啟奏豈非爾等忘我之語是實訊巴特瑪供與達
爾岱同又訐告鄭親王偪衍禧王饒餘王貝子和託薨逝時
皆不令和碩福金往會喪此非漢視所親而不念乎訊鄭王
云和碩福金因病未往曾別遣福金去又訐告顧爾瑪洪羅
託係有罪之人而鄭王加以寵愛過於我等昵罪人而疎宗
族是屬何心王云顧爾瑪洪原在護衛之列遇出獵時令其
穿號衣相隨與之馬騎是實至羅託以時行走不令常來來
時止令坐於護衛之後有何寵愛過人之處吞齊等云顧爾
瑪洪羅託乃有罪之人我等乃貝子公也儻非寵愛何故其

房過於我等往視公努賚之房可證又貝子尚善云與我之
房甚不堪曾與鄭親王言之王遂將所餘間房與我而以我
之房與其護衛至我往福建出兵後王以伊子避痘之房無
厠遂將我房院隔斷為厠訊鄭王云汝言房屋不堪遂將我
房與汝而從前所與房院因用隔斷是實又訐告鄭王之子
濟度娶妻時吞齊喀貝子尚善貝子扎喀納公富
喇塔公努賚公等妻俱上坐王子噶布喇之妻末坐鄭王怒
訶責衆章京護衛等爾等諂貝子公等令我子婦末坐豈非
侮我年老子幼耶我聞爾等常在彼處往來毀詆我今後倘
聞其事我必殺一二人以為戒自時厥後凡章京護衛等不

但不來我等之家即在王之府門亦無一人與我等親近者
此嫩對白爾格夸代俄特惠莽加所共知也王云並無噶布

喇妻為何坐於末不坐於上之語止言將未成立之子婦為
何坐於貝子公等妻之列是實至於禁其諂媚往來必殺一
二人之語並無影響況凡行獵出兵時我之諸護衛伊等與
馬者與馬與弓者與弓我并不曾禁阻訊嫩對供云未分家
之子婦為何不坐於福金之後否則令坐於貝子公等妻之
列等語是實並無勿看情面往來之言訊白爾格供云分家
之子則視其夫之等級坐未分家之子則視其父之等級坐
為何將我子婦坐於末爾等勿得看情面等語是實併無不
許往來之言訊俄特惠供云將我未分家之子婦為何令末
坐曾向恭加白爾格言之又禁止貝子公等家往來之言是
實訊夸代供云未分家之子婦為何令坐於末令陪福金坐
爾等豈非看貝子公等情面而令坐於末乎等語是實訊恭

加供云王言晚育之子婦為何令坐於末爾等常往貝子公等家每去必有賞賜令後當往來有節等語俱實富喇塔詰云我因無房向王言之因將敦對所住之房與我我住一年後王何故將廳房拆去王云我原說將此廳房拆來蓋房與富喇塔住時已將拆廳之言告之後拆取是實扎喀納詰云我與貝勒勒克德渾出兵時王言爾心愛之物可自言之我言要鞍隨令俄特惠送鞍來云爾諸弟年幼全仗於爾王云要鞍時將鞍與他是實並無諸子年幼全仗於爾之言訊俄特惠供云與鞍是實並無别言又扎喀納尚善富喇塔詰云去年我三人率本旗章京護衛等與王行禮時尚善在左王子噶布喇在其上扎喀納在右王子濟度勒度在其上稍偏行禮畢尚善扎喀納富喇塔至門上坐時王令其三子至門

上令本旗章京護衛等行禮扎喀納言若令與王子行禮則當在内令王令其子至門上蓋欲誘我等行禮耳我等可同衆與弟輩行禮乎尚善答言如欲行禮爾等可自行之我決不行拂衣而起莽加言貝子等不當去達爾岱言爾等且留

俟與王子行禮畢再與爾等行禮尚善言爾等免行禮我病腹脹言畢我三人俱出王府而回衆章京護衛等俱知之訊莽加供云拜年時貝子居中三子居左公等居右行禮既出併無與王子等行禮之言至於謂公貝子爾等到此我等即行禮不當去之言是實王云諸子在内跪於旁我不知有在外與諸子行禮之言富喇塔詰云我赴叔王宴時與傅勒赫公二人同坐坐於我後者祁他券吳把什達爾岱也祁他券醉而欲睡我言爾醉耶祁他券遂摩拳相向達爾岱吳把什

勸止之傅勒赫公告於英王及相會時英王謂鄭王曰我聞
爾之祁他奈與富喇塔相抵王默然問祁他奈答云我醉不

知問吳把什言富喇塔曾向祁他奈云爾飲酒妄言時我甚
恥之祁他奈答云我乃爾父執也爾如何教誨我爾乃晚輩
我當教誨爾併未相抵王云英王曾言與否我忘之矣叔王
言聞祁他奈醉與富喇塔帶怒相戲可戒其飲我問富喇塔
祁他奈於汝前作何狀伊言與我相戲耳吞齊詰云我欲娶
墨爾根侍衛李國翰之女與我子使莽加問王莽加久之始
云我聞王之子勒度阿格要娶若明知之而必欲往問則試
問之王云曾將李國翰之女啟奏以配我子我子叔也爾子
姪也欲娶與我子之言是實吞齊詰云欲將儀仗房拆取蓋
房令我同德爾得赫啟請因奉諭儀仗房且不能增修不當

拆毁此房向為肅王所請亦不曾與乃止王云因伊等言有
閒房我敵知是實呑齊貝子又詰云王之外房與其與家人
住我等非子姪乎不當與我等住乎王云我之住房無幾欲
拆彼房蓋於此因時候不宜修蓋將一所房暫與家人居住
又訐告當國憂時圖爾格索尼圖賴錫翰鞏阿岱鰲拜譚泰
塔瞻八人往肅王家中言欲立肅王為君以
上為太子私相計議又圖賴索尼鞏阿岱錫翰譚泰鰲拜六人
共立盟誓願生死一處肅王使何洛會楊善謂鄭王云兩旗
大臣已定立我為君尚須爾議鄭王云攝政王尚未知待我
與衆商之鄭王初不肎承既而云使楊善哈寧噶是實何洛
會亦云鄭王前言是實又訐告
上遷都燕京時將原定後行之鑲藍旗令近

上立營同
上前行又將原定在後之正藍旗令在鑲白旗前行肅王乃罪
廢庶人如何令其妻在輔政叔德豫親王和碩英親王之福
金前行鄭王先言無之既而云曾與諸大臣商議而行是實
訊錫翰供云鄭王議欲近
上行是實訊國戚多爾濟供云不知其議曾見其近
上立營行走是實訊鰲拜巴圖魯供云王並未商議自盛京至
燕京並不知近
上立營行走之語於是會議鄭親王濟爾哈朗當兩旗大臣謀
立肅王為君以
上為太子及議時乃言我意亦如此但攝政王尚未知待我與
衆商之擅謀大事其罪一也

上遷都燕京時以
上幼冲將原定後行之鑲藍旗近
上立營又同
上前行其罪一也正藍旗原定後行反令在鑲白旗前行又曲
徇罪廢之肅王令其妻在輔政叔德豫親王和碩英親王之
福金前行豈非向與肅王同謀心生憐憫顯令僭越乎其罪
一也鄭王久無為國宣勞之處及定大業又無輔佐之功而
乃援比君上謂何人房當用官夫修何人房不當修言語不
倫其罪一也寵愛有罪之顧爾瑪洪羅託給與美宅反優於
公務賽厚薄無等其罪一也伊和碩福金託病不令會喪又
往赴宴漠視所親其罪一也鄭親王應論死莽加博博爾岱
明知鄭王有援比君上之言其同事之巴特瑪達爾岱巳實

供而猶庇護不吐莽加博博爾岱均應論死祁他奈醉後輒
與公富喇塔角口應鞭一百嫩對明知鄭王因王子噶布喇
之妻於宴時坐於公等妻之末責讓屬員其同時之白爾格
俄特惠夸岱已實供而彼猶庇護不吐應鞭一百公圖賴往

肅王家私相計議欲立肅王為君以
上為太子罪一又與譚泰鞏阿岱索尼錫翰鰲拜等共立盟誓
罪一索尼奏阿里馬之事既回錫翰鞏阿岱譚泰鰲拜四人
至圖賴家謀執阿里馬以待圖賴言所謂執其手者期執其
肘執其肘者期執其身非手因掬土而揚之云與汝將去於
時索尼言爾為鋮我為線相依為生可也及
上遷都燕京時原定鑲藍旗及鄭親王在後行而聽信鄭王任
其在

上前立營日問同

上前行罪一又將正藍旗違令在鑲白旗前行又附和鄭王憐

憫罪廢之肅王多方徇庇罪一圖賴應革去公爵籍沒家産

鰲拜巴圖魯同謀立肅王為君以

上為太子罪一又與輩阿岱索尼錫翰譚泰圖賴等共立盟誓

罪一索尼奏阿里馬事既回鰲拜與錫翰輩阿岱譚泰往圖

賴家謀執阿里馬以待聞圖賴索尼悖言欺隱不奏罪一

上遷都燕京時聽信鄭王一任鑲藍旗正藍旗違令前行又曲

徇罪廢之肅王明係與鄭王同謀而又言與鄭王並未商議

自盛京至燕京并不知其近

上立營行走鰲拜應論死公塔瞻公錫翰私相計議謀立肅王

又互相徇庇塔瞻應革去公爵錫翰亦革去公爵并革内大

臣議政大臣職籍沒家產索尼謀立肅王為君又與圖賴譚
泰鞏阿岱錫翰鰲拜等相誓生死一處及聞圖賴悖言欺隱
不奏又任憑原定在後之兩旗違令前行又顯庇罪廢之肅
王索尼應論死國戚多爾濟附和鄭王令兩旗違令前行又
顯庇罪廢之肅王而又言不知鄭王之議國戚多爾濟應革
内大臣議政大臣任贖身公圖爾格曾向肅王言欲立爾為
君又與索尼圖賴錫翰鞏阿岱鰲拜譚泰塔瞻同往肅王家
私相計議圖爾格應革公爵并盡革所有職阿濟格尼堪當
上遷都燕京時鄭王欲率本旗近
上立營又欲將正藍旗在鑲白旗前行曾經與議欺隱不奏阿
濟格尼堪應罰銀百兩議上得旨鄭王革去親王爵降為多
羅郡王罰銀五千兩奪巴特瑪之半箇牛彔達爾岱原在杜

爾德牛彔下此全牛彔及族人孫塔之半箇牛彔莽加之全
牛彔並奪出博博爾岱博博圖兄弟二人並撥出隸於別旗
莽加盡革所有職贖身除其覺羅籍博博爾岱革職贖身嫩
對鞭一百折贖祁他柰無罪免責鰲拜巴圖魯免死贖身公
圖賴免革公爵及籍没家產革其子輝塞所襲之職併奪其
燕京所投漢人與因官所賞蒙古籍没楊善羅碩家產時所
得之物及幽禁肅王時嘉其言善所賞銀二百兩玲瓏鞍馬
一匹其兄弟子姪為侍衛者俱革退塔瞻從寬免革公爵錫
翰革去公爵仍為阿思哈尼哈番併革其議政大臣贖身國
戚多爾濟免革職贖身索尼免死盡革所有職贖身黜為民
徙居
昭陵奪其燕京所投漢人與因官所賞蒙古及幽禁肅王時嘉

其言善所賞銀二百兩併玲瓏鞍馬一匹其兄弟子姪為侍
衛者俱革退圖爾格免革公爵革其子廓步梭所襲之職并
奪其燕京所投漢人因官所賞蒙古阿濟格尼堪坐以應得
之罪

○三八四　顺治五年四月初八日　重修太庙神主暂安后殿

《清世祖实录》卷三八，参见《皇朝通志》卷三八

癸酉以重修
太廟遣官行祭告禮奉
神主暫安後殿

〇三八五　**顺治五年六月三十日　太庙工成奉安神位**

卷四

《清世祖实录》卷三九，参见《清史稿》

癸亥

太廟工成奉安

神位於正殿遣輔國公輩阿岱祭告

〇三八六　**顺治五年八月十九日　京城汉官及商民等徙南城**

《清世祖实录》卷四〇，并见《八旗通志初集·营建志》卷二三、《钦定八旗通志》卷一一三

辛亥諭户部等衙門京城

漢官漢民原與滿洲共處近聞爭端日起刦殺搶奪而滿漢

人等彼此推諉竟無已時似此何日清寧此實參居雜處之

所致也朕反覆思維遷移雖勞一時然滿漢各安不相擾害

實為永便除八旗投充漢人不令遷移外凡漢官及商民人等盡徙南城居住其原房或拆去另蓋或貿賣取價各從其便朕重念遷徙累民著户工二部詳察房屋間數每間給銀四兩此銀不可發與該管官員人等給散令各親身赴户部衙門當堂領取務使遷徙之人得蒙實惠六部都察院翰林院順天府及大小各衙門書辦吏役人等若係看守倉庫原住衙門内者勿動另住者盡行搬移寺院廟宇中居住僧道勿動寺廟外居住者盡行搬移若俗人焚香往來日間不禁不許留宿過夜如有違犯其該寺廟僧道量事輕重問罪著禮部詳細稽察凡應遷移之人先給賞銀聽其擇便定限來歲歲終搬盡著該部傳諭通知

○三八七　顺治五年八月十九日　以修昭陵功升臧国祚等职

陞二等阿達哈哈

番臧國祚為一等阿達哈哈番。授鍾內為拜他喇布勒哈番。

以修

昭陵功也。

《清世祖实录》卷四○

○三八八　顺治五年　盛京三陵壮丁设佐领管理

三陵壯丁原係撥從

國初沙鐵鑄造軍器等物。至後撥在

陵寢當差。

太宗文皇帝命旨千丁以

雍正朝《盛京通志》卷七

陵寢告竣之日不令當差撫養

舊額

三陵壯丁各户一千順治五年設千丁品級佐領一員統之

○三八九　顺治五年　拆明王府木植运京

乾隆朝《卫辉府志》卷九

明汝安王

舊府志憲宗第八子孝宗弟宏治四年封十四年之國

備攷嘉靖三十七年薨在國五十八年無嗣謚曰安郡

王王府第在府城內東宏治十二年以布政分司千戶

所縣治儒學城隍廟預備倉各基改建

明潞簡王

舊志神宗弟萬曆十二年[illegible]王府第用汝府舊基展前面拆衛學并民居拓[illegible]改建王性嚴刻好游獵倘武左右多獲罪死萬曆三十五年畢甍謚曰簡子小王襲封小王習[illegible]嗜古玩權由官寺崇禎甲申流寇西遁太行於二月十八日爲總兵卜從善擁護攜宫眷寶器渡河而南後歸命

國朝而終其府第宫殿俱於順治五年拆毀木植運入

京師止存廚圍牆垣及望京樓云

〇三九〇 顺治五年 迁徙外城官民给银盖房 康熙朝《大清会典》卷一三二，并见雍正朝《大清会典》卷一九八

五年定。遷徙外城官民房屋。照數給銀爲拆蓋之費

〇三九一 顺治五年 头等至末等屋价银 康熙朝《大清会典》卷一三二，并见雍正朝《大清会典》卷一九八、《八旗通志初集·营建志》卷二三、《钦定八旗通志》卷一一三

凡屋價則例。順治五年題准。頭等房每間銀一百二十兩。二等房每間銀一百兩。三等房每間銀八十兩。四等房每間銀六十兩。五等房每間銀四十兩。末等房每間銀二十兩

〇三九二 **顺治五年 一等至六等屋价银** 乾隆朝《大清会典则例》卷一二七，并见嘉庆朝《大清会典事例》卷六六六、光绪朝《大清会典事例》卷八六九

屋價順治五年題準一等屋每間折給銀百二十兩二等屋每間百兩三等屋每間八十兩四等屋六十兩五等屋四十兩六等屋二十兩

侍衛等屋折價亦如之

〇三九三 **顺治五年 官员等拨房间数** 康熙朝《大清会典》卷一三二

凡撥房額數。順治五年題準。一品官。給房二十間。二品官。給房十五間。三品官。給房十二間。四

品官。給房十間。五品官。給房七間。六品七品官給房四間。八品官。給房三間。護軍。撥什庫。甲兵。給房二間

〇三九四 顺治五年 官员等拨房间数 雍正朝《大清会典》卷一九八，《八旗通志初集·营建志》卷二三、《钦定八旗通志》卷一一三

凡撥房額數。順治五年題准。一品官。給房二十間。二品官。給房十五間。三品官。給房十二間。四品官。給房十間。五品官。給房七間。六品。七品官給房四間。八品官。給房三間。護軍。領催。甲兵。給房二間。

〇三九五　顺治五年　官员赐宅数额　乾隆朝《大清会典则例》卷一二七

賜宅額數順治五年題準一品官給屋二十間二品官十有五間三品官十有二間四品十間五品七間六品七品四間八九品官三間護軍領催驍騎各一間

〇三九六　顺治五年　官员赐宅数额　嘉庆朝《大清会典事例》卷六六六，并见光绪朝《大清会典事例》卷八六九

賜宅額數〇順治五年題准。一品官給屋二十間。二品官十五間。三品官十二間。四品官十間。五品

官七間。六七品官四間。八九品官三間。護軍領

催馬甲各一間。

〇三九七　**顺治五年　察南城官地空地安插迁徙官民**　康熙朝《大清会典》卷一三二，并见雍正朝《大清会典》卷一九八

又定。令工部

督同五城御史。察南城官地。並民間空地。將遷

徙官民。加意安揷

○三九八　**顺治五年　顺义县设驻防衙署**　《八旗通志初集·营建志》卷二四，并见《钦定八旗通志》卷一一七

順天順義縣駐防：順治五年設。城守尉衙署一所，十二間。章京衙署二所，一所七間，一所九間•筆帖式衙署一所六間。撥什庫甲兵五十名，各營房二間。俱在縣城東門内。教場在縣城南門外，長八十丈，寬一十九丈。

○三九九　**顺治五年　沧州设驻防衙署**　《八旗通志初集·营建志》卷二四，并见《钦定八旗通志》卷一一七

滄州駐防：順治五年設。城守尉衙署一所，四十五間。防禦衙署四所，内一所十五間，一所二十三間，二所各十二間。驍騎校衙署四所，内一所十二間，一所十間，二所各十一間。筆帖式衙署二所，内一所九間，一所十間。甲兵三百十一名，弓匠、鐵匠四名，各營房二間。俱在州城内西北隅。教場在州城北門外，週圍七十九丈五尺。

○四○○ 顺治五年 杭州府设满城及驻防衙署

《八旗通志初集·营建志》卷二四，并见《钦定八旗通志》卷一一七

浙江杭州府駐防：順治五年設。於杭州府城内，建築滿城一座。計營内地一千一百四畝五分，城外四旗地三百二十五畝五分，城脚基地六畝四分一釐三毫零，共地一千四百三十六畝四分一釐三毫零。會議府大小房三十七間，基地六畝七分五釐。將軍衙署一百六十四間，基地二十七畝三分。副都統衙署一所，六十二間，基地五畝四分五釐。副都統衙署一所，六十八間，基地八畝七分五釐。副都統衙署一所，五十一間，基地八畝三分二釐。又現撥乍浦副都統衙署一所，九十一間，基地二十二畝三分三釐。共計地七十八畝九分。其餘披甲兵丁營房，從前原有官給，亦有自造居住。教場在錢塘門内，右衛中前所，廣闊二百三十畝二分零。

顺治六年

（一六四九年二月至一六五〇年一月）

一〇四〇一　顺治六年五月初五日　拟于京东建新城

《清世祖实录》卷四四

癸亥，攝政王多爾袞以京城水苦，人多疾病，欲於京東神木廠創建新城移居，因估計浩繁，止之。

一〇四〇二　顺治六年六月初七日　炮车仓房被焚

《清世祖实录》卷四四

乙未，有拜禪妻及廣泰家女子賴氏放鵝於金水橋前，坐紅衣礮繩堆上吃烟，遺火焚繩三萬三千八百餘觔，延燒礮車二百餘輛，倉房一百二十餘間。刑部審擬拜禪妻及賴氏俱應斬，工部官不令人監守繩索，尚書金之俊、侍郎李迎晙、劉昌應各罰銀百兩，侍

郎盧登科佟國允啟心郎吴達禮應各罰銀百兩革一拜他
喇布勒哈番理事官星鼐應革考滿所加拜他喇布勒哈番
折贖其車輛並繩索價銀二千三十餘兩應令尚書金之俊
等賠補啟心郎孫代張朝珍理事官高國允副理事官吴世
巴莫洛渾敖塞護星阿李尚義各罰銀五十兩議上得旨拜
禪妻免死鞭一百賴氏免死鞭三十金之俊李迎晙劉昌各
罰俸三月盧登科佟國允吴達禮星鼐孫代張朝珍各罰俸
六月高國允等俱從寬免罰

○四○三　**顺治六年十月十六日　禁伐明陵树木**

辛卯禁伐昌
平故明陵寢樹木

《清世祖实录》卷四六

○四○四　**顺治六年　江南采办架木**

顺治六年。因各工需用架木。本部差官
前徃江南。會同地方官召買

康熙朝《大清会典》卷一三二，并见雍正朝《大清会典》卷一九九、乾隆朝《大清会典则例》卷一二八、嘉庆朝《大清会典事例》卷六七○、光绪朝《大清会典事例》卷八七五

〇四〇五　顺治六年　三河县设驻防衙署

《八旗通志初集·营建志》卷二四，并见《钦定八旗通志》卷一一七

三河縣駐防：順治六年設。官員公廳三間。固山大衙署一所，十二間。章京衙署二所，各十間。甲兵五十名，各營房二間。

〇四〇六　顺治六年　东安县设驻防衙署

《八旗通志初集·营建志》卷二四，并见《钦定八旗通志》卷一一七

東安縣駐防：順治六年設。固山大衙署一所，十三間。章京衙署二所，各六間。甲兵五十名，各營房二間。

〇四〇七　顺治六年　保定府设驻防衙署

《八旗通志初集·营建志》卷二四，并见《钦定八旗通志》卷一一七

保定府駐防：順治六年設。未給衙署時，駐防各官俱在聖廟中辦事。

〇四〇八　**顺治六年　太原府设满城及驻防衙署**　《八旗通志初集·营建志》卷二四，并见《钦定八旗通志》卷一一七

山西太原府駐防：順治六年設。分府城西南隅爲滿城。東北二方，設立栅欄關門爲界。計南北長二百六十丈，東西闊一百六十一丈七尺。城守尉以下官十一員，共給房屋二百三十間。

〇四〇九　**顺治六年　江宁府设满城**　《八旗通志初集·营建志》卷二四，并见《钦定八旗通志》卷一一七

江南江寧府駐防：順治六年，於鍾山之陽始造滿城。

顺治七年

（一六五〇年二月至一六五一年一月）

〇四一〇　顺治七年二月十二日　改江宁国子监为府学

改江寧國子監為江寧府學

《清世祖实录》卷四七

〇四一一　顺治七年二月二十日　孝端文皇后梓宫安于昭陵

己酉。

孝端文皇后梓宫至盛京。各官出郊跪迎。奉

梓宫安於

昭陵殿内之右。内大臣冷僧機同各官祭告

昭陵。

《清世祖实录》卷四七

〇四一二　顺治七年三月初九日　造太祖配天神主等

《清世祖实录》卷四八

壬戌以造
太祖配
天神主及追尊
四祖為皇帝入
廟神主竝繕寫詔書賜内院禮工二部各官銀幣有差

〇四一三　顺治七年三月十六日　多铎墓碑文

《清世祖实录》卷四八

己巳命立輔政德豫
親王多鐸碑文曰爾輔政叔德豫親王多鐸乃
太祖武皇帝少子天聰二年戊辰

太宗文皇帝征蒙古多羅特國盡有其地賜王額爾克楚虎爾
號天聰五年辛未
太宗皇帝攻取明大凌河城王擊敗錦州敵兵為
太宗皇帝前驅破敵天聰八年甲戌征明大同府王攻克保安
州捉生於明錦州時王又擊敗錦州松山二城敵兵崇德元
年丙子封和碩豫親王順治元年甲申四月王同叔父攝政
王於山海關破流賊李自成兵二十萬取明中原十月命王
為定國大將軍統大軍擊敗流賊李自成馬步兵進克潼關
及陝西西安府又平河南擊敗各處兵攻克揚州遂平江寧
生擒明福王朱由松以平江浙屢建大功進封和碩德豫親
王順治三年丙戌蘇尼特騰機思反命王為揚威大將軍統
率大軍追及騰機思於袞噶魯台地方擊敗之獲其妻子生

畜喀爾喀土謝圖汗碩雷汗率衆迎戰於查濟布喇克地方

復敗之多所斬殺自平定中原以來厥功甚茂順治四年丁

亥。封為輔政叔德豫親王。參贊機務。順治六年。己丑。三月。十

八日不幸薨逝茲命該部勒石墓前用彰追卹至意。

〇四一四　顺治七年四月二十六日　立福陵昭陵石像生

《清世祖实录》卷四八

己酉。立

福陵

昭陵石像生。

福陵臥駱駝立馬坐獅子坐虎各一對擎天柱四望柱二

昭陵立象卧駱駝立馬坐獅子坐獸坐麒麟各一對擎天柱四
望柱二

○四一五　顺治七年五月二十八日　改凤阳皇陵卫为凤阳左卫

庚辰改鳳陽皇陵衛為鳳陽左衛設守備一
員

《清世祖实录》卷四九

○四一六　顺治七年七月初四日　为造避暑新城增派钱粮

乙卯攝政王諭京城建都年久地污水鹹春秋
冬三季猶可居止至於夏月溽暑難堪但念京城乃歷代都

《清世祖实录》卷四九

會之地營建匪易不可遷移稽之遼金元曾於邊外上都等
城為夏日避暑之地予思若倣前代造建大城恐糜費錢糧
重累百姓今擬止建小城一座以便往來避暑庶幾易於成

工不致苦民所需錢糧官民人等宜協心併力以襄厥事除
每年舊額錢糧外特為造城新增錢糧加派於直隸山西浙
江九省等處地方直隸二十四萬四千二百四十四兩九錢
山西三十三萬二千六百一十三兩九錢浙江三十萬六千
七百四十五兩四錢山東二十九萬九千六百三十七兩一
錢江南五十九萬五千七百七十四兩九錢河南十七萬二
百八十七兩三錢湖廣九萬九千三百八十八兩三錢江西
二十二萬八十二兩八錢陝西二十三萬一千二百二十五

兩四錢此項錢糧從見在當差人丁額徵地畝内增派該管
督撫司道府州縣官宜協力催徵作速起解此城所用錢糧

惟恐苦累百姓損之又損於數縮而不浮凡官吏書役人等
若有額外需索圖利作弊者一經查出加以重罪該地方督
撫嚴察禁諭此外有官民人等好義急公情願捐助者聽其
自便其捐助錢糧有能親自解京者任其自解不能親解者
可將姓名籍貫并所助錢糧數目詳悉開載投送工部其錢
糧交該管督撫解送該督撫仍備造捐助姓名籍貫錢糧數
目文册具奏捐助之人酌量恩敘著該部作速傳諭各省一
體遵奉施行

○四一七　顺治七年十一月二十三日　上昭陵寝殿额　《清世祖实录》卷五一

昭陵寢殿額曰隆恩殿

壬申上

○四一八　顺治七年　重修苏州上真观　康熙朝《大清一统志》卷四二

上眞觀在穹窿山三茅峯、府志、相傳漢初平中建、祀三茅眞君、歲久傾頹、惟峯頂斷碑、依稀見三茅眞君字、及宋延祐年號而已、本朝順治七年、法師施道淵興建、遂成巨構、賜今額、

○四一九　**顺治七年　额设砖料银**　康熙朝《大清会典》卷一三二，并见雍正朝《大清会典》卷一九九、乾隆朝《大清会典则例》卷一二八、嘉庆朝《大清会典事例》卷六七〇、光绪朝《大清会典事例》卷八七五

七年題准

額設甎料銀兩。自本年起。每年先發一萬兩。照銀數預辦。以備帶運

顺治八年

（一六五一年一月至一六五二年二月）

○四二○ 顺治八年正月十一日 停止临清烧造城砖

《清世祖实录》卷五二

已未户部尚書覺羅巴哈納等入奏事畢

上問曰外間錢糧有無益之費否巴哈納等奏曰有京師營建用磚因臨清土質堅細遣官一員燒造分派漕船裝載抵通又由五閘撥運至京給與脚價

上曰營造宮殿京師燒磚儘可應用若臨清燒造苦累小民又費錢糧撥運甚屬無益況漕船載運漕糧遠涉波濤已稱極苦再令裝載帶運益增苦累朕心甚為不忍臨清燒造城磚著永行停止原差官撤回

○四二二一　顺治八年正月十九日　内三院衙署移紫禁城内

移内三院衙署於紫禁城内

《清世祖实录》卷五二

○四二二二　顺治八年二月初二日　赏赐修太庙官员等

賜修

太廟總理理事官石圖、太監余耀各馬一匹，銀五十兩，朝服一襲，貂帽一頂，靴一雙；副總理理事官湯古善、副理事官吳什把、太監殷公信、署監督金鳳章、主事萬代尚、太監孫茂各銀五十兩，羊皮袍一件，貂帽一頂，靴一雙；在事員役各給賞銀兩有差

《清世祖实录》卷五三

〇四二三　顺治八年二月初二日　赐修福陵享殿官员工匠等银两

赐修

福陵享殿之總理章京臧國祚銀五十兩馬一匹朝服一襲貂帽一頂靴一雙監工章京周元勳銀五十兩羊皮袍一件貂帽一頂靴一雙督工章京劉可祐王建績郝進舉各銀五十兩其工匠人等各給賞銀兩有差

《清世祖实录》卷五三

〇四二四　顺治八年二月初十日　授茅坦拖沙喇哈番监修昭陵

授茅坦拖沙喇哈番以監修

昭陵工也

《清世祖实录》卷五三

○四二二五　顺治八年二月十三日　停止边外筑城工程

《清世祖实录》卷五三

辛卯。谕户部：边外築城避暑，甚属無用。且加派錢糧，民尤苦累。此工程著即停止。其因築城加派錢糧，朕本欲將已徵者發還百姓，未徵者即行停徵。但恐姦污官吏併催徵錢糧人等不體朕意，欺罔小民，將已徵者竟入私囊，未徵者仍行催比。著姑照原派徵完，查照完過數目，開除八年正額錢糧。如地方官將已完錢糧不入正數，許赴該督撫處告理，督撫據實題參，從重治罪。如督撫不為查行，即來京赴部告理。其各官吏士庶捐助銀兩，已解未解，及既經奉旨者，俱著照數查收，該部將姓名記冊，酌量議敘。嗣後捐助俱免。

○四二六 顺治八年二月二十一日 多尔衮府第逾制

《清世祖实录》卷五三

己亥，追論睿王多爾袞罪狀，昭示中外。詔曰：鄭親王、巽親王、端重親王、敬謹親王同内大臣等合詞奏言：
太宗文皇帝龍馭上賓時，諸王、貝勒、大臣等同心翊戴，共矢忠誠，扶立皇上。彼時臣等並無欲立攝政王多爾袞之議，惟伊弟豫郡王多鐸唆調勸進，皇上因在冲年，曾將朝政付伊與鄭親王共理。逮後，睿王多爾袞獨專威權，不令鄭親王預政，遂以伊親弟豫郡王多鐸為輔政叔王，背誓肆行，妄自尊大，以皇上之繼位盡為己功。又將
太宗文皇帝昔年恩養諸王、大臣、官兵人等為我皇上捐軀竭力，攻城破敵，剿滅賊寇之功，全歸於己。其所用儀仗、音樂及衛從之人，俱僭擬至尊。蓋造府第，亦與宫闕無異。府庫之財

任意糜費擅用織造緞疋庫貯銀兩珍寶不可勝計又將皇
上侍臣伊爾登陳泰一族及所屬牛彔人丁剛林巴爾達齊
二族盡收入自己旗下又擅自誑稱
太宗文皇帝之即位原係奪立以挾制中外又搆陷威逼使肅

親王不得其死遂納其妃且將官兵戶口財產等項不行歸
公俱以肥己又欲皇上侍臣額爾克戴青歸己差吳拜羅什
剛林祁充格封以侯爵因戴青不從復罷侯封又差羅什以
美言誘皇上侍臣席訥布庫冀其黨附凡一切政事及批票
本章不奉上命概稱詔旨擅作威福任意黜陟凡伊喜悅之
人不應官者濫陞不合伊者濫降以至僭妄悖理之處不可
枚舉又不令諸王貝勒貝子公等入朝辦事竟以朝廷自居
令其日候府前昨伊之近侍額克親吳拜蘇拜羅什博爾惠

口稱亡主遺言欲亂國政被端重親王敬謹親王暨內大臣
等公同首出遂將羅什博爾惠正法額克親吳拜蘇拜從重

治罪訖以此思之多爾袞顯有悖逆之心臣等從前俱畏威
吞聲不敢出言是以此等情形未曾入告今謹冒死奏聞伏
願皇上速加乾斷列其罪狀宣示中外並將臣等重加處分
等語朕隨命在朝大臣詳細會議衆論僉同謂宜追治多爾
袞罪而伊屬下蘇克薩哈詹岱穆濟倫又首言伊主在日私
製帝服藏匿御用珠寶曾向何洛會吳拜蘇拜羅什博爾惠
密議欲帶伊兩旗移駐永平府又首言何洛會曾遇肅親王
諸子肆行罵詈朕聞之即令諸王大臣詳鞫皆實除將何洛
會正法外多爾袞逆謀果真神人共憤謹告
天地

太廟
社稷，將伊母子併妻所得封典悉行追奪，布告天下，咸使聞知

《清世祖实录》卷五五

〇四二七 顺治八年三月初一日 授修昭陵官员职

授滿
闢白爾赫圖拖沙喇哈番，以修
昭陵工也

〇四二八　顺治八年三月十四日　定王公朝集例

辛卯。定王公朝集例。王以下、輔國公以上、一月三次大朝。照常集午門内。諸王朝房其五日朝期集太和門。

《清世祖实录》卷五五

〇四二九　顺治八年三月十九日　定亲王等下马例

丙申。定親王郡王貝勒等下馬例。和碩親王。於午門前下馬。多羅郡王。於午門角樓前下馬。多羅貝勒以下俱於闕門下馬牌處下馬。

《清世祖实录》卷五五

〇四三〇　顺治八年三月二十六日　定祭祀斋戒例

《清世祖实录》卷五五

癸卯。定祭祀齋戒例。凡祀
天
地
太廟
社稷照例齋戒三日。祭
歷代帝王照例齋戒二日。此五祭或
上親往或遣官恭代俱於太和殿設齋戒牌位銅人各衙門亦
設齋戒牌。不理刑名。若有緊急事務仍行辦理。
大內及宗室并齋戒各官家不祀神。如
上躬祀
天地和碩親王以下輔國公以上各在家齋戒陪祀各官在部

院衙門者於各衙門內齋戒其不在部院衙門者於金水橋
兩傍齋戒如遣官代祀則
皇上齋戒諸王以下輔國公以上不必齋戒陪祀各官齋戒如
前如
上躬饗
太廟祭
社稷
歷代帝王和碩親王以下陪祀各官以上俱於家內齋戒如
遣官代祀則
皇上齋戒諸王以下輔國公以上不必齋戒陪祀各官齋戒如
前

〇四三一 顺治八年五月十六日 承天门楼上梁遣官祭神

承天門樓上樑遣官祭司工之神

《清世祖实录》卷五七

〇四三二 顺治八年五月二十二日 赏修造工程立功官员

授喀賚拜他

喇布勒哈番丙圖拖沙喇哈番以其修造工程著有勤勞也

《清世祖实录》卷五七

〇四三三 顺治八年六月初七日 皇城内官民房屋禁用黄绿瓦

凡皇城内居住官民房屋門

户及院墻有蓋黄緑瓦者悉行改换

《清世祖实录》卷五七

〇四三四　顺治八年六月十二日　建白塔成

建禁城後土山白塔成

《清世祖实录》卷五七，并见《北游录》

〇四三五　顺治八年六月二十日　定诸陵坛庙祀典

乙丑定

諸陵

壇

廟祀典一興京東京

四祖陵於冬至歲暮清明中元十月朔俱致祭其祭品冬至歲

暮清明各用牛一獻酒果上飯上羹供香燭焚帛讀祝文中

元十月朔各用羊一獻酒果供香燭焚帛讀祝文五祭俱遣

《清世祖实录》卷五七

宗室覺羅大臣致祭每月朔望薦熟羊一獻酒果供香燭令

守

陵章京致祭一祭

福陵

昭陵

上躬往自左門入若遣官自右門入祭文祭品悉由中門入

福陵於牌樓前下馬

昭陵諸王則於立獅子處下馬官民則於樹紅樁處下馬一

福陵

昭陵除清明中元歲暮照常致祭外每歲十月朔冬至亦各致

祭一次其祭品十月朔用酒果供香燭冬至用牛羊豕獻酒

果上飯上羹供香燭焚帛讀祝文一祀

圜丘
方澤先期三日遣公侯伯一員視牲二日遣禮部堂官看牲一
太廟歲暮祭大月於二十九日小月於二十八日其清明祭各
官不必陪祀一
太廟
諸陵祭肉用生

〇四三六　顺治八年六月二十日　亲王官员谒陵例

定和碩親王以下文武三品官以上謁
陵例凡和碩親王以下文武三品官以上或專往盛京或道過
盛京俱先謁
福陵

昭陵於二門外行三跪九叩頭禮及還辭
陵禮如前

○四三七　顺治八年六月二十五日　明神宗陵照例祭祀

《清世祖实录》卷五七，并见嘉庆朝《大清会典事例》卷七一五、光绪朝《大清会典事例》卷九五〇，参见《北游录》

辛未諭禮部順治
元年定守明朝諸帝陵寢併祭典因神宗與我朝有嫌故裁
之朕思前朝帝王陵寢理宜防護況我朝凡事俱從寬厚今
神宗陵著照故明十二陵例以時致祭仍設太監陵戶看守
即著遵行

〇四三八　顺治八年六月二十七日　酌量营造工程　《清世祖实录》卷五七

内翰林弘文院大學士李率泰條奏三事一懲貪酷官吏
一給滿洲兵丁馬匹草料一酌量營造工程次第
上是之

〇四三九　顺治八年六月二十七日　祖陵照帝王陵修缮　《清世祖实录》卷五七

禮部奏言
皇上敦明孝道倣古追尊
祖宗大禮俱已舉行
祖陵應照帝王陵從新修繕建立碑碣設官員併守
陵人户仍定祭祀禮儀以彰孝思命速舉行

○四四○　顺治八年六月二十七日　命修缮祖陵　《清史稿》卷五

壬申，命修缮祖陵，設守戶，定祭禮，復朝日、夕月禮。

○四四一　顺治八年六月三十日　请加诸陵陵山封号　《清世祖实录》卷五七

乙亥，禮部請照例加
四祖
太祖
太宗陵山封號，從祀
地壇。命作速舉行。

○四四二　顺治八年六月　定京城日月祀典从祀天坛

顺治八年六月定春分秋分朝

日夕

月之禮初定祀典以日月從祀

天壇罷春秋二分祀事

《皇朝通志》卷三六

○四四三　顺治八年七月十一日　昭陵飨堂渗漏革监工官员职

丙戌以

昭陵饗堂寢殿滲漏革監修工部侍郎臧國祚世職並侍郎牛

彔任仍贖身

《清世祖实录》卷五八

○四四四　顺治八年七月十一日　处罚迟误昭陵工官员

《清世祖实录》卷五八

監修
昭陵章京周元勳坐遲誤
陵工法司擬斬命免死籍其家

○四四五　顺治八年七月十一日　处罚私撤陵工夫役官员

《清世祖实录》卷五八

工部尚書星訥坐私徹修
昭陵夫役五百名且擅停栽樹革世職並牛录任籍其家之半

○四四六　顺治八年八月二十三日　追复豪格爵建碑纪绩

《清世祖实录》卷五九

戊辰追復肅親王豪格爵建碑紀績於塋上其文曰爾和碩肅親王豪格乃

太祖武皇帝之孫

太宗文皇帝長子當征蒙古札魯特東魁察哈爾鄂爾多斯諸國時所在克敵收服其國逮屢征明國所在擊敗敵兵攻克城池甚多封爾為和碩肅親王平定朝鮮時率左翼兵屢敗敵衆下其城同睿王於山海關破流賊二十萬衆克定中原順治三年又統大軍勦除四川逆寇平定郡縣師還之後值睿王專政啟釁遽加以罪名輒行拘繫抑勒致死朕知爾無罪不勝悼念仍追封爾為和碩肅親王用建塚碑傳之後世

〇四四七　顺治八年九月十八日　改承天门为天安门

壬辰改承天門為天安門

《清世祖实录》卷六〇，并见《清史稿》卷五

〇四四八　顺治八年十月二十一日　封祖陵各山名

《清世祖实录》卷六〇，参见《清高宗乐善堂全集》卷七、《清史稿》卷五

乙丑封

肇祖原皇帝

興祖直皇帝陵山曰啓運山

景祖翼皇帝

顯祖宣皇帝陵山曰積慶山

福陵山曰天柱山

昭陵山曰隆業山遣多羅貝勒吞齊固山貝子吳達海等祭告
是日祭時日初出啓運山有黄赤青三色雲見從
山陵直沖霄漢

〇四四九　**顺治八年　承天门工成**

康熙朝《大清会典》卷一三一，并见雍正朝《大清会典》卷一九七、乾隆朝《大清会典则例》卷一二六、《古今图书集成·职方典》卷三，参见《日下旧闻考》卷三九

八年。

建

承天門。工成改爲天安門

〇四五〇　**顺治八年　承天门重建改名天安门**　《日下旧闻考》卷九，参见《日下旧闻考》卷三三、《国朝宫史》卷一一

天安門初仍明舊，曰承天門。順治八年重建，改今名。凡宣布覃恩慶典詔書，於門樓上設金鳳銜而下焉。

〇四五一　**顺治八年　因承天门旧制改建天安门**　嘉庆朝《大清会典事例》卷六六二，并见光绪朝《大清会典事例》卷八六三

八年。因承天門舊制改建

天安門。

○四五二　顺治八年　封祖陵山名

《皇朝通志》卷三七

顺治元年定制每歲夏至大祀
地於北郊
方澤以
五嶽
五鎮
四海
四瀆爲四從壇配享八年尊封
肇祖原皇帝

興祖直皇帝陵山爲啟運山

景祖翼皇帝

顯祖宣皇帝陵山爲積慶山十六年以二陵奉移啟運山停積慶山從祀

太祖高皇帝陵山爲天柱山

太宗文皇帝陵山爲隆業山附

四從壇配享凡祀

方澤以夏至日卯時後定以日出前七刻與

圜丘祈穀均爲大祀

○四五三　**顺治八年　封祖陵山名**　乾隆朝《盛京通志》卷二一，参见康熙朝《大清一统志》卷二九、嘉庆朝《大清会典事例》卷七二三、光绪朝《大清会典事例》卷九五九、光绪朝《大清会典》卷六二

八年封
興京
陵山爲
啓運山。
東京
陵山爲
積慶山。均從祀
方澤。

○四五四　顺治八年　封福陵山为天柱山

《钦定盛京通志》卷二一

福陵

在奉天府城東北二十里。順治八年。封山

曰天柱。從祀

方澤。

〇四五五　顺治八年　封福陵陵山为天柱山

嘉庆朝《大清会典事例》卷七二三，并见光绪朝《大清会典事例》卷九五九、光绪朝《大清会典》卷六二

陵山曰天柱山。顺治八年，封

〇四五六　顺治八年　封昭陵陵山为隆业山

《钦定盛京通志》卷二一

昭陵

在奉天府城西北十里。顺治八年。封山曰隆業，從祀

方澤。

〇四五七　**顺治八年　封昭陵陵山为隆业山**

嘉庆朝《大清会典事例》卷七二三，并见光绪朝《大清会典事例》卷九五九、光绪朝《大清会典》卷六二

八年，封

陵山曰隆業山。

〇四五八　**顺治八年　定福陵工程取材地点**

乾隆朝《大清会典则例》卷一三九，并见嘉庆朝《大清会典事例》卷七二三、光绪朝《大清会典事例》卷九五九

順治八年定凡修

福陵於西五里外取土西南二十里外燒瓶正南百里

外燒石灰大石採於易州南山小石採於香鑪

山流泉湖屯碑石龍趺石自順天府運送

〇四五九　顺治八年　定昭陵工程取材地点

乾隆朝《大清会典则例》卷一三九，并见嘉庆朝《大清会典事例》卷七二三、光绪朝《大清会典事例》卷九五九

又

定凡修

昭陵於西四里外取土南八里外燒甎南百里外燒石

灰大石採於易州南山小石採於梨花峪香鑪

山瓢杓屯流泉湖屯碑石龍趺石自順天府運

送

〇四六〇　顺治八年　福陵昭陵工成赏在事官役

康熙朝《大清会典》卷一四一，并见雍正朝《大清会典》卷二一九

凡

陵工告成恩賚。順治八年。

福陵

昭陵工成。監造官各加世職。仍各賜朝衣。鞍馬。其在事員役。各賞銀兩。馬匹。袍褂。靴帽有差

〇四六一　顺治八年　福陵昭陵工成赏在工官役

乾隆朝《大清会典则例》卷一三九，并见嘉庆朝《大清会典事例》卷七二三、光绪朝《大清会典事例》卷九五九

是年

福陵

昭陵工成監造官各給以世爵仍各賞朝衣鞍馬其在工官役賞衣冠鞍馬白金有差

○四六二　顺治八年　建白塔寺　康熙朝《大清一统志》卷一

白塔寺在瓊華島上，本朝順治八年立塔建寺。

○四六三　顺治八年　建白塔寺　《国朝宫史》卷一六，参见《日下旧闻考》卷二六

顺治八年，立塔建寺，爲白塔寺

○四六四　顺治八年　建西苑永安寺　《光绪顺天府志》卷一六

永安寺，喇嘛諾木汗駐錫所也，在西苑萬壽山。金鼇、玉蝀之東，有圓城。城北，跨太液池，爲橋。南、北樹坊二：南曰積翠，北曰堆雲。過堆雲坊，卽永安寺。寺爲金源瓊華島，奇石纍纍，皆當時輦致艮嶽之遺。島周圍計二百七十四丈，舊有廣寒殿，相傳爲金章宗李妃妝臺遺址。元改名萬壽山，又稱萬歲山。順治八年，立塔、建刹，稱白塔寺

○四六五　**顺治八年　敕建普胜寺**　《日下旧闻考》卷四○

普勝寺在裏新庫東南。（城册）國初建三大寺，普勝其一也。寺地爲明南城舊址，順治八年勅建。

○四六六　**顺治八年　敕建普胜寺**　《宸垣识略》卷三

普勝寺在緞疋庫東南，與皇史宬俱明南内舊址，去菖蒲河牛郎橋不遠，順治八年敕建。

○四六七　**顺治八年　建普胜寺**　《光绪顺天府志》卷一六

普勝寺，在裏新庫東南。

寺地爲明南城舊址，寺前沿河尚有城牆根址也，順治八年建。國初建三大寺，普勝其一也。

○四六八　顺治八年　重修先师庙　《光绪顺天府志》卷六

先師廟在安定門内太學左，南嚮，街門西爲持敬門，西嚮。大成門崇基石闌，前後三出陛，門左右列戟二十有四，石鼓十，右石鼓音訓碣一，左右各一門，門内東西列舍，北嚮。大成殿崇基石闌，三出陛，兩廡東西嚮，殿東西列舍，南嚮。西廡南燎鑪一，西北瘞坎一，甬道左右御碑亭。大成門外，東爲神廚，宰牲亭、井亭各一，西爲神庫、致齋所、更衣亭。每科進士題名碑，分列左右。會典七十一。元初，廟燬於兵，王檝請以金樞密院地創之，於是置學南城，並立廟。世祖至元二十四年，遷都北城，以南城國子監爲大都路廟學，廷議另建，久而未成。國子監志二。大德六年初建，十年廟成。元成宗紀。明永樂九年，依舊地重建。嘉靖九年，改大成殿爲先師廟，大成門爲廟門。明禮志。萬曆二十八年，易琉璃瓦。春明夢餘録。國朝順治八年重修。

○四六九　顺治八年　京城真武等庙位置

《皇朝通志》卷四一

顺治八年定致祭

真武

東嶽神之禮每年恭遇

萬壽聖節遣官致祭

北極佑聖真君於顯佑宫在

地安門外日中坊橋東南向致祭

東嶽泰山之神廟在朝陽門外南向由禮部題請今由

太常寺遣堂官一人行禮

○四七〇　顺治八年　着修缮圣庙　《钦定国子监志》卷二

順治八年
世祖章皇帝以武功耆定文教誕敷將於明年
視學釋奠
特諭禮部繕修
聖廟

○四七一　顺治八年　奉敕兴建东黄寺　《日下旧闻考》卷一〇七，并见《光绪顺天府志》卷一七

增 安定門外鑲黄旗教場北有東黄寺。五城寺院册

〔臣等謹按〕東黄寺，順治八年奉勑就普静禪林興建

殿前碑亭

二：東碑爲順治八年大學士寧完我撰

〇四七二　**顺治八年　按旗分建演武教场**　康熙朝《大清会典》卷一三一，并见雍正朝《大清会典》卷一九八、《八旗通志初集·营建志》卷二五、《八旗通志》卷一一四、乾隆朝《大清会典则例》卷一二七、嘉庆朝《大清会典事例》卷六六七、光绪朝《大清会典事例》卷八七〇

分

顺治八年題建八旗演武教場。各隨旗

〇四七三　**顺治八年　购买湖广等五处木植**　康熙朝《大清会典》卷一三二，并见雍正朝《大清会典》卷一九九、乾隆朝《大清会典则例》卷一二八、嘉庆朝《大清会典事例》卷六七〇、光绪朝《大清会典事例》卷八七五

凡各省辦解木植。順治八年題准。各工需用木

植。令湖廣。浙江。江西。山西。真定五處地方購買

〇四七四　**顺治八年　修理公廨规定**　康熙朝《大清会典》卷一三二，并见雍正朝《大清会典》卷一九八、乾隆朝《大清会典则例》卷一二七、嘉庆朝《大清会典事例》卷六六七、光绪朝《大清会典事例》卷八七〇

凡修理公廨。顺治八年题准。凡有钱粮衙門。或遇損壞。工部委官估計。轉行動支無碍銀兩。徑自修理。原無錢糧衙門。工部議估興工

〇四七五　**顺治八年　停止烧造临清砖**　康熙朝《大清会典》卷一三二，并见雍正朝《大清会典》卷一九九

八年

諭。臨清廠燒甎。費帑累民。應行停止。原差官員撤回

○四七六 **顺治八年 豁免临清砖坯工本等银** 康熙朝《大清会典》卷一三二，并见雍正朝《大清会典》卷一九九

又

詔。臨清燒造。已行停止。其造過坯片。所費工本。並民船長短帶載納價。一體豁免

○四七七 **顺治八年 停止临清厂烧砖** 乾隆朝《大清会典则例》卷一二八，并见嘉庆朝《大清会典则例》卷六七〇、光绪朝《大清会典事例》卷八七五

八年奉

旨臨清廠燒甎費帑累民應行停止原委官徹回其造過坯片所費工本並民船長短帶載納價槩行豁免

〇四七八　顺治八年　修佑民观

光绪朝《通州志》卷二，并见《日下旧闻考》卷一一〇

佑民觀　在州張家灣鄗　天妃廟舊名里二泗寺凡運船往來在此修醮明嘉靖十四年道官周從善奏請賜額觀曰佑民閣曰錫禧萬歷十年漕運總督靈璧侯湯世隆修崇禎八年倉場侍郎程註管河御史禹好善重修　國朝順治八年世祖章皇帝幸觀中賜帑五百兩道士承修州民田文孝復募捐三百兩助修

〇四七九　**顺治八年　发往盛京匠役给家口米银**

凡優恤匠役。順治八年題准。發往盛京匠役。每名月給家口銀三兩。工部給發。每口日給米一升。行户部支給。凡外藩討取匠役。亦照此例

康熙朝《大清会典》卷一三二，并见雍正朝《大清会典》卷一九八、乾隆朝《大清会典则例》卷一三七、嘉庆朝《大清会典事例》卷七一七、光绪朝《大清会典事例》卷九五二

〇四八〇　**顺治八年　良乡县设驻防衙署**

良鄉縣駐防：順治八年設。城守尉衙署一所，十五間。章京衙署二所，各七間。筆帖式衙署一所，六間。甲兵五十名，各營房二間。箭亭三間，教場一處，週圍二百七丈。俱在縣城東門内北街。

《八旗通志初集·营建志》卷二四，并见《钦定八旗通志》卷一一七

顺治九年

（一六五二年二月至一六五三年一月）

○四八一　顺治九年正月二十九日　陵寝祭祀在享殿内设祭

禮部題

福陵

昭陵俱在享殿之内應照常於享殿内致祭至興京東京二

陵享殿俱建於前

陵寢既用一垣凡祭祀時應在享殿内設祭開後門望

陵行禮從之

《清世祖实录》卷六二

○四八二　顺治九年二月　银川书院卧碑

乾隆朝《宁夏府志》卷六

十三年知府顧光旭移像祀銀川書院文明閣

順治九年二月奉頒

御製曉示生員條教卧碑文

〇四八三 顺治九年四月初六日 不急工程停罢

《清世祖实录》卷六四

丁未户部以錢糧不敷

遵旨會議

一各直省應解本色顏料藥材等項除京中無從備辦者仍解本色外餘俱應折銀一工部錢糧除緊急營建外其餘不急工程及修理寺廟等項俱應停罷一户禮工部製造等庫內監三百九十餘名應留數員餘盡裁革

〇四八四　顺治九年四月二十四日　议重建文华殿

《清世祖实录》卷六四

乙丑礼部议覆科臣杨黄疏言旧例百官每月十一朝似太烦数今各衙门官每日入朝奏事较之十一朝不为少应于每月初五十五二十五日皇上御太和殿在京文武百官俱穿朝服入朝行朝参礼凡升选起用及见朝辞朝等官有应面朝者俱于太和殿前丹墀行礼其余俱于午门外行礼春秋各举经筵一次礼不容缺今应于文华殿旧基从新建殿内院大学士知经筵事六部尚书都御史通政使大理寺卿学士等官侍班翰林官二员进讲则皇上之孜孜好学即所以为勤政之本矣得旨文华殿著工部于次年遇暇修建余悉如议行

〇四八五　**顺治九年四月二十四日　设立宗人府衙门**

設立宗人府衙門

《清世祖实录》卷六四

〇四八六　**顺治九年七月初七日　皇城北门工成**

皇城北門工成名曰地安門

《清世祖实录》卷六六，参见《日下旧闻考》卷三九、《清史稿》卷五

〇四八七　**顺治九年八月初七日　定常朝仪注**

丙午定常朝儀注凡朝期

上御太和殿鹵簿全設奏中和丹陛樂鳴鐘鼓鳴鞭內大臣侍

《清世祖实录》卷六七

衛列殿内兩傍王以下輔國公以上集於常朝房内文武各
官列午門外其謝恩辭朝陞見行禮等官該部分别應在内
在外行禮先期奏聞親王以下官員以上進爵陞官及王貝
勒貝子公大臣出征凱旋賞賚及諸恩賜俱於常朝日進内
聽唱贊行禮漢軍漢人官員赴任及外省朝覲應行禮各官
進午門内同滿官行禮應在外行禮各官俱於午門外行禮
遇
上不御朝赴任及朝見官員俱於常朝日集午門外行禮外藩
王以下公台吉以上來朝及喀爾喀厄魯特等部落進貢官
員亦於常朝日進内行禮親王以下官員以上凡欽命婚娶
者或於中和殿或於安育宫具朝服行禮不鳴贊遇有賞賚
便服行禮

〇四八八 顺治九年九月十二日 更定祭葬礼

《清世祖实录》卷六八

更定祭葬

禮和碩親王薨

上輟朝三日和碩親王以下奉國將軍以上異姓公侯伯固山額眞尚書精奇尼哈番以下拜他喇布勒哈番以上固倫公主和碩福金以下奉國將軍夫人以上皆會喪全設儀仗並鞍馬空馬各十五匹用彩棺內襯五層王所屬官員護軍校以上並妻俱喪服大祭後除服未除服以前王所屬旗下並在部院各官入署戴有纓帽穿常服赴塋所仍去纓初祭

上賜牛一羊八酒九瓶紙錢三萬大祭賜同加封謚給造墳銀五千兩命工部立碑墳前並建碑亭內院撰給碑文初祭於

上賜羊紙外自備引旛一杆金銀錠七萬紙錢四萬祭饌三十

桌羊九隻大祭同百日期年用金銀錠一萬紙錢一萬祭饌

十五桌羊九隻

上賜羊紙遣官致祭二次王所屬宗室官員於墳前門外跪迎

候所遣官過隨入讀祝祭奠畢仍送諭祭官至迎接所望闕

謝恩行三跪九叩頭禮世子薨

上輟朝二日和碩親王以下奉國將軍以上異姓公侯伯固山

額真尚書精奇尼哈番以下甲喇章京品級官以上固倫公

主和碩福金以下奉國將軍夫人以上皆會喪全設儀仗並

鞍馬十四匹空馬十五匹初祭

上賜牛一羊八酒九瓶紙錢二萬五千大祭賜同給造墳銀四

千兩初祭於

上賜羊紙外自備引旛一杆。金銀錠六萬五千。紙錢四萬。祭饌
三十桌羊九隻大祭同百日期年用金銀錠一萬祭饌十五
桌羊九隻彩棺殮襯造墳封謚立碑諭祭等項俱如和碩親
王例多羅郡王薨
上輟朝二日和碩親王以下奉國將軍以上異姓公侯伯固山
額真尚書精奇尼哈番以下甲喇章京品級官以上固倫公
主和碩福金以下奉國將軍夫人以上皆會喪全設儀仗並
鞍馬空馬各十四匹初祭
上賜牛一羊六酒七瓶紙錢二萬三千大祭賜同給造墳銀三
千兩初祭於

上賜羊紙外自備引旛一杆。金銀錠六萬紙錢三萬七千。祭饌
二十五桌羊七隻大祭同百日期年用金銀錠一萬紙錢一

萬祭饌十三桌羊七隻彩棺殮襯造墳封謚立碑諭祭等項

俱如和碩親王例多羅貝勒薨

上輟朝一日世子多羅郡王以下奉國將軍以上異姓公侯伯

固山額真尚書精奇尼哈番以下梅勒章京侍郎品級官以

上及本旗牛彔章京以上和碩公主世子福金多羅郡王福

金以下奉國將軍夫人以上皆會喪全設儀仗並鞍馬空馬

各十三匹初祭

上賜牛一羊四酒五瓶紙錢一萬五千大祭賜同給造墳銀二

千兩初祭於

上賜羊紙外自備引旛一杆金銀錠五萬紙錢三萬五千祭饌

二十桌羊五隻大祭同百日期年用金銀錠一萬紙錢一萬

祭饌十桌羊五隻彩棺殮襯造墳封謚立碑諭祭等項俱如

和碩親王例。但不造碑亭。固山貝子、甍多羅貝勒以下奉國
將軍以上異姓公、侯、伯、固山額真、尚書、精奇尼哈番及本旗
甲喇章京、理事官品級官以上多羅貝勒、福金以下奉國將
軍夫人以上俱會喪全設儀仗並鞍馬空馬各十二匹、用彩
棺、内襯三層。初祭
上賜羊五隻、酒五瓶、紙錢一萬。大祭賜同。給造墳銀一千兩。初
祭於
上賜羊、紙外，自備引旛一杆。金銀錠四萬、紙錢三萬、祭饌十五
桌、羊三隻。大祭同。百日、期年用金銀錠八千、紙錢八千、祭饌
八桌、羊五隻。封謚、立碑、諭祭等項，俱如多羅貝勒例。鎮國公
卒，固山貝子以下奉國將軍以上，固山福金以下奉國將軍
夫人以上及所屬官員，俱會喪，全設執事。並鞍馬、空馬各十
匹。初祭

上賜羊四隻。酒四瓶紙錢九千。大祭賜同。給造墳銀五百兩。初
祭於
上賜羊紙外自備引旛一杆。金銀錠三萬紙錢二萬一千。祭饌

十五桌羊三隻大祭同。百日期年用金銀錠七千。紙錢七千
祭饌七桌。羊四隻。彩棺殮襯封謚立碑諭祭等項俱如固山
貝子例。輔國公卒固山貝子以下奉國將軍以上固山福金
以下奉國將軍夫人以上及所屬官員皆會喪全設執事並
鞍馬空馬各八匹。初祭
上賜羊四隻。酒四瓶紙錢八千大祭賜同給造墳銀五百兩初
祭於
上賜羊紙外自備引旛一杆金銀錠二萬紙錢一萬二千祭饌
十五桌羊三隻大祭同百日期年用金銀錠六千紙錢六千
祭饌七桌羊四隻彩棺殮襯封謚立碑諭祭等項俱如鎮國

公例鎮國將軍卒輔國公以下奉國將軍以上俱會喪用朱
棺襯一層設執事並鞍馬五匹初祭
上賜羊二隻酒二瓶紙錢五千大祭賜同初祭於
上賜羊紙外自備引旛一杆金銀錠六千紙錢一千祭饌六桌
羊三隻大祭同
上仍賜羊紙遣官祭一次內院撰給祭文迎接謝恩如例立碑
候旨行輔國將軍卒鎮國將軍輔國將軍奉國將軍俱會喪
用朱棺襯一層設執事並鞍馬四匹初祭
上賜羊一隻酒一瓶紙錢四千大祭賜同初祭於
上賜羊紙外自備引旛一杆金銀錠五千紙錢一千祭饌五桌
羊三隻大祭同
上仍賜羊紙遣官祭一次內院撰給祭文迎接謝恩如例自立

碑內院撰給碑文奉國將軍卒輔國將軍奉國將軍俱會喪
用朱棺襯一層設執事並鞍馬三匹初祭大祭
上共賜羊一隻酒二瓶紙錢六千初祭自備引旛一杆金銀錠
四千紙錢四千祭饌四桌羊一隻大祭同
上所賜羊紙亦在數內
上賜羊紙遣官祭一次迎接謝恩如例宗室卒用朱棺襯一層
鞍馬二匹初祭大祭用引旛一杆金銀錠三千紙錢三千祭
饌三桌羊二隻八分以內和碩親王已娶妻未封之子卒用
鞍馬七匹多羅郡王子用鞍馬六匹多羅貝勒子用鞍馬五
匹其妻卒用鞍馬二匹祭饌羊金銀錠紙錢等物各照其父
例如不用牛者聽固山貝子之子卒用鞍馬四匹鎮國公輔
國公之子卒用鞍馬三匹其妻卒用鞍馬二匹祭饌羊金銀

錠紙錢各照其父例欲减用者聽建造墓室亦任其自便如
建三年後折毁造墳其妻之墓室建毁俱如其夫例未娶妻
之子不許建墓室八分内無品級宗室卒所用馬金銀錠紙
錢祭饌羊照鎮國將軍例固倫公主和碩親王
以下奉國將軍以上固倫公主和碩福金以下奉國將軍夫
人以上俱會喪所屬官員俱去帽纓護軍校以上官員妻俱
喪服大祭後除服全設儀仗並鞍馬六匹用彩棺襯五層
上共賜牛一羊八酒九瓶紙錢二萬初祭用引旛一杆金銀錠
七萬紙錢七萬祭饌三十桌羊十八隻大祭同
上所賜牛羊紙張亦在數内百日期年用金銀錠一萬紙錢一
萬祭饌十五桌羊九隻
上賜羊紙遣官祭一次迎接謝恩如例和碩公主和碩側福金

世子福金薨世子多羅郡王以下奉國將軍以上固倫公主
和碩福金以下奉國將軍夫人以上俱會喪所屬官員俱去
帽纓護軍校以上官員妻俱喪服大祭後除服全設儀仗並
鞍馬五匹用彩棺襯五層

上共賜牛一羊六酒七瓶紙錢一萬七千初祭用引旛一杆金
銀錠六萬紙錢六萬祭饌二十七桌羊十六隻大祭同
上所賜牛羊紙張亦在數內百日期年用金銀錠一萬紙錢一
萬祭饌十三桌羊七隻
上賜羊紙遣官祭一次迎接謝恩如例和碩格格世子側福金
多羅郡王福金薨世子多羅郡王以下奉國將軍以上固倫
公主和碩福金以下奉國將軍夫人以上俱會喪所屬官員
俱去帽纓護軍校以上官員妻俱喪服大祭後除服全設儀

仗並鞍馬五匹用彩棺襯五層
上共賜牛一羊六酒七瓶紙錢一萬五千初祭用引旛一杆金

銀錠六萬紙錢六萬祭饌二十五桌羊十四隻大祭同
上所賜牛羊紙張亦在數内百日期年用金銀錠一萬紙錢一
萬祭饌十三桌羊七隻
上賜羊紙遣官祭一次迎接謝恩如例多羅格格多羅郡王側
福金多羅貝勒福金㒟世子多羅郡王以下奉國將軍以上
和碩公主世子福金多羅郡王福金以下奉國將軍夫人以
上俱會喪所屬官員俱去帽纓護軍校以上官員妻俱喪服
大祭後除服全設儀仗並鞍馬四匹用彩棺襯五層
上共賜羊五隻酒五瓶紙錢一萬初祭用引旛一杆金銀錠五
萬紙錢五萬祭饌二十桌羊十隻大祭同

上所賜羊紙亦在數內。百日期年用金銀錠一萬紙錢一萬祭
饌十桌羊五隻。
上賜羊紙遣官祭一次迎接謝恩如例多羅貝勒側福金多羅
格格固山福金尭多羅貝勒以下奉國將軍以上和碩格格
多羅貝勒福金以下奉國將軍夫人以上俱會喪所屬官員
俱去帽纓護軍校以上官員妻俱喪服大祭後除服用鞍馬
三匹彩棺襯三層
上共賜羊三隻酒三瓶紙錢七千初祭用引旛一杆金銀錠四
萬紙錢四萬祭饌十五桌羊八隻大祭同
上所賜羊紙亦在數內百日期年用金銀錠八千紙錢八千祭
饌八桌羊五隻固山貝子側福金固山格格鎮國公夫人卒
固山貝子以下奉國將軍以上多羅格格固山福金以下奉

國將軍夫人以上俱會喪所屬官員俱去帽纓護軍校以上
官員妻俱喪服大祭後除服用鞍馬三匹彩棺襯三層
上共賜羊二隻酒二瓶紙錢六千初祭用引旛一杆金銀錠三
萬紙錢三萬祭饌十五桌羊七隻大祭同
上所賜羊紙亦在數內百日期年用金銀錠七千紙錢七千祭
饌七桌羊四隻鎮國公庶夫人及公女輔國公夫人卒固山
貝子以下奉國將軍以上固山福金以下奉國將軍夫人以
上俱會喪所屬官員俱去帽纓護軍校以上官員妻俱喪服
大祭後除服用鞍馬三匹彩棺襯三層
上共賜羊二隻酒二瓶紙錢五千初祭用引旛一杆金銀錠二
萬紙錢二萬祭饌十五桌羊七隻大祭同
上所賜羊紙亦在數內百日期年用金銀錠六千紙錢六千祭

餜七桌羊四隻輔國公庶夫人卒輔國公以下奉國將軍以
上俱會喪所屬官員俱去帽纓護軍校以上官員妻俱喪服
大祭後除服用鞍馬二匹彩棺襯三層
上共賜羊二隻酒二瓶紙錢四千初祭用引旛一杆金銀錠一萬
五千紙錢一萬五千祭餜十三桌羊六隻大祭同
上所賜羊紙亦在數內百日期年用金銀錠五千紙錢五千祭

餜六桌羊三隻異姓公和碩額駙卒用朱棺襯一層設執事
並鞍馬七匹初祭用引旛一杆金銀錠八千紙錢八千祭餜
八桌羊四隻大祭同侯伯卒用朱棺襯一層設執事並鞍馬
六匹初祭用引旛一杆金銀錠七千紙錢七千祭餜七桌羊
四隻大祭同一品官卒用朱棺襯一層設執事並鞍馬五匹
初祭用引旛一杆金銀錠六千紙錢六千祭餜六桌羊三隻

大祭同二品官卒用朱棺襯一層設執事並鞍馬四匹初祭用引旛一杆金銀錠五千紙錢五千祭饌五桌羊三隻大祭同三品官卒用朱棺襯一層設執事並鞍馬三匹初祭用引旛一杆金銀錠四千紙錢四千祭饌四桌羊二隻大祭同四

品官卒用朱棺襯一層設執事並鞍馬二匹初祭用引旛一杆金銀錠三千紙錢三千祭饌三桌羊二隻大祭同五品官以下至有頂帶官故用朱棺襯一層設執事並鞍馬二匹初祭用引旛一杆金銀錠二千紙錢二千祭饌二桌羊一隻大祭同庶民死亦用朱棺襯一層鞍馬一匹初祭用引旛一杆金銀錠一千紙錢一千祭饌二桌羊一隻大祭同凡官民故焚隨身衣及隨葬衣共五襲棺罩聽其自便異姓公以下至有頂帶官父母妻及未分家子故用鞍馬一匹其金銀錠紙

錢。祭饌羊各照其父。子。夫。品級用。百日期年及常祭止許用
金銀錠一千。紙錢一千。祭饌三桌羊一隻自和碩親王以至
庶人。凡遇清明節。墓上不許插樹枝綵花。止許插紙錢至於
官民墓祭紙錠紙錢俱置於床上焚化。不許懸掛。如欲用整
紙者聽。須照所定紙數酌用。酒餚等物亦聽便酌用。如溢定
數多用及用定制内所無之物治罪。王以下奉國將軍以上
固倫公主和碩福金以下。公夫人以上薨凡應臨喪者。薨時
會集一次。初祭會集一次。大祭會集一次其
御前公侯伯内大臣護軍統領護軍參領以下。侍衛以上不許
擅赴喪次。俟肯方行。別旗護軍統領護軍參領及護衛主等
往臨方隨去。否則不許私去。異姓公侯伯精奇尼哈番及管
事内大臣固山額真大學士尚書鎮守省城昂邦章京卒禮

部具題侯旨命工部立碑內院撰給碑文外照例給羊紙遣官讀文致祭一次如係承襲之公侯伯精奇尼哈番卒照例給羊紙外不給祭文不立碑如承襲後曾有專任效力三年者仍給祭文侯旨立碑護軍統領梅勒章京侍郎學士前鋒統領侍郎品級滿洲啟心郎守京城總尉阿思哈尼哈番卒自立碑內院撰給碑文照例給羊紙遣官讀文致祭一次如係承襲之官照例給羊紙外不給祭文不立碑如承襲後曾有專任效力三年者仍立碑給祭文甲喇章京理事官品級滿洲啟心郎理事官阿達哈哈番卒照例給羊紙有專任滿三年者遣官祭一次給祭文不立碑有專任未滿三年者及

無專任阿達哈哈番以下牛彔章京拜他喇布勒哈番拖沙喇哈番以上照例給羊紙不給祭文其承襲之公侯伯以下

九品官以上，或効力有年，没於戰陣，或在任病故，吏部分别
咨禮部，禮部具題，其遣官諭祭、立碑，俱係首行。凡承襲之公
侯伯以下及有敕書、拖沙喇哈番以上未上朝而卒者，不給
羊紙異姓。公侯伯以下、民人以上，不許蓋造墓室，如有舊造
者，次年清明俱行拆毁，和碩親王薨，停喪於家，俟造墳完，方
出殯，期年而化；多羅郡王、多羅貝勒停喪五月，出殯七月而
化；固山貝子以下、公以上，停喪三月，出殯五月而化。其應會
喪官員，必俟殮後方許回家；出殯上墳，會集俱照定例。官民
定喪一月，出殯三月而化，不許踰定期，如在定期内出殯焚
化者聽，上墳亦聽其自便。

○四八九　**顺治九年　末等房价银**　康熙朝《大清会典》卷一三二，并见雍正朝《大清会典》卷一九八、《八旗通志初集·营建志》卷二三、《钦定八旗通志》卷一一三

> 九年題准
> 末等房每間給銀三十兩

○四九○　**顺治九年　六等屋价银**　乾隆朝《大清会典则例》卷一二七，并见嘉庆朝《大清会典事例》卷六六六、光绪朝《大清会典事例》卷八六九

> 九年議準六等屋每
> 間折給銀三十兩

○四九一　顺治九年　大工木植采办定制

康熙朝《大清会典》卷一三二，并见雍正朝《大清会典》卷一九九、乾隆朝《大清会典则例》卷一三六、嘉庆朝《大清会典事例》卷七一〇、光绪朝《大清会典事例》卷九四二

大工營建。需用木植。或召商採運。或各省採解。皆有定制云

凡關口抽採木植。順治九年題準。各工需用木料。召募商人。自備資本。出古北桃林潘家等口。採伐木植。運至通灣地方。照數驗收給價。其各商出口。先期具呈工部。取身家住址隣佑。并各商連名甘結移咨兵部。給批付商。照驗出口。工部仍給採木批文。并移守關官員。確查出口人數。及進口木植數目報部。俟木植到日。本部差官。親至通灣。確估時價。部抽三分。給商七分

〇四九二　顺治九年　扩建宗人府　《日下旧闻考》卷六二，参见《光绪顺天府志》卷七

宗人府署，國朝順治九年仍舊址而恢廓之。左爲經歷司，迤南爲左司，迤北爲右司。又有黄檔庫、黄檔房、銀庫、玉牒庫，並在其後。

〇四九三　顺治九年　禁明陵樵采　康熙朝《昌平州志》卷二六，并见光绪朝《昌平州志》卷一

九年禁明陵樵採

〇四九四　顺治九年　重修盛京景祐宫　康熙朝《盛京通志》卷二〇

景祐宫　即三官廟也，明時創建。萬曆丙戌年重修，有碑。國初崇德六年勅選道士在廟焚修，七年給人役、園地，道士給衣糧。順治九年奉旨重修。

〇四九五　顺治九年　重修盛京景祐宫　《钦定盛京通志》卷九七

景祐宫

本朝崇德六年。敕選道士在廟住持。七年，給人役園地。道士給衣糧。順治九年。奉旨重修。

〇四九六　顺治九年　肇建西黄寺　《光绪顺天府志》卷一七

西黄寺，在東黄寺西。

顺治九年，以達賴喇嘛綜理黄教，肇建茲寺，東、西二區，同垣異構，土人稱雙黄寺。

〇四九七　顺治九年　题准亲王府规制

康熙朝《大清会典》卷一三一，并见雍正朝《大清会典》卷一九七、《钦定八旗通志》卷二三

顺治九年题准

親王府。臺基高一丈。臺基上葢房五座。內葢兩層樓房一座。貼金彩畫五爪龍。及各樣花草。柱施純色紅青。不許雕刻龍首。用綠脊綠瓦。殿樓門基高與府臺基等。座位高八尺。長一丈一尺濶九尺。座基高一尺五寸。施以硃漆。貼金彩畫五爪龍。後屏繪五爪龍。及五色雲。止用繪漆雕刻有禁。殿前門首用石欄杆

世子府。臺基高八尺。殿樓房屋及門。繪金彩四爪龍。餘與親王同

郡王府。與世子同

貝勒府臺基高六尺。臺基上蓋房五座。堂房及門。貼金彩畫各樣花草。柱施純色紅青。用平常

筒瓦。堂門臺基。高與府臺基等

貝子府臺基高二尺。堂房及門。貼金彩畫各樣小花草。柱施純色紅青。堂門臺基。高與府。臺基等

鎮國公。輔國公府。俱與貝子同

〇四九八　顺治九年　题准亲王府规制

乾隆朝《大清会典则例》卷一二七，并见嘉庆朝《大清会典事例》卷六六六、光绪朝《大清会典事例》卷八六九

顺治九年题準親王府基高十尺外周圍牆正門廣五間啟門三正殿廣七間前墀周衛石闌左右翼樓各廣九間後殿廣五間寢室二重各廣五間後樓一重上下各廣七間自後殿至樓左右均列廣廡正門殿寢均綠色琉璃瓦後樓翼樓旁廡均本色甋瓦正殿上安螭吻壓脊仙人以次凡七種餘屋用五種凡有正屋正樓門柱均紅青油飾每門金釘六十有三梁棟貼

金繪畫五爪雲龍及各色花草正殿中設座高
八尺廣十有一尺修九尺座基高尺有五寸朱
髹彩繪五色雲龍座後屏三開上繪金雲龍均
五爪雕刻龍首有禁凡旁廡樓屋均丹楹朱户
其府庫倉廩廚廄及祇候各執事房屋隨宜建
置於左右門柱黑油屋均版瓦世子府制基高
八尺正門一重正屋四重正樓一重其間數修
廣及正門金釘正屋壓脊均減親王七分之二
梁棟貼金繪畫四爪雲蟒各色花卉正屋不設
座餘與親王府同郡王府制與世子府同貝勒

府制基高六尺正門三間啓門一堂屋五重各
廣五間均用瓪瓦壓脊二獅子海馬門柱紅青
油飾梁棟貼金彩畫花草餘與郡王府同貝子
府制基高二尺正房三間啓門一堂屋四重各
廣五間脊安望獸餘與貝勒府同鎮國公輔國
公府制均與貝子府同

〇四九九　顺治九年　官民房屋制度

凡房屋制度。顺治九年题准。民公以下。官民房屋。臺階高一尺。房屋許用五綵繪雜花。素油飾。房柱。門。不許紅漆。許用黑漆。官員房中梁用貼金。民不許貼金

康熙朝《大清会典》卷一三二，并见雍正朝《大清会典》卷一九八

〇五〇〇　顺治九年　公侯以下官民房屋规制

又題準公侯以下官民房屋臺階高一尺梁棟許繪五彩雜花柱用素油門用黑飾官員住屋中梁貼金二品以上

乾隆朝《大清会典则例》卷一二七，并见嘉庆朝《大清会典事例》卷六六六、光绪朝《大清会典事例》卷八六九

官正房得立望獸餘不得擅用

〇五〇一　顺治九年　岁修仓廒定额

康熙朝《大清会典》卷一三二，并见雍正朝《大清会典》卷一九八、《八旗通志初集·营建志》卷二五、《钦定八旗通志》卷一一四

順治九年覆准。看倉夫役。每名月給米六斗。每歲額脩倉厫七十五間。如遇工作。每名日給米一升

〇五〇二　顺治九年　京通仓廒修理规定

雍正朝《大清会典》卷一九八，并见《八旗通志初集·营建志》卷二五、《钦定八旗通志》卷一一四

又题准：京通仓厫大修属工部，小修属户部。如遇大修，工部确查勘估，措辦物料，户部給發工匠價值。如遇小修，倉場侍郎酌議，户部發銀，該倉監督等修理。

〇五〇三　顺治九年　京通仓廒大小修规定

乾隆朝《大清会典则例》卷一二七，并见嘉庆朝《大清会典事例》卷六六八、光绪朝《大清会典事例》卷八七一

九年題準：京

通倉廒小修屬倉場侍郎酌量委監督隨時修
理於戸部支銀如遇大修時由部確察勘估措
辦物料戸部給發工匠價直

乾隆朝《大清会典则例》卷一二七，并

〇五〇四　**顺治九年　定内城官民迁徙外城给拆盖费**

见嘉庆朝《大清会典事例》卷六六六、光绪朝《大清会典事例》卷八六九

又定凡由内城遷徙外城
官民照原住屋數給銀爲拆蓋之費仍令部同
五城御史察南城官地並民間空地給與營造

〇五〇五　顺治九年　琉璃砖瓦价值

康熙朝《大清会典》卷一三三，并见雍正朝《大清会典》卷一九九、乾隆朝《大清会典则例》卷一二八、嘉庆朝《大清会典事例》卷六七一、光绪朝《大清会典事例》卷八七五

凡琉璃甐尾價值
年。增給二錢二分五釐八毫
九

〇五〇六　顺治九年　复设詹事府衙门

《茶余客话》卷二

詹事府衙門於順治元年設仍舊址是年旋裁併入內三院九年復設

〇五〇七　**顺治九年　坛庙内廷等处用冰**　乾隆朝《大清会典则例》卷一三五，并见嘉庆朝《大清会典事例》卷七〇九、光绪朝《大清会典事例》卷九四〇

用冰顺治九年定每歲收藏冰供各
壇
廟祭祀及
内廷之用並頒給八旗王公大臣九卿科道等官

〇五〇八　**顺治九年　伐运冰价**　乾隆朝《大清会典则例》卷一三五，并见嘉庆朝《大清会典事例》卷七〇九、光绪朝《大清会典事例》卷九四一

工價順治九年定通州冰每塊伐運價銀三
分八釐藏

紫禁城内京河冰每塊伐運價銀七釐四毫餘冰每塊四釐二毫

〇五〇九　顺治九年　盛京关帝庙

關帝廟有三。一在地載門外城西北五里教場。崇德八年敕建。正殿三楹。東西配廡各三楹。大門三楹。賜額曰義高千古。歲時官給香燭。順治九年。敕封忠義神武關聖大帝。

《钦定盛京通志》卷九七

〇五一〇　顺治九年　京城关帝庙

增關帝廟在地安門西，每年春秋二仲月及五月十三日遣官致祭。本朝順治九年，敕封神爲忠義神武關聖大帝。

《日下旧闻考》卷四四

故宫学资料丛编·宫廷建筑类

清代宫廷建筑大事史料长编·清入关前（天命天聪崇德年）及顺治朝卷 三

中国紫禁城学会 编纂

故宫出版社

顺治十年

（一六五三年一月至一六五四年二月）

○五一一　顺治十年正月十一日　经筵不必待文华殿告成

《清世祖实录》卷七一

工科給事中朱允顯奏言：臣前具有請開經筵一疏，禮臣覆以文華殿修成為期。竊以天下之治由乎君德，而君德之成本於經筵講幄之設。歷代首重。我皇上以堯舜自期，動合古道。此時正宜好學深思，俯諮下問，伏祈敕部不必待文華殿告成，廣選滿漢儒臣，召見便殿，朝夕考究於經史之外，隨事詢訪，吏治何以循良，錢糧何以清楚，刑罰何以平允，制度何以美備，天下何以利而無害，百姓何以安而無危。有所開陳，即見之行事，將見聖德日隆，合天意而快人心，萬世無疆之業在此舉也。報聞。

〇五一二　顺治十年正月二十三日　为希福立碑　《清世祖实录》卷七一

贈大學士希福太保。廕一子中書舍人。謚文簡。立碑。

〇五一三　顺治十年正月二十三日　为绰贝立碑　《清世祖实录》卷七一

予故一等阿思哈尼哈番綽貝祭立碑如例。

○五一四 顺治十年正月二十七日 查临清窑工料价银

《工科史书》1

工部尚書臣興能等謹

題為甎差奉

旨停撤錢糧筭抵宜清謹攙實申請具題寬豁以廣

皇恩事營繕清吏司案呈奉本部送攙管理臨清甎廠員外郎今撤回霍

杖瑾呈稱順治八年十月内蒙本部劄開奉

恩詔内一臨清燒造苦累小民并漕船帶運已行停止其造過坯片已費

工本并民船長短載帶甎納價俱准一體豁免欽此除坯片抵筭外

火甎價銀七千零七十两三錢六分二厘照數追解等因劄行到職

奉此該職嚴行追比屢攙窯户張澤等呈稱臨清燒造苦累窯户仰

荷

聖明軫恤停止即坯片未成之料且蒙

恩詔豁免而段甎窯座悉已成之物費過工本更倍於坯片況甎差停撤

則窯匠星散工價誰償蒙部劄追解即粉窯骨難完哀乞申請具

題准抵一體豁免庶停造之

皇恩俾求戴於無旣等情據此該職看得臨窰苦累奉
旨停止其窰座段甎及工匠價值委實費過工本因公而用並無侵欺本
職目擊惻憫不得不據實呈請本部俯賜具題一體寬豁以廣
皇仁等因又據冊開燒造發運過糧民舡帶運城甎八十萬零五百三十
箇實在臨廠完整城甎八萬七千零六十四箇缺段對折整城甎一
十六萬八千七百零半箇三項城甎每一箇該燒造工價銀二分七
厘共用銀二萬八千五百一十九兩九錢五分一厘五毫又實在城
甎坯片共三十二萬九千四百箇每坯二箇折筭城甎一箇共用工
價銀四千四百四十六兩九錢又實在大窰一十七座每一座用修
造工價銀七十兩中窰三座每一座用修造工價銀五十兩二項共
用銀一千三百四十兩又窰户九名每一窰户雇長工三十名每一
名用工價銀五兩共窰匠二百七十名共用銀一千三百五十兩通
共六項共用過工本價銀三萬五千六百五十六兩八錢五分一厘
五毫扣抵原領過甎價銀三萬四千兩外尚多用工本銀一千六百
五十六兩八錢五分一厘五毫等因各到部蒙批司速查議説堂冊
并發送司奉此相應具題案呈到部該臣等看得臨清城甎奉

旨停造領過甎價銀三萬四千两内除燒運見存城甎并
恩赦坯片銷筭外仍少甎價銀七千零七十两三錢六分二厘劄行該差
追觧去後今據員外郎霍叔瑾冊稱六項費過工本扣抵原顧甎價
仍多用銀一千六百五十六两八錢五分一厘五毫但竟存城甎并
坯片段甎有無實在修窯工價是否此數長工窯匠果否星散難追
臣部難以遥度合無咨行東省撫按逐項詳查報部以憑覆核既經
該司案呈前來相應具題恭候
命下臣部咨查施行臣等未敢擅便謹題請
旨
順治十年正月二十六日題本月[illegible]十七日奉
聖旨看該撫按嚴察詳確具奏不得朦混

○五一五 顺治十年二月十四日 买办内廷工程颜料 《工科史书》2

工部尚書臣興能太子太保尚書臣劉昌等謹

題爲

題明買辦

内廷顏料事營繕清吏司案呈恭照

内廷位育宫配殿工所應用各項顏料除在京買辦外所有梅花青石

大青貳項業經本部於順治玖年柒月初叁日題

請准於江南浙江貳省召買續因石大碌石叁碌貳項京中缺少並行江

浙召買尚未解到目今

慈寧宫需用顏料合無仍於在京鋪商尋覓如有堪用者照依時值買辦

應用庶工作無誤矣等因到部既經該司案呈前來相應具題恭候

命下臣部遵奉施行臣等未敢擅便謹題請

旨

順治拾年貳月拾叁日題拾肆日奉

聖旨依議

○五一六　顺治十年二月二十五日　张国材妄奏革职

《清世祖实录》卷七二

先是阿達哈哈番張國材奏言大工肇舉材木不敷。請開採雲霧等山奉旨採木修造係工部職掌張國材生事圖利屢行妄奏奉有嚴旨何得又差家奴假充官員從人直入太和門内瀆擾甚屬可惡張國材並代奏家人著刑部嚴審定擬具奏至是部議張國材及代奏人張貴俱應擬絞得旨張國材免死革職張貴亦免死鞭一百俱流徙盛京。

○五一七　顺治十年三月初六日　相度建造兴京皇陵享殿等

《清世祖实录》卷七三

壬申。建造興京皇陵享殿配殿門墻。命工部尚書星訥相度指示。

〇五一八 顺治十年三月初八日 慈宁宫等匾额着内院撰字进览

《工科史书》3

初九日

工部尚書臣興能等謹

題為請撰

宮門扁額事營繕清吏司案呈恭照修建

慈寧宮所有

宮門

正宮

兩側門原存明季舊扁其

東西兩宮暨

兩宮門係新添造原無扁額相應一併具題伏祈

勅下內三院請將

慈寧宮舊額作何改撰新建

兩宫應否懸匾恭請
聖裁既經該司稟呈前來相應具題伏候
命下臣部遵奉施行臣等未敢擅便謹題請
旨　順治十年三月初六日題本月初八日奉
旨慈寧宫及新建
兩宫匾額都著內院撰字進覽

○五一九　顺治十年三月初八日　拟慈宁宫竖柱上梁祭告

《工科史书》3

工部尚書臣興能等謹
題為
慈宫典例事准包衣章京通議清字內開建造
慈寧宫并
東西兩宫豎柱上梁合用祭祀掛紅及舊

宮門合龍門所用物料等項具奏奉
聖旨應行事宜著照明季用的例行欽此欽遵清字傳送到部恭惟蓋造
東西兩宮同擇吉期追來及查例止備祭舉行訖今
慈寧宮擇于本月初十日竪柱上梁備查舊典俱無開載及查太常寺會
典止有祭祀未開花紅等物隨傳舊管工總理太監于躍詢問口
稱凡前朝營建宮殿門楼等工竪柱上梁欽遣大臣一員行祭告禮
首柱首梁上各掛紅紵一端插金花一對其欽遣大臣及部堂與內
官監總理各金花二樹大紅雲紵二端提督監督及兩窯提提督監
督官營繕司郎中各銀花二樹大紅雲紵一端欽天監掌印官銀花
二樹大紅雲紵一端總委銀花一枝紅雲紵一疋木作等作掌尺寸
所官各銀花一枝紅素紵一疋其餘各作所官及委作官兩窯委作
等官各銀脚紙花一枝紅絹一疋鋪窯灰車等戶夫匠頭各鹿角挺
戧花一枝紅絹一疋工完合龍門插劍懸牌亦遣官祭祀惟動土開

工有祭無賞立碼礫有賞無祭各等因據此該臣等看得

宮殿竪柱上梁事宜會典未載今議

慈寧宮既建祭告與梁柱掛紅簪花合無依前舉行外其

欽遣大臣并管工官及匠作員役俱免給花紅俟工完之日酌議題叙至

太監所云乃前朝事例應否准從臣等未敢擅專謹題請

旨　順治十年三月初六日題本月初八日奉

聖旨依户部議行

○五二〇　顺治十年三月初十日　慈宁宫立柱祭神

丙子

慈寧宮立柱遣工部尚書星訥祭司工之神

《清世祖实录》卷七三

〇五二一 顺治十年三月十五日 添盖亲王府小门

《工科史书》3

工部尚書臣興能等謹

題為添蓋府門事順治八年內臣部欽奉

聖旨和碩一勒兒親王蓋房與他臣等欽遵即時具題將正廂房及樓廚大

門蓋造已完內有臺上小門三間彼時未經題

請是以不敢興造今據黑白昂邦璵紅懷担荅可兒勤到部稱云府第奉

旨特恩蓋造今臺上鉄門似應添蓋等因據此隨經臣等親詣查勘允宜

修蓋謹題請

旨　順治十年三月十三日題本月十五日奉

聖旨是

〇五二二　顺治十年三月二十一日　着修理睿王坟园

諭工部睿王墳

園。因伊罪惡竟行廢壞。似屬太過。其房屋門墻俱著修理。柱

用黑色。仍命信郡王撥人看守。

《清世祖实录》卷七三

〇五二三　顺治十年三月二十二日　慈宁宫上梁祭神

慈寧宫上梁。遣工部尚書星訥祭司工之神。

《清世祖实录》卷七三

〇五二四　顺治十年四月初四日　福陵城楼用檐网

《工科史书》5

太子太保工部尚書臣劉昌等謹

題為工作事竊照

福陵城樓四座取用舊網順治九年臣部查將庫貯舊網貳千斤送用今
盛京来文内稱新樓不用舊網仍要銅絲叁千斤今查佳觅民匠化
銅板絲合算工料價值該銀壹千壹拾陸兩三錢六分臣等公議將
此項銅絲若傳旗下八家匠役分扳則費省工倍計至便也相應題
請
命下臣部遵奉施行臣等未敢擅便謹題請
旨順治十年四月初二日題本月初四日奉
聖旨依議

〇五二五　顺治十年四月初九日　暂停慈宁宫以外营造工程

《工科史书》5

太子太保工部尚書臣劉昌等謹
題爲營造工程事營繕都水二清吏司案呈照得本部先後具覆節次

奉
旨暨各衙門咨送應修工程文移在案第於九年八月内奉有節省錢糧
各處工程暫且停止之
旨臣衙門敢不欽遵今查在庫銀僅叁拾萬兩有奇止可供
慈寧宫應用外如
端門
東安門
西安門
文華殿
都城各門城樓文德武功坊進士題名碑
關帝廟演武教場
宗人府未完工程
鑾駕庫大門南臺河沿長墻

東便門内𫎆橋一座坍塌過半
崇文門外𫎆橋一座西邊坍塌吏部衙門
天壇内齋宫
太歲壇
太廟社稷壇二順門
大清門外石栅欄
齊化門外迎送館
重城城面坐裂
紫禁城坍塌處所并四角樓欄杆損壞釘物并鐘鼓樓燬壞真覺寺未
完
城隍廟未完
國子監大理寺中書科衙門京通倉修理蕩氛廠修理
東嶽廟大門外牌樓欽天監牌扁

太廟社稷壇未上紅土圍墻未蓋瓦
朝日壇內禮神街
正陽門石路窪陷貢院號房改瓦等因到部該臣等看得各工費煩錢糧
不敷辦料維艱僕物力豐盈次第舉行不得不爲
題明也既經該司案呈前來相應具題恭候
命下臣部遵奉施行臣等未敢擅便謹題請
旨順治十年四月初七日題本月初九日奉
聖旨依議

○五二六　顺治十年四月十六日　建宗学给工价自行修造

《清世祖实录》卷七四

工部議覆工科副理事官
三都請建立宗學應量給工價聽其自行修造從之

〇五二七　顺治十年四月十六日　建宗学给工价自行修造

《八旗通志初集·营建志》卷二五，参见《钦定八旗通志》卷一一五

顺治十年四月十六日，工部尚書臣劉昌等議覆：「工科愛惜喇庫哈番散多題准：『各旗設立宗學，以昭皇恩玉成宗室之至意。其設立書院之處，該臣等備查會典開載。親王册封外藩，工部題明，遣官營造府第，内有書院一所。其郡王宗室以下，止各給房價，聽其自造。』今議親王以下宗室建立宗學，或臣部酌量給與工價，或令其自行建造，統候聖裁。」奉諭旨：「建立宗學，著量給工價，聽其自行修造。」

右工科史書

〇五二八　顺治十年四月二十三日　请撰慈宁宫南花园等匾

《工科史书》5

工部尚書臣劉昌等謹

題，爲請撰匾額事。營繕清吏司案呈，恭照

慈寧宫南花園見有長信門、咸若館、臨溪亭、端化亭、翠芳亭，明季舊存匾

額五處。由長信門而入，有東西南三門，由西門而入，稍北有亭一處，

西南有亭一處，并長信門之北

慈寧門之南東西各有門一處，以上七處舊有明季匾額，今俱遺失。西北

有亭一處咸若館東西兩傍有房四處以上五處原無扁額仝舊存
扁額應否改撰失去扁額應否補造原無扁額應否添設伏祈
勅内三院酌議撰給既經該司案呈前來相應具題恭候
命下臣部轉揭遵奉施行臣等未敢擅便謹題請
旨順治十年四月二十二日題本月二十三日奉
聖旨你部衆會同禮部酌議具奏

○五二九　顺治十年四月二十三日　位育宫慈宁宫工用颜料

《工科史书》5

、工部尚書臣劉昌等謹
題爲
、題明買辦顏料事營繕清吏司案呈奉本部送工科抄出本部題前事
内稱案查順治九年七月内本部爲
内庭位育宫建造配殿需用梅花青一千四百斤天大青一千斤二項
題

請於江南浙江二省召買續因原討石大碌一千四百斤石三碌六百斤
二項京師缺少並行江浙召買尚未解到今二月內建造
慈寧宮需用顏料緊急又經本部題
准仍於在京鋪商尋覓照依時價買用今工續又添討上號天大青二百
斤二號天大青六十斤石大碌一百五十斤并前各項俱經督催滿
漢鋪戶王一忠張炳等召買去後今到處尋覓梅花青并二號天大
青石三碌三項俱有其二號天大青遍覓止有三斤每斤四十兩石
大碌成塊者僅十斤每斤四兩餘悉碎末臣等諒得青碌二項京中
既已烏有該省又未解到需用孔亟時刻難緩相應題
請上號天大青或以梅花青及二號天大青代用石大塊碎者應否可用
統候
聖裁等因到部既經該司案呈前來相應題
請旨候
命下臣部遵奉施行臣等未敢擅便謹題請
旨等因順治十年四月初九日奉
聖旨顏料可用與否該工官匠自知你部裏還商酌妥當具奏欽此欽遵

抄出到部送司奉此相應具覆案呈到部該臣等與管工章京通議
等公同商確面詢匠役緣得天大青以梅花青代用石大碌代用相
應具題恭候
命下臣部遵奉施行臣等未敢擅便謹題請
旨順治十年四月二十貳日題本月二十三日奉
聖旨依議

○五三○ 顺治十年四月二十七日 更换管理窑务官员

《工科史书》5

工部尚書臣劉昌等謹
題爲恭請差官管理窯務事營繕清吏司案呈竊照本司主事徐曉於
順治八年七月二十四日題差管理兩窯扣至九年七月二十三日
差滿時因
內庭瑠璃瓦料係本官經管造辦未完是以未經更差接管今俱報完
本官呈請題差相應具題等因案呈到部該臣等看得主事徐娩經

管瓦料俱完今差满請代查有都水司主事朱廷璟資序相應既經

該司案呈前来擬合具題管理恭候

命下臣部遵奉施行臣等未敢擅便謹題請

旨順治十年四月二十五日題本月二十七日奉

聖旨依議

〇五三二　顺治十年五月初十日　起造文华殿

《清世祖实录》卷七五

乙亥諭内三院朕惟修己治人大經大法備載經史欲與翰林諸臣明其義理但内院尚非經筵日講之地著工部即將文華殿作速起造以便講求古訓即傳諭行

○五三二　顺治十年五月初十日　起造文华殿　《工科史书》7

顺治十年五月初十日内三院钦奉

圣谕朕惟修己治人大經大法備載經史欲與翰林諸臣明其義理但内

院尚非經筵日講之地著工部郎將文華殿作速起造以便講求古訓

尔内院即傳諭行欽此

○五三三　顺治十年五月十二日　备办建造乾清宫物料　《工科史书》7

工部尚書臣孫塔等謹

題為建造

乾清宫事營繕清吏司案呈奉包衣章京通議傳奉

聖旨本年八月内建造乾清宫所用各項物料備辦欽此欽遵等因到部

該臣等看得建造所需木石等料應會同包衣章京通議確估如無

者臣部預行辦買至開工之後先後起造應用各項物料臣等一并

會同通議酌議妥確具

奏既経該司案呈相應題

請恭候

命下臣部遵奉施行臣等未敢擅便謹題請

旨

順治十年五月十一日題十二日奉

聖旨是

○五三四　顺治十年五月十二日　慈宁宫南花园等匾用满蒙汉字

《工科史书》7

工部尚書臣孫塔等謹

題爲請撰扁額事營繕清吏司案呈奉本部送工科抄出本部題前事

内称恭照

慈寧宫南花園見有長信門咸若舘臨溪亭端化亭翠芳亭明季舊存扁

額五處由長信門而入有東西南三門由西門而入稍北有亭一處

西南有亭一處並長信門之北

慈寧門之南東西各有門一處以上七處舊有明季扁額今俱遺失西北

有亭一處咸若館東西兩傍有房四處以上五處原無扁額今舊存

扁額應否更撰失去扁額應否補造原無扁額應否添設伏祈

勅内三院酌議撰給等因順治十年四月二十二日題二十三日奉

聖旨你部裏會同禮部酌議具奏欽此欽遵抄出到部該臣部會同禮部

議得

慈寧宫南花園見有長信門咸若館臨溪亭端化亭翠芳亭五處明季舊

存扁額應改做新扁由長信門而入東西南三門由西門而入稍北

有亭一處西南有亭一處並長信門之北

慈寧門之南東西各有門一處以上七處舊有明季扁額應補造安設西

北有亭一處咸若館東西兩傍有房四處以上五處原無扁額無庸

更設各扁俱改撰滿洲蒙古漢字各式伏祈

勅下内三院撰給施行謹題請

旨

顺治十年五月十一日题十二日奉

聖旨是

○五三五　顺治十年五月二十一日　着先造乾清宫

《工科史书》7

工部尚書臣孫塔等謹

題為蓋造

乾清宫事營繕清吏司案呈奉本部欽奉

聖諭本年八月内蓋造乾清宫所用各項物料備辦欽此欽遵案呈到部

該臣等覆

請會同包衣章京通議商議估筭等因具題奉

聖旨是欽此欽遵隨該通議到部公同議得

乾清宫應用木石等料估計共銀一百二十萬兩查本部庫存僅銀十八

萬兩做工不足匱乏若此商議不終而止次日通議到部説已上疏

称御馬監房一百八十八間木料應用仍将包衣大十八人每一包

大所屬屯頭餘剩房各十二間抵還房主其該用銀兩
內庫助發再查出過錢糧蓋造房屋衙門見今有人居住逐一查看木
料如有堪供
乾清宮上用即查住房人有無房間實實查確具
奏再臺基石欄杆石出在西山每長一丈寬一尺的一塊石開運約銀
五十兩成細功夫銀須另出今
乾清宮石料共該銀十八萬兩即措給此銀惟恐採辦不及
殿臺砍甎成砌欄杆柱子成造黄緑琉璃照此更換尚少銀八十萬兩於
內庫發助銀三十萬兩户部協助銀五十萬兩持此與工部相商可也
等因奏奉
聖旨這本發與工部商議具題欽此欽遵包衣大通議齎送到部該臣部
議得
乾清宮建造委不可停如通議所議估筭用有銀八十萬兩鳩工足用矣
但
內庫錢糧臣部難以遽

請户部錢糧隨時發給兵民其有無亦不可議臣部庫錢糧止有十八萬
兩比估筭
乾清宫十分纔及二分尚有八分不足又奉
聖旨速建
文華殿臣部欽奉查得
文華殿大小房八十間并墻共計用銀三十二萬七千六百兩臣部庫
存銀十八萬兩僅有三分之二
乾清宫
文華殿二處一時俱奉
旨建造何工先舉何工暫緩應發何項錢糧統候
聖裁臣等未敢擅便也既經該司案呈相應具題恭候
命下臣部遵奉施行謹題請
旨
順治十年五月二十一日題本日奉
聖旨著先造乾清宫

○五三六　顺治十年六月十二日　酌议慈宁宫乾清宫致祭典礼　《工科史书》8

工部尚書臣孫塔等謹

題為禮儀事營繕清吏司案呈案照先該臣部為

慈寧宫

兩妃宫豎柱上梁合龍門懸牌祭祀事宜緣由具

題奉

聖旨依尔部議行欽遵在案隨行文禮部祭祀訖今

慈寧宫

兩妃宫俱已告成臣等議得

慈寧宫

兩妃宫懸牌合龍門吉期逼近似應比照前例三處致祭為便至營造

宫殿典禮事宜因臣部典禮部舊典未載今建造

乾清宫相應題

請伏乞

勅下禮部會同臣部酌議具

奏可也既经該司案呈前来謹題請

旨

順治十年六月十一日題本月十二日奉

聖旨是

○五三七　顺治十年六月十七日　建造乾清宫雇派匠役

《工科史书》8

工部尚書臣孫塔等謹

題為建造

乾清宫事營繕清吏司案呈竊照本月十七日興工查得明季舊例凡修

建宫殿預先行文有派省直夫匠之例亦有止照應用夫匠酌派赴

工之例至順治二年建造

太和等宫殿行文順天府所屬州縣各雇覓匠役一百名赴工應用今省

直行文不及臣部議得省直匠役應行停止所有應用匠役行文順

天所屬州縣及五城雇覓給價赴工至若夫數衆多

内庭禁地不便出入做工議於滿洲蒙古烏金超哈各牛彔下派匠一名

夫四名照給工價每固山下派管工滿洲章京一員封得撥什庫一員每甲喇下派小撥什庫一名蒙古烏金超哈每固山下派封得撥什庫一員每甲喇下派小撥什庫一名臣部派管工滿洲章京四員

烏金超哈章京二員漢官監督二員筆帖式五員若興工時管工員役不敷臣部酌行添補至若管工包衣章京并臣部官員太監通事及固山下章京封得撥什庫小撥什庫若回家飲食恐誤工程照依慈寧宫例給飯錢就便食用等因既經該司案呈相應具題恭候命下臣部遵奉施行臣等未敢擅便謹題請

旨

順治十年六月十六日題本月十七日奉

聖旨依議行

○五三八　顺治十年六月二十二日　雷震先农坛西天门　《清世祖实录》卷七六

丙辰雷震
先農壇西天門

○五三九　顺治十年六月二十六日　慈宁宫成祭司工之神　《清世祖实录》卷七六

慈寧宮成遣官祭司工之神

○五四○　顺治十年闰六月十一日　以皇太后移居慈宁宫祭告太庙　《清世祖实录》卷七六

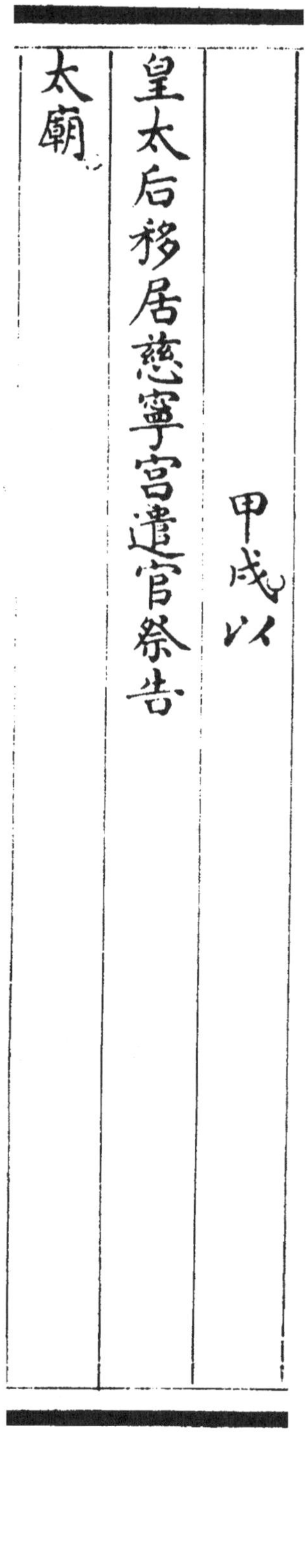
甲戌以
皇太后移居慈寧宮遣官祭告
太廟

〇五四一　顺治十年闰六月十二日　皇太后移居慈宁宫　《清世祖实录》卷七六

乙亥，
皇太后移居慈寧宫。是日，
皇太后儀仗全設宫門外，固倫公主、和碩福金以下，多羅貝勒
女、多羅格格、輔國公妻、固山額真、尚書及精奇尼哈番等官
妻以上，俱朝服齊集於
皇太后宫門。東辰刻，
皇太后禮服出宫，乘輦，儀仗前導，作樂，往慈寧宫。
兩妃大門外乘輿隨
皇太后輦行，諸福金及格格、諸大臣妻亦序列隨至慈寧門外
肅立。
皇太后

兩妃入宮。福金等退立原集處。禮部官奏

皇太后移慈寧宮訖。

上禮服出宮。乘輦出西翼門。內大臣及侍衛朝服隨至慈寧宮

東旁門。

上降輦。進慈寧門。鳴贊奏請行禮。

皇太后禮服御慈寧宮寶座。奏樂。

上進前立。內大臣列慈寧門外階上。侍衛立階下。鳴贊官贊禮。

上行三跪九叩頭禮。內大臣侍衛隨行禮。畢。

上退立東階。奏請

皇太后還宮。奏樂。

皇太后進宮。

上仍至降輦處乘輦詣宮。固倫公主。福金格格及諸大臣妻至
慈寧門序立。奏請行禮。
皇太后禮服復御慈寧宮寶座。奏樂。固倫公主。福金格格及諸
大臣妻前進行禮禮畢。
兩妃至。坐於
皇太后寶座旁椅。公主。福金。格格及大臣妻。進慈寧宮内兩旁
列坐。設大宴。

〇五四二 顺治十年闰六月十四日 建造乾清宫买办颜料 《工科史书》9

工部尚書臣孫塔等謹

題為買辦顏料事營繕清吏司案呈案查順治九年七月內因

內廷建造本部題

請行文江南浙江二省買辦天大青梅花青并添買大石碌石三碌俱須有

式樣去後復經屢催尚未解部

慈寧宮應用天大青缺乏以梅花青代用石大碌以大碌代用至十年五

月內江南布政司始解天大青五十三斤梅花青四十一斤較原額

式樣相去徑庭其浙省并未辦解亦未回文今建造

乾清宮需用顏料除戶部辦用外本部應辦天大青五百零五斤梅花青

二千八百九十斤石三碌九百斤若行催該省買辦一時難以應手

今議差烏林大一員烏林人二名鋪戶二名相應給以馬牌前往江

南買辦其浙江地方寫遠不便差人相應再行咨催照前派數買辦

速解無誤

欽工等因案呈到部擬合具

題恭候

命下臣部轉行遵奉施行臣等未敢擅便謹題請
旨
順治十年閏六月十三日題本月十四日奉
聖旨依議着本内官役五人前往買辦事竣速回不許携帶閒人附買他
貨以滋騷擾

○五四三　顺治十年闰六月十四日　慈宁宫工成叙赏

《工科史书》9

工部尚書臣孫塔等謹
題為遵
旨事營繕清吏司案呈奉本部送准禮部咨前事内開儀制清吏司案呈
奉本部送禮科抄出該本部題前事六月十六日欽奉
聖諭
皇太后慈寧宫今已告成於閏六月十二日移宫着禮部察議具奏欽此臣
部隨查内院明朝實録萬曆十三年六月辛丑慈寧宫成工部奏先
年营建宫也費至四十八萬今止十五萬上嘉悦有旨各官効劳從

厚給恩典於是元輔申時行廕一子中書舍人次輔王家屏廕一子國子生尚書兆加太子太保廕一子國子生侍郎起鳴陞本部尚書工科陳大科陞通政司右參議御史許子良陞大理寺右寺丞繕部郎中鄭有年陞太僕寺少卿仍管司事管錦衣衛事左都督劉守有加太子少保各賚銀幣有差太監張誠加恩五䓁張鯨三䓁張禎二䓁各廕弟侄一人錦衣衛誠千户鯨及禎百户其餘各官陞賚有差七月以聖母慈聖皇太后還御慈寧宫賜元輔申時行銀一百兩綵段四表裏次輔許國王錫爵王家屏各銀八十兩綵段四表裏又賜金銀萬壽簪銀吉慶字壽字黄紅符有差又傳内官監太監于躍舟維肇石中玉到部問得據呈稱明季太后移宫慶賀典禮舊案俱被焚毁無存今記得明朝萬曆年建造太后慈寧宫完畢恭請太后移宫彼時祭太廟其太小諸臣命婦俱行慶賀禮畢頒詔赦其院部寺衙門官員皆有陞賞司禮監掌印官秉筆隨堂官管事牌子官及看管工程工部堂司寺官科道官内官監掌印總理提督寺官俱有花紅陞賞欽天監官看管工程所官委官作官併堂司及本工効劳書筭各役俱有分别陞賞記得是實又查實録會典職掌舊案並無開

戴詔赦及百官槩加陞賞之例該臣等酌議得構造

昭聖慈壽恭簡皇太后慈寧宮乃我

皇上大孝之

盛典雖古虞帝亦不過是今恭遇

昭聖慈壽恭簡皇太后移宮應先期一日

遣大臣一員祭告

太廟閏六月十二日

昭聖慈壽恭簡皇太后移宮畢

皇上躬詣

昭聖慈壽恭簡皇太后前行禮畢還宮固龍公主和碩福金以下固山額真

阿里哈昂邦金氣尼哈峯以上妻俱赴

昭聖慈壽恭簡皇太后宮行慶

賀禮畢筵宴其

恩賞看管工程各官及賞賜

內院寫看

慈寧宮懸匾各官欽天監擇吉官員應聽各部查議奏

請施行等因順治十年六月二十六日題二十七日奉
聖旨是欽此欽遵抄出到部奉批司即行送司奉此案呈到部擬合就行
為此合咨工部煩為查照施行等因到部蒙批司速查舊例覆送司
奉此相應具
題案呈到部該臣等看得禮部尚書覺羅郎丘題
昭聖慈寧宫告竣查明季移宫
典禮議定日期祭告
太廟慶賀筵宴等禮臣部議覆外其
恩賞看管工程各官及
内院寫看牌扁各官欽天監擇吉官員應聽各部查議奏
請施行等因到部該臣等查得
慈寧宫
延禧宫
永慶宫於二月初十日興工於六月十七日告成内新蓋建
宫殿羣房七十八間大小門三十座亭二座山子三座修理舊房大門一
百四十間小門九座花欄井亭魚池月臺圍牆等項共用過工料銀

十九萬四千二百六十一两今本工告竣恩賞事宜臣部不敢擅議

伏乞

勅下禮部酌議應否給賞

奏覆可也既經該司案呈相應題

請恭候

命下臣部遵奉施行臣等未敢擅便謹題請

旨

順治十年閏六月十三日題本月十四日奉

聖旨着該部察議具奏

○五四四 顺治十年闰六月二十五日 周曾发奏请缓建乾清宫

《清世祖实录》卷七六

户科給事中周曾發奏言頃者

肇建乾清宫

皇上念財用而惜民力，特出内帑，無累百姓，大小臣工，誰不感
服。但數月以來，霪浸疊見，前者雷毁先農壇門，警戒甚大。近
又霪雨連緜，没民田禾，壞民廬舍，露處哀號，慘傷滿目。此實
數十年來未有之變也。臣伏讀
上諭云：朕當一意修省，祗懼
天戒，爾大小臣工，俱宜各盡職業，共圖消弭。
皇言及此，即堯之所為洚水儆予，禹之所為民溺由己，不是過
也。但堯禹之時，氾濫為菑，一則茅茨土階，一則卑其宫室。臣
竊考五行之數，土不能制水，則水溢，水溢則土陷而木浮。
皇上方有事於土木，而
天心之示警者，匪一端。臣竊謂暫宜緩者，此也。況

皇上軫念民艱所在蝗荒錢糧悉行蠲免則入額已減楚粵滇
黔正在用兵則所出更多所恃者僅天府之積而乃大發帑
金臣不能不鰓鰓過計耳伏祈
聖明俯俞暫緩俟來歲興工以副
上天之仁愛以寬國家之物力留此金錢以待封疆萬一之需
真修省之實事也得旨所奏是但明年方向不宜起建故於
今歲擇吉應期耳

○五四五　顺治十年闰六月　暂缓修乾清宫

《东华录》卷七

戶科給事中周曾發言頃者造建乾清宮
數月以來雷震先農壇門及霪雨連綿沒田禾壞房舍勢
考五行之數土不能制水則水溢水溢則土陷而木浮

皇上有事于土木而天心示儆匪一端伏乞暂缓興工云云得

旨這本說的有理

○五四六 顺治十年七月初三日 京城霪雨倾倒城垣

《工科史书》10

工部尚書臣孫塔等謹

題為霪雨傾倒城垣事營繕清吏司案呈該臣部查得大雨連綿周圍

察驗

京城各處被雨坍塌到底者計長一百六十八托三尺坍塌一半者計

長一百一十七托裂開三百四十六托一尺水衝陷下計一百零六

托垛口七處馬道門傾倒六處城門損壞三處

正陽門内甬路石頭下陷又

皇城西邊坍塌九托

重城坍塌城墻七十二托裂開二十托水衝傾陷八百一十四托一尺

臣等看得

皇城

都城及外城俱關緊要允宜並修計費工料銀六萬三千四百二十餘

兩一時不敷臣等公議先行修砌

皇城

都城外城暫歇俟錢糧到日興工可也既經該司案呈相應具

題恭候

命下臣部遵奉施行臣等未敢擅便謹題請

旨順治十年七月初二日題本月初三日奉

聖旨依議

○五四七　顺治十年七月初四日　宜暂停乾清宫工

《清世祖实录》卷七七

丁酉都察院左都御史屠赖等奏言臣

等捧讀雨潦修省

上諭仰見

皇上洞悉百姓疾苦恤民之意切矣憶

太祖

太宗時

上天垂象甘霖屢沛者以皆合天道而行也今

上天仁愛儆災示儆正啟

皇上增修厥德以登至治臣等謂宜集思廣益日與內外大臣

講究正道弘納讜言庶可以合

天意而順人心也向來部院事務俱諸臣面奏近見本章時有
寺人接進臣子不得進見萬一漸為成例則
君臣之間恐致踈遠矣今修造乾清宮設立司禮監等衙門二
事雖屢經奉旨臣等竊有管見蓋軍民饑苦尚未休息邊境
盜賊大兵征勦尚未掃除所需錢糧不貲京中養給官兵未
有餘積去歲南方亢旱北地水澇今年六月大雨連綿房舍
傾頹田禾淹没民間疾苦昭然可見宜暫停乾清宮工以此
項錢糧給養軍民俟盜息民安修造未為晚也至前代不似
我朝有内大臣侍衛各官故設立寺人衙門我朝左右有内
大臣侍衛隨從内務有包衣大人章京管理今奉

上諭設立司禮監等衙門寺人與近臣兼用夫宫禁使令固不
可無寺人但不必專立衙門名色祇宜酌量與近臣兼用以
供使令可也疏入得旨此所奏是但朕因連日違和未得接
見大臣必不沿爲成例乾清宫乃朕所居處工價物料俱經
備辦擇吉興工已有前旨令總管内事乃勳舊大臣忠誠爲
國朕自無慮萬一有如冷僧機其人者專權作弊何以防察
因分設衙門使各司其事庶無專擅欺朦之患衙門雖設悉
屬滿洲近臣掌管事權不在寺人且所定職掌一切政事毫
無干預與歷代迥不相同著仍遵前旨行

○五四八　顺治十年七月初五日　宫殿及各项工程俱令停止

《清世祖实录》卷七七

戊戌和碩叔鄭親
王傳集諸王貝勒貝子内大臣固山額真内院大學士六部
都察院堂官會議以今年雨潦異常奏請暫停宫殿工程以
錢糧賑濟軍民
上曰王等所奏甚是宫殿以及各項工程俱令停止以休養軍
民各處田地著速行踏勘賑濟事宜勿得延緩自諸王以至
各官凡祭祀飲食概宜從儉朕亦自圖節省如有積穀富室
願捐助者聽其捐助户部登記數目著與奬勵即一體通行
傳諭

○五四九 顺治十年七月十三日 发内帑为灾民建房

《清世祖实录》卷七七

丙午諭内三院朕奉

聖母面諭予居深宫之中不聞外事近知雨潦爲災房舍傾頹

田禾淹没兵民困苦深可憫惻特發宫中節省銀八萬兩賑

濟滿漢兵民朕仰承

慈旨命爾等傳諭户工二部即將發去銀兩查照被災輕重酌

量散給仍設法稽察毋致侵冒朦混務俾貧苦之人均沾實

惠以昭

聖母德意

〇五五〇　顺治十年七月二十八日　于太和殿附近择处日讲

《清世祖实录》卷七七

刑科給事中陳忠靖疏言伏讀
上諭云朕朝夕乾惕冀迓時和一意修省祗懼
天戒臣愚以為遇災知儆徒言修省尚屬虛文若不速開經筵
於前代所以格天勤民之學實實講求終無裨益蓋德不日
進則必日退義理之言日疎則逸樂之事日親即
皇上萬幾之暇未嘗不讀書稽古然聆言察理因事納忠皆於
經筵是賴臣又讀
上諭云著工部即將文華殿起造以便講求古訓繼又以錢糧
不敷暫許罷工如此因循恐非汲汲求治之盛意也請於太
和殿前後左右擇閒曠殿閣一處酌定每月講學日期令輔
臣講官盡心啟導不必效前代經筵故事儀制畢舉以為美

觀則天下幸甚
上以其懸揣沽名

○五五一　顺治十年八月初六日　汤若望题乾清宫择吉开工　《工科史书》二

敕赐通玄教师太常寺卿管钦天监监事臣汤若望谨题为敬陈兴工择吉恭候圣裁事窃照臣监职司造凡系内庭一应兴工择吉务期上合皇上景命取吉而行非敢轻议妄拟也本年四月内有管工大臣传造盖乾清宫等殿开工吉期以便奏请等因到臣该臣察得来年方向不宜惟有今年兴工为吉昨经奉有明年方向不宜起造故于今岁应期之旨再奉旨乾清宫朕所居处工价物料俱经备办择日兴工已有屡旨因复议奉命停止具行上出自圣裁臣何敢赘陈但臣查明岁甲午南北不利再查乙未丙申以修造年命论之寅午戌生命属火乙未值六壬衰运丙申值命破总之三年皆属不宜上有今岁开工应吉接续来年庶无妨碍此臣职掌所当言者若不预陈之于先仍恐临期用臣择吉明后年无吉期之可择是臣有涉隐讳非所以尽职掌也臣见近有停止之议故复具此申明尽愚忠非敢溷渎天以冒旨言之关也为此具本谨具题知

顺治十年八月初三日题本月初六日奉圣旨知道了已有旨该衙门知道

注：据原文录入。

〇五五二　顺治十年八月二十日　慈宁宫工成恩赏

《工科史书》11

工部尚書臣孫塔等謹

題爲遵

旨事營繕清吏司案呈奉本部送工科抄出本部題前事内開准礼部咨

儀制清吏司案呈奉本部送礼科抄出該本部題六月十六日欽奉

聖諭

皇太后慈寧宮今已告成于閏六月十二日移宮著礼部察議具奏欽此臣

部隨查内院明朝實錄萬曆十三年六月辛丑慈寧宮成工部奏先

年營是宮也費至四十八萬今止十五萬上嘉悦有旨各官効勞從

厚給恩典於是元輔申時行廕一子中書舍人次輔王家屏廕一子

國子生尚書兆加太子太保廕一子國子生侍郎廷鳴陞本部尚書

工科陳大科陞通政司右參議御史許子良陞大理寺右寺丞繕部

郎中鄭有年陞太僕寺少卿仍管司事管錦衣衛事左都督劉守有

加太子少保各賚銀幣有差太監張誠加恩五等張鯨三等張禎二
等各蔭弟侄一人誠千戶鯨及禎百戶其餘各官陞賚有差七月以
聖母慈聖皇太后還御慈寧宮賜元輔申時行銀一百兩綵段四表
裏次輔許國王錫爵王家屏各銀八十兩綵段四表裏又賜金銀萬
壽醫銀吉慶字壽字黄紅符有差又傳內官監太監于曜冉維肇石
中玉到部問得批呈稱明季太后移宮慶賀典礼舊案俱被焚燬無
存今記明朝萬曆年迭造太后慈寧宮完畢恭請太后移宮彼時告
祭太廟其大小諸臣命婦俱行慶賀礼畢頒詔赦其院部等衙門官
員皆有陞賞司礼監掌印官秉筆隨堂官管事牌子官及看管工程
工部堂司等官科道官內官監掌印總理提督等官俱有花紅陞賞
欽天監官看會工程所官委官作官併堂司及本工効勞書美各役
俱有分別陞賞記得是實又查實録會典職掌舊案竝無開載詔赦

及百官槩加陞賞之例該臣等酌議得構造
昭聖慈壽恭簡皇太后慈寧宫乃我
皇上大孝之
盛典雖古虞帝亦不過是今恭遇
昭聖慈壽恭簡皇太后移宫應先期一日
遣大臣一員祭告
太廟閏六月十二日
昭聖慈壽恭簡皇太后移宫畢
皇上躬詣
昭聖慈壽恭簡皇太后前行礼畢還宫固龍公主和碩福金以下固山額真
阿里哈昂邦金氣尼哈峯以上妻俱赴
昭聖慈壽恭簡皇太后行慶
賀礼畢筵宴其
恩賞看管工程各官及賞賜
内院寫看

慈寧宮懸扁各官欽天監擇吉官員應聽各部查議奏
請施行等因順治十年六月二十七日奉
聖旨是欽此欽遵抄部送司合咨工部查照施行等因移咨到部案批司
連查舊例覆送司奉此案呈到部該臣等看得礼部尚書覺羅郎丘
題
昭聖慈寧宮告竣查明季移宮典礼議定日期祭告
太廟慶賀筵宴等礼臣部議覆外其
恩賞看管工程各官及
內院寫看牌扁各官欽天監擇吉官員應聽各部查議奏
請施行等因到部該臣等查得
慈寧宮
延禧宮
永慶宮于二月初十日興工于六月十七日告成
內新蓋建
宮殿群房七十八間大小門三十座亭二座山子三座修理舊房大門一

百四十間小門九座花欄井亭魚池月臺圍墻等項共用過工料銀
十、十九萬四千二百六十二兩合本工告竣
恩賞事宜臣部不敢擅議伏乞
勅下礼部酌議應否給賞
奏覆可也等因具
題順治十年閏六月十四日奉
聖旨著該部察議具奏欽此欽遵抄出到部蒙批司連謄覆送司奉此相
應具覆案呈到部該臣等恭照
璇宫告成
聖慈嘉悅我
皇上極萬國之尊崇為
一代之盛典開創鴻模莫大于是隨考明例原有加恩陞賞臣等酌議我
朝亦有
太和殿之例雖二例俱在臣部堂官亦不敢自叙案察順治三年
太和殿等宫殿告成恩賞事例管工官太監匠役爲叙録事臣部會同内
臣伯瓚尼議事臣哈什吞議定啟墨勒根王賞原在管工包衣答兒

太披披領一件馬一疋銀一百五十兩包衣大咯賴馬一匹銀一百
兩臣部愛惜喇庫哈番石免額着庫哈番敖子各銀七十兩豆等大
太監六員營繕司郎中李迎皎共七員水獺皮廂披領褂各一件合
利猻皮袄各一件染貂鼠帽各一頂斜皮靴各一雙銀各一百五十
兩以下主事太監筆帖式通事匠役人等各賞賚有差在案嗣逢
朝廷親政曾工官赴吏部具告該吏部題
請包衣牛彔章京啓兒太包衣太咯賴通議工部額着庫哈番敖子各陞
拖沙拉哈番訖臣部議得礼部題疏内查
内院實録萬曆十三年六月辛丑慈寧宮成工部奏先年營是宮也費
至四十八萬今止十五萬上嘉悦有旨各官効勞從厚給恩典但未
聞建造房間數目或彼時物力豐裕費止此數今建
昭聖慈壽恭簡皇太后慈寧宮又添造
兩妃宮共費工料銀一十九萬有奇時值物價騰貴房數倍多不得一
槩論也我

皇上札除達孝攜此
盛典應有恩賞臣等敢不遵
旨叙給今查有
太和殿賞例除
內院寫扁看扁官員欽天監擇吉官員聽該部院
題覆外諸臣等謬得逕因霪雨為災兵民嗟困值茲賑恤之時慈寧宮
恩賞合無比照
太和殿例酌減議叙如總管工程通議油漆鞍轡馬一匹水獺鑲邊披領
一件狐皮襖一件銀五十兩管工本部理事官塔必兎常貴孟有倉
副理事官宋鶩布袋噶兒兎拖泥拉哈畨等筆白衣大拜銀察理副
哈營副拉紅何門子營繕司催辦物料無悞掌印理事官吳十八郎
中甯之亂以上十二員各賞馬一匹披領一件狐皮襖一領銀三十
兩營繕司理事官窀兒噶噶兒噶副理官王秉仁管工摠理太監三
員監督二員以上八員各賞馬一匹狐皮襖一領段一疋銀二十兩
虞衡司備辦鐵料無悞掌印理事官石兎都水司造辦簍子樓毯無

悮掌印理事官大都製造庫理事官桑免八固山會工滿洲章京八
員提督太監八員督催琉璃窯瓦料章京一員提督太監一員以上
二十一員各賞馬一匹貂皮袄一領段一疋造辦鐵料虞衡司理事
官敖子署虞衡司事員外郎李貢造辦簾子樓毯都水司副理事官
周文魁督催琉璃窯瓦料監督朱廷璟製造庫理事官爵洛額色免
副理事官龍山以上六員各賞馬一匹緞一疋會工他赤哈哈番三
員筆帖式二員营繕司他赤哈番三員筆帖式哈番二員一等匠役
豆二十七名以上叁拾七員各名賞段一疋毛青布二十個銀十兩
八固山滿洲蒙古烏金超哈封德撥什庫二十四員會顏料庫筆帖
式哈番一員通事三員二等匠役豆一百四十一名以上共一百六
十九員名各賞毛青布十五疋銀十兩看顏料的封德撥什庫四員
烏林八三員會造鎖鑰捴理太監一員會糊飾棚窓捴理太監一員
會造簾子樓毯捴理太監一員都水司他赤哈番二員虞衡司他赤
哈番二員製造庫會鍍金物料太監二員烏林答二員筆帖式哈番
一員筆帖式哈番等第官二員三等匠役豆二百一十三名以上二
百三十四員名各賞毛青布十疋銀五兩會簾子樓毯提督太監一

員管糊飾棚寮提督太監一員委官一名作官七名書辦二名製造
庫管鍍金鍍金撥什庫六名烏林八五名書辦二名營繕司書辦三
名管銅鉄席子撥什庫一名管工包衣下撥什庫三十一名四等匠
役豆四百八十五名以上共五百四十五員名每各賞毛青布五疋
銀三兩今賞銀馬等項在于各該衙門取給至看工包衣大管工臣
章京營繕司掌印官部中等官十三員應否酌量陞級臣等未敢擅
專伏聽
聖裁既經該司案呈前來相應具
題恭候
命下臣部遵奉施行謹題請
旨順治十年八月十八日題本月二十日奉
聖旨依議包衣大等應否陞級着吏部議奏

〇五五三 顺治十年九月初九日 设御药房郭一鹍妄揣进奏议处

《清世祖实录》卷七八

辛丑禮部祠祭司郎中郭一鶚奏言臣辦事

衙門屢奉

上諭取用藥品且見設立御藥房製造諸藥臣愢愢慮之我

皇上年盛德茂可為堯舜政宜究心經史日與滿漢大臣講用

人行政平治天下之大道今一旦留意醫藥雖無誤政事臣

謂金石之味不可以宜人蓋人有老少虛實藥有溫涼洩補

儻用不得當則養人者反足害人從來帝王恒慎之我

皇上上承

宗社之重下開億萬年之基一身所係匪輕敬

天尊

祖仁民愛物即福祿永康之本區區草木之味其益有限孟子

曰養心莫善於寡欲誠哉是言也伏願我
皇上節飲食謹嗜欲省遊玩親大臣惟以有用之精神注之政

事文學將見理義悅心清明强固萬年有道之長端在此矣
又何醫藥之足云也得旨取用藥味原爲給濟宮眷近臣郭
一鵾何得妄揣進奏顯係借此沽名著從重議處

○五五四　顺治十年十月二十四日　给修葺三陵匠役冬衣

丙戌修
葺
福陵

《清世祖实录》卷七八

昭陵興京
陵給匠役等冬衣。

〇五五五　顺治十年十月二十六日　太和门内设大学士直房

《清世祖实录》卷七八

戊子先是
各部奏事畢仍擕本章回部擬旨方送内院每致舛錯後於
奏事時奉
御批即發内院至是
上以章奏繁多若竟送内院又恐易滋弊竇命和碩鄭親王同
諸大臣更議尋議於太和門内擇一便室令大學士學士等
官分班入直本章或
上親批或於

上前面批。若有應更改之事，即面奏更改，庶幾無弊。議上，許之。
於是欽定大學士學士名次，為二直更番在内辦事。

○五五六　顺治十年十一月十八日　白塔山九门等各设炮座

《清世祖实录》卷七九

庚戌。
先是，兵部尚書固山額真噶達渾等奏言：前在盛京時，凡遇有警急，則鳴鼓以集衆。及至燕京，因京城遼濶，設礮於煤山，以為信。後復停止。今雖太平無事，但恐一旦警急，無憑集衆。
奏入，命議政王貝勒大臣會議。至是，和碩鄭親王濟爾哈朗等遵旨議：白塔山及九門應各設礮五座，遇有警急，白塔鳴礮，則九門俱應之，各旗聞礮聲皆披甲。

御前内大臣侍衛等。入直者仍留直所不應入直者左翼於紫禁城東華門。右翼於西華門外聚集包衣牛录章京各率馬步甲兵。於紫禁城北門外聚集。護軍統領護軍參領各率護軍前鋒馬步甲兵。兩黃旗於皇城北門。兩白旗於東門。兩紅旗於西門。兩藍旗於前金水橋聚集。其固山額真梅勒章京率驍騎馬步弁兵。於各旗適中之地聚集。固山額真護軍統領前鋒統領。親赴午門聽令。如固山額真無人。則梅勒章京。梅勒章京無人。則甲喇章京。護軍統領無人。則護軍參領。前鋒統領無人。則前鋒參領或前鋒侍衛前來候旨步兵副尉各率章京步兵環立城上議政和碩親王以下固山貝子以上。各留隨侍於本旗護軍聚集之處和碩親王領十五人多羅郡王領十人。多羅貝勒領八人固山貝子領六人各聚集午門外不預議政王以下公以上各率隨侍屯於本旗護軍

聚集之處未上朝王以下公以上各在家遣護衛一員赴午
門探信其聚集之時自親王以下公以上各令直門章京護
軍留於各門聽調即至包衣牛录甲兵各聚集於本主之門
其白塔鳴礮或奉
上諭遣人或部中遣人持有金牌至則舉礮金牌書鳴礮字樣
藏於禁中如有急不及報聞則各於有急之處舉礮聞礮聲
則各礮臺俱舉礮其守白塔礮臺用漢軍兩翼每翼章京各
二人撥什庫各二人每旗甲兵二人各城門礮原有章京披
甲兵應量撥舉礮人奏入從之

〇五五七　顺治十年十二月十七日　请修福陵

《工科史书》14

和碩叔鄭親王臣跡兒哈朗等謹
題爲修
陵事該工部尚書臣劉昌等題前事內稱
福陵城樓四座工完栽松樹圍墻六百九十八托地脚砌石頭上面城甎砌
完河堤水滸一百五十托修完又
大殿兩配殿城外兩邊房四處更衣亭兩邊各三間房二座門一座每年
遇雨滲漏累次修理木樹土辣極吽我看守本年將瓦俱從新換這
二年方纔不漏又城三十六托倒壞處所俱已修完今年對石牌樓
河口又塌壞五十二托已經修完再石像生馬鞍駱駝獅子虎俱已
修完地脚石重修兩邊門現在修理城外兩邊四所房臺基石碑亭
前面甬路石更衣亭五間臺基石兩邊廂房各三間臺基石更衣亭
甬路石各項物料如得了照數陸續修理城內兩邊各五間兩個配
殿柱子椽子墊板糟壞緣由昂邦章京葉格樹移文到部該臣部議
得除已經修完并見在修理處所不開外所有中間
大殿城上樓房俱已修完城內兩邊各五間配殿若不修理誠恐不便或
將舊殿拆去或另行建造應否修蓋臣部未敢擅便謹題請

旨奉
聖旨爾部導例議奏欽此臣部案查崇德四年興京
陵殿損壞奉
太宗皇帝之
旨已經修理明朝會典内嘉靖六年各項規制俱照天壽山添設石像生
碑亭八年完工十年以香殿燬閣滲漏重修順治五年畢勤根王
福陵大殿樓房及看守廳改造因臣部行文盛京俱已重蓋臣部議得有例
可援候來來清明其浸損柱椽望板拆卸另行修理因奉有導例議
奏之
旨既經該司案呈前來相應具
題恭候
命下臣部遵奉施行謹題請
旨本月初八日題初十日奉
聖旨著議政諸王貝勒會議具奏欽此欽遵該臣等會議得
福陵大殿更衣亭城上樓房俱已修完尚有零星工程未竣又有修理之例
俟清明拆卸興工謹題請
旨順治十年十二月十六日題本月十七日奉
聖旨依議

〇五五八　顺治十年　建文华殿以日讲　《养吉斋丛录》卷五

顺治十年，以内院非經筵日講地，命工部造文華殿，以講求古訓。此文華殿經筵之始。

〇五五九　顺治十年　重建乾清宫令满蒙汉军派匠役　康熙朝《大清会典》卷一三二，并见雍正朝《大清会典》卷一九八

十年題准。重建

乾清宫。令滿洲。蒙古。漢軍。每佐領下派工匠一名。

夫四名

〇五六〇　顺治十年　重建乾清宫各旗派工

康熙朝《大清会典》卷一三二

順治十年。以重建

乾清宫。用旗下匠夫。满洲。每旗派管工官一员。骁骑校一员。每叅领派拨什库一名。蒙古。汉军。每旗派骁骑校一员。每叅领派拨什库一名。本部派满官四员。汉军官二员。汉官二员。笔帖式五员

〇五六一　**顺治十年　建慈宁宫**　康熙朝《大清会典》卷一三一，并见雍正朝《大清会典》卷一九七、乾隆朝《大清会典则例》卷一二六

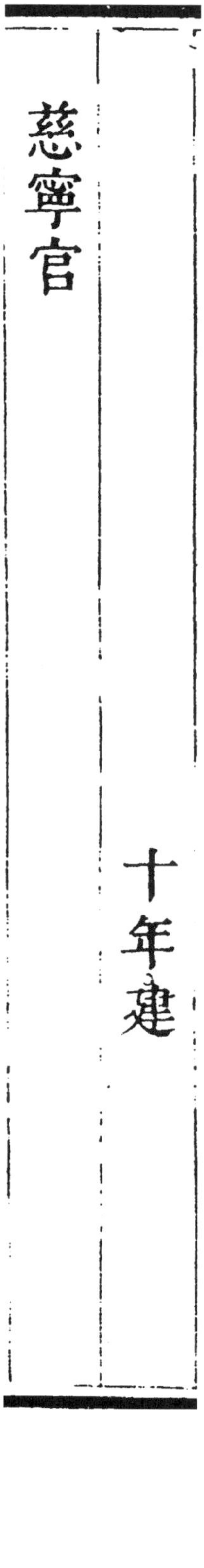

〇五六二　**顺治十年　建慈宁宫**　《国朝宫史》卷一三，参见《日下旧闻考》卷一九、《清仁宗御制诗二集》卷三三（第三册）、嘉庆朝《大清会典事例》卷六六二、光绪朝《大清会典事例》卷八六三、《光绪顺天府志》卷二

隆宗門之西爲慈寧宫，顺治十年建。

○五六三　顺治十年　慈宁宫告成照例叙赏　康熙朝《大清会典》卷一三一，并见雍正朝《大清会典》卷一九七、乾隆朝《大清会典则例》卷一二六

十年。以慈寧宫告成。照太和殿例。酌議叙賞有差

○五六四　顺治十年　建宗学给价自行盖造　康熙朝《大清会典》卷一三一，并见雍正朝《大清会典》卷一九八、乾隆朝《大清会典则例》卷一二七、嘉庆朝《大清会典事例》卷六六七、光绪朝《大清会典事例》卷八七〇

凡宗學。順治十年議准。親王以下。宗室子弟。建立宗學。量給工價。自行蓋造

○五六五　顺治十年　设内药房　乾隆朝《大清会典则例》卷一六三，并见嘉庆朝《大清会典事例》卷八八六、光绪朝《大清会典事例》卷一一七三，参见《日下旧闻考》卷七一

順治十年置内藥房屬總管首領内監經理設繙譯筆帖式八人書吏四名領催四名聽事碾藥服役人三十名太醫院合藥醫生二十名

○五六六　顺治十年　设置酒醋房　《日下旧闻考》卷七一

增酒醋房，順治十年設，在神武門内路西，連房二十有三楹，又別房十有四楹。上同

〇五六七　顺治十年　重修慈云寺　《光绪顺天府志》卷一六

慈雲寺，在崇文門東城角，泡子河西。寺明萬曆六年建，內有明建寺碑記，字已損缺。順治十年重修，俗稱爲十方院。

〇五六八　顺治十年　王府碑制　康熙朝《大清会典》卷一四〇，并见雍正朝《大清会典》卷二一一

凡王府碑制。順治十年議准。親王石碑。交龍首。高四尺五寸。碑身高九尺。濶三尺八寸七分。龍趺。高四尺五寸。郡王石碑。交龍首高三尺九寸。碑身高九尺。濶三尺八寸。龍趺高四尺三寸。貝勒石碑。交龍首高三尺六寸。碑身高九尺。濶三尺七寸三分。龍趺高四尺一寸。貝子石碑。交龍

首高三尺四寸。碑身高九尺。濶三尺六寸六分。

龍趺高四尺。

○五六九 顺治十年 亲王至辅国公碑制

乾隆朝《大清会典则例》卷一三七，并见嘉庆朝《大清会典事例》卷七一四、光绪朝《大清会典事例》卷九四九

順治十年議準親王至輔國公碑身均高九尺用交龍首龜趺親王碑廣三尺八寸七分首高四尺五寸趺稱之世子郡王碑廣三尺八寸首高三尺九寸趺高四尺三寸貝勒碑廣三尺七寸三分首高三尺六寸趺高四尺一寸貝子碑廣三尺六寸六分首高三尺四寸趺高

四尺鎮國公碑廣三尺六寸三分首高三尺三寸趺高三尺九寸輔國公同

康熙朝《大清会典》卷一四〇，并见雍正朝《大清会典》卷二一一

〇五七〇 顺治十年 王府造坟工价

凡王府造墳工價。順治十年題准。親王造墳銀五千兩。世子造墳銀四千兩。郡王造墳銀三千兩。貝勒造墳銀二千兩。貝子造墳銀一千兩。鎮國公。輔國公。造墳銀五百兩。給價自造

〇五七一　**顺治十年　亲王至辅国公造坟工价**　乾隆朝《大清会典则例》卷一三七，并见嘉庆朝《大清会典事例》卷七一四、光绪朝《大清会典事例》卷九四九

造墳工價順治十年題準親王給銀五千兩世子四千兩郡王三千兩貝勒二千兩貝子一千兩鎮國公五百兩輔國公同

〇五七二　**顺治十年　亲王至镇国将军造碑料价**　康熙朝《大清会典》卷一四〇，并见雍正朝《大清会典》卷二一一

凡王府造碑料價順治十年題準親王碑價銀三千兩。世子碑價銀二千五百兩。郡王碑價銀二千兩。貝勒碑價銀一千兩。貝子碑價銀七百

兩。鎮國公。輔國公。碑價銀各四百五十兩。鎮國將軍。碑價銀四百兩

〇五七三　**顺治十年　亲王至辅国公立碑给银**

乾隆朝《大清会典则例》卷一三七，并见嘉庆朝《大清会典事例》卷七一四、光绪朝《大清会典事例》卷九四九

一碑價順治十年題準親王給銀三千兩世子二千五百兩郡王二千兩貝勒千兩貝子七百兩鎮國公四百五十兩輔國公同

〇五七四　**顺治十年　有碍陵寝风水住房令迁移**　嘉庆朝《大清会典事例》卷七二三，并见光绪朝《大清会典事例》卷九六〇

顺治十年議准。陵寢官員兵丁匠役所住房屋，有礙風水者，悉令遷移。

〇五七五　**顺治十年　修陵匠役给冬衣**　康熙朝《大清会典》卷一四一，并见雍正朝《大清会典》卷二二〇、嘉庆朝《大清会典事例》卷七二四、光绪朝《大清会典事例》卷九六一

又議准。修陵匠役，冬時各給皮襖、靴、帽。

○五七六　顺治十年　福陵昭陵洒扫人役配室家

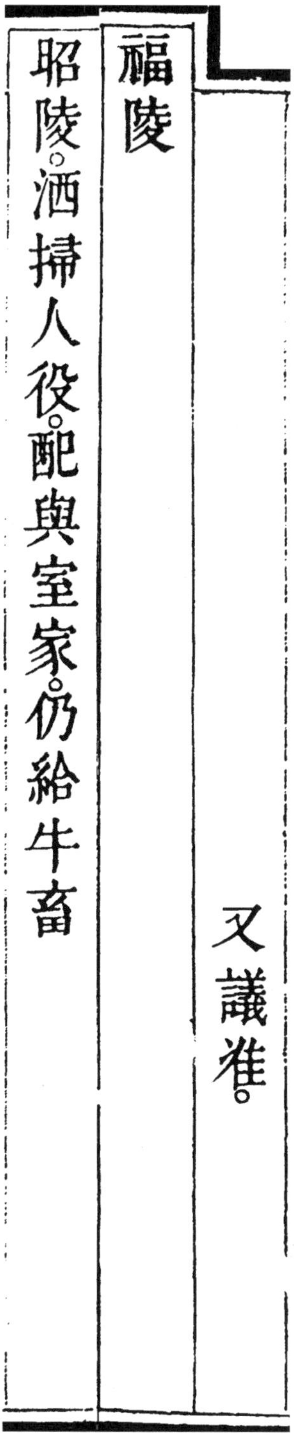
又議准。
福陵
昭陵。洒掃人役。配與室家。仍給牛畜

康熙朝《大清会典》卷一四一，并见雍正朝《大清会典》卷二二〇

○五七七　顺治十年　福陵昭陵洒扫人役家室给牛畜

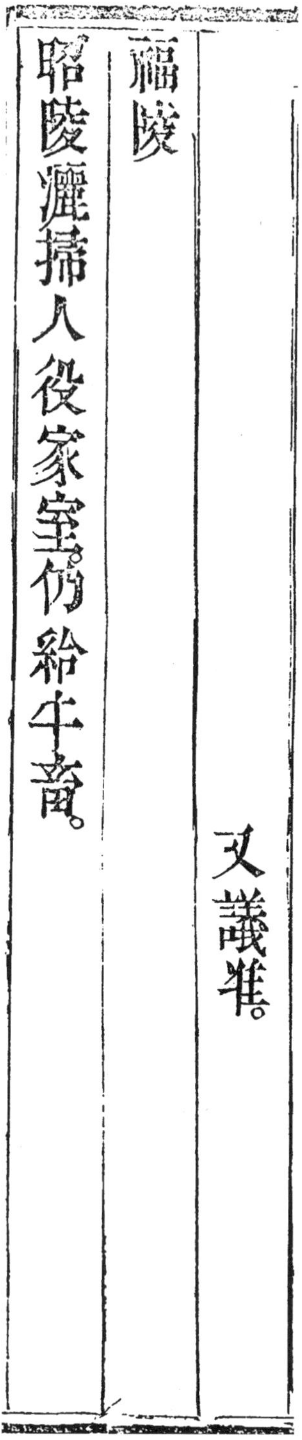
又議准。
福陵
昭陵灑掃人役家室。仍給牛畜。

嘉庆朝《大清会典事例》卷七二四，并见光绪朝《大清会典事例》卷九六一

○五七八　顺治十年　雇募匠役发往盛京修陵

顺治十年議准，僱募發往盛京修陵匠役，准騎驛馬，除每名月給家口銀三兩，每口日給米一升外，到日仍支官糧

康熙朝《大清会典》卷一四一，并见雍正朝《大清会典》卷二二〇、嘉庆朝《大清会典事例》卷七二四、光绪朝《大清会典事例》卷九六一

○五七九　顺治十年　发内帑赈济满汉兵民

十年，以京城霪雨，倒塌房屋，發內帑銀八萬兩，賑濟滿漢兵民

康熙朝《大清会典》卷一三二，并见雍正朝《大清会典》卷一九八、乾隆朝《大清会典则例》卷一二七、嘉庆朝《大清会典事例》卷六六六、光绪朝《大清会典事例》卷八六九

〇五八〇 顺治十年 查造空铺火炕安歇穷民

顺治十年覆准，令五城御史查造空铺火炕，安歇窮民，所用錢糧於工部支取。

康熙朝《大清会典》卷一三二

〇五八一 顺治十年 察造空铺火房安息穷民

又覆準，令五城御史察造空鋪火房，安息窮民，所用錢糧於工部支取。

乾隆朝《大清会典则例》卷一二七，并见嘉庆朝《大清会典事例》卷六六六、光绪朝《大清会典事例》卷八六九

〇五八二　**顺治十年　京城造栖流所**　康熙朝《大清会典》卷一三二，并见雍正朝《大清会典》卷一九八、乾隆朝《大清会典则例》卷一二七、嘉庆朝《大清会典事例》卷六六六、光绪朝《大清会典事例》卷八六九

又覆准。每城造棲流所房二十間。交五城查管。俾窮民得所

〇五八三　**顺治十年　琉璃物件减价**　康熙朝《大清会典》卷一三二，并见雍正朝《大清会典》卷一九九、乾隆朝《大清会典则例》卷一二八、嘉庆朝《大清会典事例》卷六七一、光绪朝《大清会典事例》卷八七五

凡琉璃甎瓦價值。順治初。每件給銀一錢〇九分五釐八毫〇十年。減定二錢年。增給二錢二分五釐八毫〇十年。減定二錢一分

顺治十一年

（一六五四年二月至一六五五年二月）

○五八四　顺治十一年正月二十日　设经筵之事

《清世祖实录》卷八〇

辛亥，都察院左都御史
趙開心條奏六款：奏對宜親，經筵宜御，遴才宜實，過誤宜原，
流徒之自贖宜開，法司之職掌宜重。得旨：經筵侯文華殿工
竣舉行，已有諭旨，何得瀆奏？接見諸臣，講求政事，言雖近理，
但比來朕心勞悴，身體欠調，是以未得接見，至本内云屏斥
畋遊，朕思
祖宗立國以來，講武習兵，安不忘危，開創之際，何得懈弛武事？
況深居高拱，乃明季陋習，豈可踵行？趙開心此奏，實常談淺
見。風憲大臣，果知朕過，即當直言無隱，何得泛爲條陳，沽名
塞責，殊負朕委任之意，著嚴飭行。其餘四款，著該部議奏。

禮部奏進

上祭

先農壇

親耕耤田儀注先期二日

上齋戒諸王以下輔國公以上滿洲蒙古漢軍公侯伯以下甲喇章京理事等官以上漢文官四品以上武官三品以上及六科副理事官都給事中在家齋戒二日先期一日內院捧

進祝版

上御中和殿閱祝文行一跪三叩頭禮畢西向立內院官捧祝文至太和殿禮部官跪接捧出至午門外安於亭中行一跪三叩頭禮畢鑾儀衛官領校尉舁亭禮部官太常寺官送至

先農壇安於神庫戶部禮部官同順天府官由午門左門至
中和殿進耒耜及種稑種
上閱畢戶部官捧至太和殿臺下順天府官接出由太和殿左
門至午門左門外安於綵亭作樂送耕耤所祭之日早鑾儀
衛備法駕諸王以下貝勒以上俱朝服齊赴午門內朝房貝
子以下從耕陪祀文武百官俱於
駕未行時先赴
先農壇分班序立不陪祀牛彔章京以下漢文官五品以下
武官四品以下俱朝服於天安門外金水橋南分班序立禮
部官奏請
聖駕詣
先農壇致祭行耕耤禮

上朝服乘輦王貝勒於内金水橋分班序立候
駕過隨詣
先農壇鳴鐘不奏樂不陪祀文武百官於外金水橋跪候
駕過
駕至
先農壇門外下輦禮部官太常寺官導
駕至具服殿盥手畢導
駕至壇祭品禮儀如常祭畢還至具服殿更黄袍各官俱更蟒
服補服禮部官太常寺官奏請詣耕耤所導
駕詣耕耤位南向立從耕三王九卿各就耕位立不從耕王以
下百官俱在耕耤棚外立設綵亭三座於左右鴻臚寺官贊
進耒耜進鞭戶部官北向跪進耒耜順天府尹北向跪進鞭

禮部鑾儀衛太常寺官導引

上秉耒三推三返訖鴻臚寺官贊受耒耜受鞭戶部官跪受耒

耜以耒耜置犁亭順天府尹跪受鞭以鞭置鞭亭禮部官奏

請復位

上復位戶部官順天府尹執青箱播種後耆老隨覆畢導引官

導

上御觀耕臺南向坐王貝勒貝子公陪祀百官分班序立次三

王五推畢各就位諸王皆候旨坐次九卿九推順天府廳官

各執青箱播種訖禮部奏耕畢從耕官各就位教坊司承應

畢禮部官奏禮畢禮部官太常寺官導

駕詣齋宮陞坐王貝勒貝子公文武陪祀各官入東西門分班

序立鴻臚寺官贊順天府官率兩縣官耆老人等行三跪九

叩頭禮農夫三十人隨後行禮禮畢從府縣官出西門至耕
耤所終畝王貝勒貝子公候音坐候耕畢府縣官從東門入
鴻臚寺官贊
親耕既成禮當慶賀王貝勒貝子公百官行三跪九叩頭禮序
班立贊退王於齋宮内貝勒以下於臺下分班行叩頭禮序
坐
上進茶王以下文武百官各於坐次行一叩頭禮隨賜茶
上御後殿少憩光禄寺設宴禮部奏宴完備
上陞座衆官各就坐位行一叩頭禮坐進宴教坊司奏樂
上進酒王以下各官各於原位行一跪一叩頭禮復坐筵宴耆
老於壇傍坐宴畢王以下各官序班立行一跪三叩頭禮畢
王貝勒貝子公百官至齋宮外候

駕還宫鹵簿導從作樂不陪祀文武百官於天安門外跪候
駕還宫報可。

還經鼓樓，

〇五八六　顺治十一年二月十二日　京城钟鼓楼残毁

樓燬而石洞高築。雄風四來。稍北鐘樓。其制其燬並如之。

《北游录》

〇五八七　顺治十一年二月十二日　京城积水潭及其水系

度萬寧橋。橋西通積水潭。爲巨浸。稍南循北安門外而西。曰水關。則積水潭導關下入皇城西苑爲太液池。竚𪆟潭影。鳧鷖飛沉。遠荷田田。

《北游录》

○五八八 顺治十一年三月十九日 修太祖福金住房

《工科史书》17

工部右侍郎臣郭科等謹
題爲修理
太祖福金住房事營繕清吏司案呈奉本部送工科抄出本部題稱
福金差包衣達張通士納林來說川堂二間兩配房四間茶房三
間飯房四間女子住房六間秤子房三間菓子房三間倉房八
間花園房二間以上共房三十五間俱被雨滲漏兩配房台基
甎損壞又兩邊水溝堵塞傳說到部該臣部議得前項各工詳
查應否修理處所另議具
奏既經該司案呈前來相應具
題恭候
命下臣部遵奉施行等因順治十一年二月二十八日奉
聖旨依議欽此欽遵抄部送司相應具
題修理案呈到部該臣等恭候

福金住房滲漏瓺𤮭損壞水溝堵塞查看皆實every修理需用瓺𤮭紅
土夫匠等項共該銀三百六十一兩有餘此外應用顏料於戶
部取桐油一百斤靛花三斤銀硃二斤滕黄三兩定粉三斤水
膠七斤明礬五斤黄丹一斤䃸二斤黄生絹六庹戶部庫存顏
料支取梅花青二斤大碌五斤黄金三百張紅金三百張
胭脂二十個烟子一斤中夾紙四十張相應給發應用其修理
仍請差
福金包衣達一員看守噶喇大馬法等并臣部理事官二員筆帖式
一員通事一名協同修葺臣等未敢擅專相應題
請恭候
命下臣部遵奉施行謹題請
旨順治十一年三月十八日題本月十九日奉
聖旨是

○五八九　顺治十一年五月二十九日　赐张端修葺房屋银两

戊午賜大學士張端

修葺房屋銀四百兩

《清世祖实录》卷八三

○五九〇　顺治十一年六月初五日　孔有德女请将父骸于此地营葬

癸亥遣禮部侍郎

恩格德賚銀萬兩賜定南武壯王孔有德女令充日用之費

有德女跪受訖隨奏曰臣父骸骨原命歸葬東京但臣兄既

陷賊營臣又身居於此若將父骸送往東京孝思莫展請即

於此地營葬便於守視恩格德以其言奏

上允之

《清世祖实录》卷八四

〇五九一 顺治十一年六月初六日 给孔有德造坟立碑

甲子。命工部给與定南武壯王孔有德葬地造墳立碑。

《清世祖实录》卷八四，并见《光绪顺天府志》卷六

〇五九二 顺治十一年七月二十二日 六科疏钞被毁

己酉。晴。午過吳太史、周子俶所。太史疾少間。云先朝節慎庫內圖書。俱宋宣和物。金人入汴。歸於燕。元仍之。明初。徐中山下燕。封府庫圖籍。甲申之變。李賊遁。都人清宮。同年孫北海身入大內。見封識猶中山時也。今散佚無一存。向分賜諸臣書畫。北海得大觀殿法帖。宋高宗所賜喻樗者。多鍾王祕蹟。又李賊焚六科廊。而先朝之疏鈔盡矣。

《北游录》

○五九三　顺治十一年八月初一日　巩华城明沙河行宫

《北游录》

又□□里安濟橋。跨沙河。里許鞏華城。沙河行宫在焉。先朝謁陵所駐蹕也。規制如大内。有分守公署戍舍。城西居人數百家。長楊五柞。甘泉翠微。自昔離宫多矣。未始城也。今丹樓如霞。重闕如甕。徒棲烏早暮耳。

○五九四　顺治十一年八月初二日　明思陵形制

《北游录》

己未。霽。欲覓驢陵游。逆旅問誰爲陵者。曰。銀泉山。蓋往聞先帝葬銀泉山也。逆旅曰。道近甚。何驢爲。啜麪而行。譙樓當中。榜曰咫尺五雲。亦勝概也。西經故都督孫祖壽少保坊。出西門經朝宗坊。沿道濕沙。槭槭有聲。循山折而北望。石坊横空。又望丹闕金碧。意爲紅門也。將趨之。途人曰。如往銀泉山也者。西可徑也。遂西向。久之。度可六七里。問程焉。曰。未已也。悔爲逆旅所賣。野黍多刈。蕎麥作花如雪。果園接趾。少垂實者。屢迷屢問。偶從一梓人。漸及西紅門。有老閹策杖而下。梓人指曰。此守思陵許公也。杖者問余何往。曰。銀泉山。曰。銀泉山蕪甚。何往也。余不解其意。别而前。自西紅門數百武。黄屋在望。甚儉。稍西北。丹楹碧瓦。松楸沈沈也。余越黄屋而過之。問梓人此何所也。曰。崇禎皇帝葬處。余愕然。仰視黄屋之額。果思陵也。亟反步。披莽棘。抵周垣之南垣。博六十步。中門丈有二尺。左右各户而鑰其右。爲雪涕叩陛下。念重跰至此。咫尺不及詳五步之内。豈吾固有所恨耶。仍雪涕叩而退。垣左纔二松。其西南三十步有短垣。樹六石碑。就視之。故司禮秉筆太監王承恩塚也。順治二年四月勑立。取故道而下。稍憩一菴。則許氏閹適在。爲述其故。許氏曰。吾前知足下意。乃云銀泉山何也。銀泉山葬神廟貴妃鄭氏及皇貴妃李氏、順妃李氏、昭妃劉氏。非遺𦣛也。思陵本故田貴妃園。李賊委先帝后梓宫於昌平城外。於是吏民悲泣。醵葬於此。順治二年。始春秋祭羊豕。凡十三陵。而定陵不與焉。各陵祭田六頃。奉祠太監二人。陵户八人。順治六年裁。止田一頃。收纔十緡。以祭不贍。訴之州大夫。大夫曰。雖不祭。亡害。吾曹懼違清朝之令德。於是清明、霜降二節。具羊豕合祭於紅門外。正旦、元夕、七月望、冬節各素祭。薦酒一卮。望、朔二十錢。燃寸燭。獻茶三甌。崇禎家老奴不過如此。余聽之泣下。許又曰。吾乾清宫直煖殿。今守思陵。閴寂不可堪。西北松楸沈沈者。世廟諸妃園也。吾寓焉。先生少休。令陵户以門牡至。恭謁思陵。行不孤矣。余起謝。往竢於思陵門外。亡何。陵户啓鑰。垣以内左右廡三楹。崇不三丈。丹案供奉明懷宗端皇帝神位。展拜訖。循壁而北。又垣其門。左右廡如前。中爲碑亭。云懷宗端皇帝陵。篆首大明。展拜訖。出。進北垣。除地五丈。則石坎。淺五寸。方數尺。焚帛處。坎北爐瓶五事。並琢以石。稍進五尺。横石几。盤果五之。俱石也。蜕龍之藏。涌土約三四尺。茅塞榛荒。酸棗數本。即求啼烏之樹。泣鵑之枝。而無從也。生爲萬乘。殁爲游魂。又展拜。泣不自禁矣。出饗殿。許氏至。更述先帝臨變。所以命東宫公主者憯甚。其略曰。司禮王德化釀亂蠱先帝。及事棘。先帝罷德化。改王之心掌篆。末以東宫屬嘉定伯。永王屬□。定王屬之心。諭逃民間。爾毋狃故態。凡外人年長者。兄事之。庶可免也。之心歸私舍。以委蒼頭某。遽自經。蒼頭某獻之賊。吾嘗入皇城。有三十騎拔刀脅太子二王而出。辟易側立。太子涕下。吾亦涕下。太子手🀄黄裹。忽遺地。命拾之。對以未敢。賊騎罵曰。爾内臣何不爲效力。乃曰。惟將軍之命。拾上太子。不知所裹何物也。在乾清宫久。雅習太子。是冬京師來太子。僞也。吾次年始守陵。問以發陵事。曰。各陵無恙。獨銀泉山。去此尚三里。四妃園盜掘。捕𣏌之。梟於昌平之譙樓。腦傅紅門。亦清朝之德也。陵木伐盡。享殿不閉。綺疏藻井。百不一全。溲勃接於几筵。廢興天也。吾曹豈知有今日哉。余聽之。惟泣下。抗手而别。取故道反。

○五九五　顺治十一年八月初八日　京城妙应寺白塔　《北游录》

乙丑。早入宣武門。沿皇城至於鼓樓。欲窮積水潭之勝。非其地也。因東出至文信公廟。又西至朝天宫。入妙應寺。登白塔。遼壽昌二年建。貯舍利戒珠二十粒。元世祖至元八年發視。果不妄。因加飾焉。明天順元年賜今額。成化初。於塔作燈龕一百八座。東望宫闕。燁如也。出景德街。則歷代帝王廟。不得入。

○五九六　顺治十一年十月　建孔有德祠　《清世祖实录》卷八六，并见《光绪顺天府志》卷六

命建定南武壯王孔有德祠以二妃陪祀。

俱設神主春秋致祭。

○五九七　顺治十一年　京西万寿寺戒坛　《北游录》

【萬壽寺戒壇】萬壽寺戒壇。距京城西七十里。每四月八日。蓆棚滿山。劣僧下妓。給錢擁醉。士庶輒以爲笑。猶有元之遺俗焉。戒壇後五里。極樂峯也。有龍涓洞。又西孫臏洞。

〇五九八 顺治十一年 八旗官员等住房规定

康熙朝《大清会典》卷一三二，并见《八旗通志初集·营建志》卷二三、《钦定八旗通志》卷一一三、乾隆朝《大清会典则例》卷一二七、嘉庆朝《大清会典事例》卷六六六、光绪朝《大清会典事例》卷八六九

凡旗分房屋。順治十一年議准。八旗官員。兵丁。俱照分定地方居住。若遇調旗更地。仍准住原處。有情愿買房搬移者。聽從其便。都統。副都統。不許强令遷移。如欲自蓋房者聽都統。副都統。查給本旗空地。准令自蓋。至外來歸附人員。應住房屋。工部照所撥旗分。買房安插若無房屋。工部於本旗空地蓋給

○五九九　顺治十一年　国子监衙门修葺费用

康熙朝《大清会典》卷一三一，并见雍正朝《大清会典》卷一九八、乾隆朝《大清会典则例》卷一二七、嘉庆朝《大清会典事例》卷六六七、光绪朝《大清会典事例》卷八七〇，参见《钦定国子监志》卷一〇

十一年覆准。差官脩理國子監衙門。動支該監積貯銀兩。如有不敷。本部添給。嗣後如有損壞處所。該監動額設錢糧。自行脩理

○六〇〇　顺治十一年　太监匠役交内监局管理

康熙朝《大清会典》卷一三二，并见雍正朝《大清会典》卷一九八、乾隆朝《大清会典则例》卷一三七、嘉庆朝《大清会典事例》卷七一七、光绪朝《大清会典事例》卷九五二

凡住坐匠役。順治元年。各監局太監匠役。俱隸工部。十一年。交內監局管理。

〇六〇一　顺治十一年　内务府官协同查管工匠

清会典》卷一九八

康熙朝《大清会典》卷一三二，并见雍正朝《大

凡查管工匠。

十一年题准。差內務府官一員。與本部遴委官員筆帖式太監通事。協同管理

〇六〇二　顺治十一年　工部主事马鸣萧监修乾清等宫

康熙朝《河间府志》卷一五，并见《大清畿辅书征》卷二一

馬鳴蕭　字和鸞以進士授湖州府推官辛卯分闈得士爲盛順治十一年陞工部主事監修乾清等宫　大工告成

〇六〇三　**顺治十一年　随行幸修城匠役给口粮银等**　康熙朝《大清会典》卷一三三二，并见雍正朝《大清会典》卷一九八、乾隆朝《大清会典则例》卷一三七、嘉庆朝《大清会典事例》卷七一七、光绪朝《大清会典事例》卷九五二

十一年議准。隨從行幸脩理木城匠役。每名。每日給口糧銀一錢。各給緩帽一頂。皮襖綿褲各一件。靴一雙。製造庫給發

〇六〇四　顺治十一年　定官员造碑价银

康熙朝《大清会典》卷一四〇，并见雍正朝《大清会典》卷二一一

顺治十一年题准，民公、侯、伯碑價銀各四百五十兩。内大臣、都統、大學士、尚書、鎮守外省將軍、精奇尼哈番碑價銀各四百兩。

〇六〇五　顺治十一年　山东德州设驻防

《八旗通志初集·营建志》卷二四，并见《钦定八旗通》卷一一七

山東德州駐防：順治十一年設。經户部差郎中莽佳、蘸馬哈等，將德州城内東北隅所有民房，撥給官兵駐防。

〇六〇六　**顺治十一年　修葺各省城垣桥梁**　康熙朝《大清会典》卷一三一，并见雍正朝《大清会典》卷一九七、乾隆朝《大清会典则例》卷一二七、嘉庆朝《大清会典事例》卷六六五、光绪朝《大清会典事例》卷八六七

凡外省垣。順治十一年

詔。各省城垣傾圮。橋梁毀壞。地方官能設法脩葺。不致累民者。該督撫具題敘錄

顺治十二年

（一六五五年二月至一六五六年一月）

〇六〇七　顺治十二年正月初九日　修造乾清宫

《清世祖实录》卷八八

諭議
政王貝勒大臣九卿曰去歲欲修造乾清宫念被水灾民方
加恩恤是以未即興工今正宫為后妃所居朕無治理政務
之所因居便殿視事現在應否修造著會議具奏尋議今年
應即行修造否則所儲木料為雨水浸壞糜費愈多奏入從
之

〇六〇八　顺治十二年正月二十一日　起造乾清等宫遣大臣祭告

《清世祖实录》卷八八

以起造乾
清景仁承乾永壽四宫遣内大臣伯索尼祭告
圜丘尚書巴哈納祭告

方澤。公額爾克戴青祭告
太廟。公愛星阿祭告
大社
大稷工部侍郎郭科。戶部侍郎覺羅額爾德吏部侍郎蘇納海
禮部侍郎渥赫祭告四宫后土司工之神。

〇六〇九 顺治十二年二月初七日 设记注官

《清世祖实录》卷八九

和碩鄭
親王濟爾哈朗奏言。
太祖武皇帝開創之初。日與四大貝勒。五大臣及衆台吉等討
論政務之得失。諮訪兵民之疾苦。使上下交孚。鮮有壅蔽。故
能上合天心。下洽民志。掃靖羣雄。肇興大業。

太宗文皇帝纘承大統紹述前猷亦時與諸王貝勒大臣講論
不輟且崇奬忠直鼓勵英才録微功棄小過凡下詔布令必
求其可以順民心垂久遠者然後施行又慮武備廢弛不忘
騎射時時親行較獵曾有諸王貝勒等置酒讌會優人演劇

為樂適值
駕還獵次克勤郡王以聞
太宗皇帝勃然怒曰我國肇興治弓矢繕甲兵視將士若赤子
故人争効死每戰必克以成大業朕常恐後世子孫棄我國
淳厚之風沿習漢俗即於慆淫今汝等為此荒樂欲求國家
興隆其可得乎遣伯索尼再三誡諭令
皇上詔大小臣工盡言無隱誠欲立綱陳紀綿國祚於無疆也
臣以為平治天下莫要於信詔令順民心前降諭軫恤滿洲

官兵疾苦。聞者無不懽忭。嗣又派令修造乾清宫。詔令不信
何以使軍民服從。伏祈

皇上效法
太祖
太宗不時與内外大臣詳究政務得失。凡事必豫為商確。然後
頒之詔令。庶幾見諸施行。法行令信。可以紹
二聖之休烈矣。抑臣更有請者。垂休典謨。光昭令德。莫要於設
立史官。
皇上統一中原。事事以堯舜為法。但起居注官尚未設立。古之
聖帝明王。進君子。退小人。順天心。合民志。措天下於太平。垂
鴻名於萬世。良於史臣有賴。今宜倣古制。特設記注官。置諸
左右。凡

皇上嘉言善行。一一記載於，以垂憲萬世，傳之無窮，亦治道之
一助也。
上嘉其言。

〇六一〇　顺治十二年三月初二日　征调工匠盖造乾清宫

《工科史书》I21（译自满文）

署理工部尚书事务左侍郎郭科等谨题，为盖造乾清宫事。看得，据营缮清吏司呈称，乾清宫自正月二十一日起盖造，开工月余看得，因缺工匠，工程甚为耽延，缘由系各处各自施工，工匠来施工处者甚少。经查旧例，据会典内载，明国洪武二十六年定，凡营造宫殿，换班行走之工匠倘不敷用，奏闻后添加工匠。永乐四年于北京盖造宫殿时，征调天下各种工匠。嘉靖三十六年，建门、五凤楼时，凡一般营造之处俱停工。我朝定鼎以来，顺治二年建太和殿等门时，因工匠少，曾停止京城内百姓营造，于顺天等府、省宣谕征调工匠，送工匠前来施工。臣等将此议得，盖乾清宫，大处挨日施工，不可耽延。遵照会典，一般营造应停者停之，除有灾之宗室公以上及营造衙门不停工外，凡京城、关厢内居住之王以下、兵民等人所有营造，一概宣谕停止。于顺天府等八府宣谕文书，令送工匠前来，给发工钱营造。再，咨文山东、陕西二省军门、都堂，不给发穿、吃，给工钱，倘有何项工匠，核查后，作速送部，再送往施工之处，给发工钱，令施工。为此谨题，请旨。奉圣旨：百姓、奴才坏损之房屋、炕修理时，可禁乎？其余之修理，著酌情议奏。钦此。

注：据满文译文录入。

〇六一一　顺治十二年三月初八日　议修睿王陵墓　《清世祖实录》卷九〇

癸巳。一等精奇尼哈番许尔安奏言：九经首重修身，次尊贤，即继之曰亲亲也、敬大臣也。如睿王以亲则皇叔也，以臣则贵戚之卿也，以功则元勋也。昔
太宗任以心膂，托以大事，我
皇上定鼎之后，赞辅
皇猷，抚绥中外，勤劳一生。及身没之日，群议蜂起，论其罪固有难辞，而原其功亦不可泯。我
皇上以天地为心，若宥其罪而录其功，笃亲亲之谊，隆敬大臣之典，修其陵墓，俾得霑恩命于九京，不惟上慰
太宗在天之灵，且有以鼓励大小臣工之心矣。疏入，命议政王、贝勒、大臣会同斟酌，密议具奏。

〇六二一 顺治十二年三月十五日 盖乾清宫等殿竖柱上梁用红缎

《工科史书》121（译自满文）

十五日，署理工部尚书事务左侍郎郭科等谨题，为遵行竖宫殿柱子、上梁之礼，需用花、红缎事。据营造司案呈，经查档，顺治十年，盖造慈宁宫、二妃宫时，内务府章京佟奇奏称：奉圣旨：凡所用之物，照明国所用施行。钦此。钦遵圣旨，因我等部竖二妃宫柱子、上梁之日已近，查例尚未妥协，惟备办祭祀物品祭祀。今竖慈宁宫柱子、上梁，查得《会典》内未载。再，查太常寺《会典》，惟载祭祀之例，花、缎等项未载。故将原内官监总理太监于耀等带来询问，据告称：明国之时，盖造宫殿、门、楼等处，竖柱子、上梁时，钦派首辅大臣、部大臣一员祭祀行礼。头柱、头梁各挂红缎一块，插金花一对。再，钦派上梁之首辅大臣、部大臣、内官监太监、官员人等，头上俱插花，身上斜披红缎。梁上完，瓦梁中间之瓦时，插吻兽、挂牌时，亦仍照此祭文等语。今臣等议得：营造慈宁宫时，除梁、柱子上挂红缎、插花，仍照从前料理外，钦派之为首大臣、监修官员人等，插花、披红缎俱免，工竣后，施恩之处，酌情议题。再，应否照太监所告，遵明国之例，非臣等擅便之处，谨题请旨等因。顺治十年三月初六日具题，初八日奉圣旨：照尔等部所议行。钦此。钦遵谕旨，慈宁宫于初十日将柱子、梁竖完。目今建乾清等宫、殿、门时，竖柱、上梁之事既与礼之例有关，经查明国旧例，由内官监咨文我部。部记旧文书内一项，天启元年正月，竖皇极门柱时，将所有施工处置官员人等、堂上官员、司员之人名缮写，送往内官监具题。一项，天启五年，工部营缮清吏司手本内载，内官监送来揭帖内载，礼部等衙门钦遵圣旨，由钦天监衙门择吉，于本年五月初九日寅时放柱石，既已万世平安，不可与别处之修理相比，各该衙门办事之大小官员，照例发给花、红缎，以备施工。传咨各管衙门，将官员人名作速送内官监，具题后散给等语。一项，钦天监档内载，天启四年，盖午门、皇极门、皇极殿竖柱上梁时，赏钦天监掌礼大臣银八两，红缎一块。赏下面官员银各五两，红绢各一块。再，查内官监档，动荡时俱已焚毁。臣等公同议得，乾清等宫殿与礼之则例关系甚重，经查，头上插花，披红缎之处，会典内未载。太监于耀等所告之言与营缮司所存天启时记事之旧文书相合。应否头上插花、身披红缎，非臣等擅便之处，谨题，请旨。奉圣旨：尔等部仍酌情议奏。钦遵谕旨，臣等酌情议得，乾清等宫殿系皇帝寝宫，关系既然甚重，目今择日竖柱、上梁之时，众官员人等头上插花、披红之礼不可停。惟营造司旧文书内所载，靡费甚重，经议，工部堂上官员、司员，钦天监择日官，在施工处之工部博士、笔帖式、司库、库使、瓦砖监督、通事、佐官、书办、铺户、窑户、海户、车户、内官监笔帖式、领催、无品级太监，管役夫之旗员不去祭祀，旧例内载在场，今一律不准在场。工竣后另议。祭祀时，钦派大臣、内官监掌礼大臣，给发金花各一对、大红缎各二块。施工处之部满汉官员、内官监官员、钦天监掌礼官，给发银花各一对、大红缎各一块。掌□□之工匠头，牙杆绒花各一枝、红绢各一块。遵例头上应插花，身上披缎，所用花、缎，拟交付户部营造科。因非臣等擅便之处，谨题，请旨。奉圣旨：依议。钦此。

注：据满文译文录入。

〇六一三　顺治十二年三月十七日　乾清等宫门竖柱遣官祭神

壬寅。乾清宫。交泰殿。坤寧宫。乾清門。坤寧門。竖柱。遣官祭司工司門之神。

《清世祖实录》卷九〇

〇六一四　顺治十二年三月二十八日　谕礼部速择开讲吉日

癸丑。諭內三院。朕惟自古帝王。勤學圖治。必舉經筵日講。以資啓沃。今經筵已定於文華殿告成之日舉行。日講深有裨益。刻不宜緩。爾等即選滿漢詞臣。學問淹博者八員。以原衔充日講官。侍朕左右。以備諮詢。仍傳諭禮部。速擇開講吉日以聞。

《清世祖实录》卷九〇

〇六一五　顺治十二年三月十五日　睿王私动内帑造府

《清世祖实录》卷九〇

初吏科副理事官彭長庚、一等精奇尼哈番許爾安各上疏稱頌睿王元功、請復爵號、修陵墓、下議政王貝勒大臣會同斟酌、密議具奏。

睿王蓋造伊府及伊弟豫王與英王子勞親第宅、糜費帑金數百萬、以致兵餉空虛、給與他物抵充、周公又有此行乎、睿王於海子內起建避痘處所、私動內帑、擅差部員苦累官工、

○六一六　顺治十二年四月初一日　乾清宫等上梁祭神

乾清宫交泰殿坤寧宫乾清門坤寧門上梁遣官祭司宫司門之神

《清世祖实录》卷九一

○六一七　顺治十二年四月十九日　停造乾坤二宫斜廊石房

癸酉工部奏言前有旨命乾清宫坤寧宫兩傍俱照明朝舊制各造斜廊石房三間乾清門兩傍各石房一間今錢糧不足儻造斜廊石房恐工多費繁致誤乾清等宫殿之工又銅鐵亦難採辦此斜廊石房工應行停止其原估所備木植修理斜廊從之

《清世祖实录》卷九一

○六一八　顺治十二年四月二十七日　沈阳城及其宫殿建制

又□里瀋陽城。樓櫓甚壯。其門八。宮殿界大小南門間。金碧如制。殿左理事亭。八角。翼以諸王殿。周垣後列鐘鼓兩樓。設六部。而戶部有其官。餘虛署也。環闠俱閎整。而章京牛彔家尤雄。城外莊居。則苫瓦相雜。俱温室。有羡粟。道不拾遺。城外白塔四。隨其方。係西僧立。城周六里。東西二陵。而瀋陽之觀止矣。出西關二十里。渡永安橋。其制甲於關東。

《北游录》

○六一九　顺治十二年五月十一日　营造郑亲王寝园照例给银

甲午。禮部奏言。營造和碩鄭親王寢園。照例應給銀五千兩。得旨。著再加銀五千兩。

《清世祖实录》卷九一

○六二○ 顺治十二年五月十六日 乾清等宫安吻遣官祭神

《清世祖实录》卷九一

乾清宫乾清門交
泰殿坤寧宫安吻文官四品以上武官三品以上及科道官
齊集迎於正陽門遣尚書郭科祭琉璃窰之神侍郎額黑里
祭正陽門之神侍郎梁清標祭大清門之神侍郎覺羅額爾
德祭午門之神尚書覺羅巴哈納祭乾清門之神文武左右
隨吻入内至於乾清門左班官員序立於内官監掌印官之
下右班官員序立於工部尚書之下祭畢而退

○六二一　顺治十二年六月初四日　景山瀛台锡以嘉名

《清世祖实录》卷九二，并见嘉庆朝《大清会典事例》卷八八五，参见《北游录》

丁巳諭禮工二部從來帝王所
都與夫宮禁近處未有不因其形勢錫以嘉名者今名紫禁
城後山為景山西華門外臺為瀛臺其應行事宜爾二部察
例具奏

○六二二　顺治十二年六月十七日　修造钟粹宫等添制黄瓦

《工科史书》122（译自满文）

十七日，署理工部尚书事左侍郎郭科等谨题，为添制黄瓦等物料事。据营缮清吏司呈称，内官监送来咨文内开，东旁钟粹宫有旧瓦，已将两旁翊坤宫、储秀宫原瓦之旧黄瓦取来，运入宫内使用，翊坤宫、储秀宫已用所烧之黑瓦瓦之。是以拟制造此三宫所需之新黄瓦四十一万七千五百五十块。另盖造全为卷棚之楼四座，每座盖一间，需瓦一万二千二百三十块。添盖小门二座，此需瓦九千七百三十六块。东西南大墙按瓦旧瓦计算，料不敷用，需添制急料一千二百三十斤。询问监督陈英德，提督太监孙进礼，所官王环民、张秀彦、蔡吉等先前制造之瓦剩余多少，据告称，目今共需制造新黄瓦四十四万七百四十块等语。我等拟减造十万块。先前制完送来之黄瓦内有剩余亦不可料，嗣后倘黄瓦不敷用，赶制亦不耽延等语。再，乾清宫拆下之旧黄瓦、各处搜集之瓦、钟粹宫拆下之瓦，翊坤宫、储秀宫二宫厢房之瓦，景福宫拆下之瓦，将此六处旧黄瓦，拟瓦新添盖之隆宗门四五间，景运门四五间，饭房、茶房七间，修门脸房七间，东西大墙、六宫隔断小墙等处。承乾宫、景仁宫、永寿宫，此新建三宫，原估算用新黄瓦三十六万五千三百零一块，前曾送文前来，令其中二十一万九千一百八十块新造，其余十四万六千一百二十一块暂不制造。目今算此十四万六千一百二十一块，总计新制造黄瓦四十八万六千八百六十一块，命作速制造等语。臣等将此议得，先前计算制造一百十八万余块瓦，给银二十四万七千八百七十七两制瓦，业经全部制完。目今新添制黄瓦四十八万六千八百六十一块，按制一块瓦需二钱一分银计算，共需银十万二千二百四十两八钱一分，此需铅十一万二千八百九十斤，按此项修理见新工程添加之数施工。惟所出之钱粮数甚多，非臣等擅便之处，谨题，请旨。奉圣旨：依议。着添制。钦此

注：据满文译文录入。

○六二三　顺治十二年六月二十一日　为乾清宫等用铁领取金银

《工科史书》122（译自满文）

二十一日，制造库郎中德尔德依等谨题，为领取金银事。掺入乾清宫等宫殿门窗上铁钉用铁及穿朝珠素珠用套环用铁之头等火金五百两、银六百两，拟从户部领取，为此谨题请旨。奉圣旨：着领取。钦此。

注：据满文译文录入。

○六二四　顺治十二年六月二十八日　命工部立内十三衙门铁牌

《清世祖实录》卷九二，并见《日下旧闻考》卷七一

辛巳命工部立内十三衙門鐵牌敕諭
曰中官之設雖自古不廢然任使失宜遂貽禍亂近如明朝
王振汪直曹吉祥劉瑾魏忠賢等專擅威權干預朝政開廠
緝事枉殺無辜出鎮典兵流毒邊境甚至謀為不軌陷害忠

良煽引黨類稱功頌德以致國事日非覆敗相尋足為鑒戒
朕今裁定内官衙門及員數職掌法制甚明以後但有犯法
干政竊權納賄囑托内外衙門交結滿漢官員越分擅奏外
事上言官吏賢否者即行凌遲處死定不姑貸特立鐵牌世
世遵守

〇六二五　顺治十二年八月二十六日　承乾宫等竖柱上梁祭神　《清世祖实录》卷九三

承乾宫景仁宫永壽宫竪柱上梁遣官祭司工之
神

〇六二六 顺治十二年九月二十七日 兵部题奏武殿试则例

《清世祖实录》卷九三

兵部题奏武殿试则例

读卷官用大学士学士及吏户礼刑工五部都察院通政使司大理寺堂官各一员。提调官用兵部尚书侍郎二员。监试受卷弥封掌卷巡绰写榜各官，及光禄寺备宴，俱与文殿试同。其印卷官用职方司理事官郎中他赤哈哈番笔帖式哈番各一员。供给官用武库司理事官郎中他赤哈哈番各一员。太常寺官一员。光禄寺官六员。武举人各于天安门就试。试毕，以卷送午门外东直房读卷官公阅，传胪先一日，内三院官、兵部官各执选取卷，进呈跪读，俟御批一甲三名毕，各赴内院，公同填榜。用宝。从之。

〇六二七　顺治十二年九月二十八日　因工匠施工辛勤请旨赏赐　《工科史书》126（译自满文）

署理兵部尚书事务左侍郎郭科等谨题，为众工匠施工辛勤，应否依例赏赐，请旨遵行事。据营缮清吏司呈称，查得，丝纶文内载，永乐六年十月，于北京施工之兵丁、百姓、工匠、役夫，给发衣服、鞋。工匠给发棉袍各一件，鞋各二双。兵丁给发棉袍、鞋各一双。百姓之役夫给发布各一匹、鞋各一双、裤子各一条。又，十七年四月，赏给营造之兵丁、役夫、工匠胡椒、鱼。又，十七年五月，降旨礼部，营造时，视兵丁、百姓肯干，赏绸五匹，绢布各一匹，苏木、胡椒各一斤。又，十五年六月开工，十八年十二月工竣，挨次赏给兵丁、百姓、工匠、役夫绸、胡椒、苏木等语。臣等会同内官监议得，招集担负盖造之内官监工匠、我部所雇工匠、五城工匠、各王府工匠、八旗工匠、直隶八府工匠、山东山西工匠，于顺治十二年正月二十一日起开工盖造。算之已是第九个月。仰合主子之意，众工匠精心诚悃盖造，数月之内，乾清宫盖造完竣。除去彩画、油饰两旁院子尚需时日外，景仁宫等六宫业经盖完，众工匠甚属辛苦，尚未盖完之处既仍盖造，应照永乐之例，赏赐御寒衣服等物项，伏乞降旨礼部议奏可也。因非臣等擅便之处，谨题，请旨。奉圣旨：依议。钦此。

注：据满文译文录入。

〇六二八　顺治十二年十月初二日　定殿试武举仪注

《清世祖实录》卷九四

定殿試武舉儀注。先一日。兵部官。鴻臚寺官。設策案於太和殿內。東偏。又設一黃案於殿外丹陛正中。光祿寺官備試桌於丹墀左右。次日早。候
皇上陞殿。讀卷官并執事等官。各具朝服赴丹墀聽鴻臚寺官贊。行三跪九叩頭禮。畢。內院官進殿內策案前。侍立。兵部官在殿外丹陛西邊侍立。內院官以策題付兵部官。兵部官跪受。至丹陛正中黃案前。跪。置案上。行三叩頭禮。舉策題案。從丹陛下。置於御道中。衆武舉聽鴻臚寺官贊。行三跪九叩頭禮。畢。分東西侍立。鴻臚寺官又引衆武舉赴策題案前列班贊跪。衆武舉跪。兵部官散題。畢。贊叩頭。衆武舉行三叩頭禮。各就試桌。其受卷掌卷彌封等官。候衆武舉對策畢。將試卷收貯箱內。讀卷官於午門外東直房公閱。

〇六二九　顺治十二年十月初五日　上御太和殿策试武举

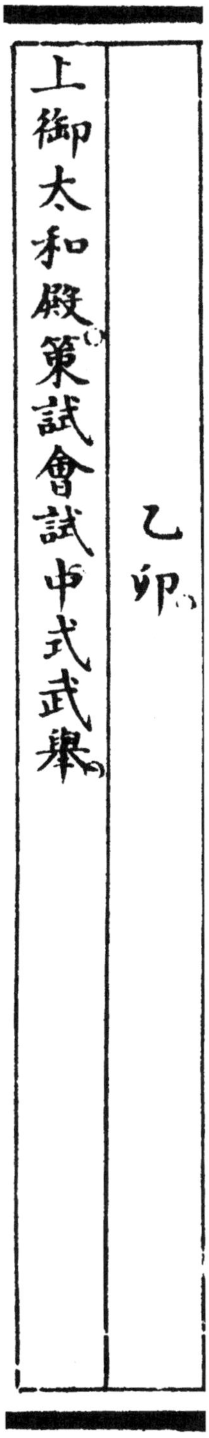
乙卯，上御太和殿策試會試中式武舉。

《清世祖实录》卷九四

〇六三〇　顺治十二年十月初五日　题查宫殿地面用砖

初五日，总管米谷钱粮管军务查定江宁等处左佥都御史臣张忠元谨题，为咨文查宫殿地面所铺之砖事。接准户部咨称，派员外郎伊哈达等前来后，臣等立即公同查看，经遍查旧砖，并无剩余，再新制作之方砖，所折之价即如此。动何项钱粮之处，前已缮档，由部详查后送去外，倘造砖甚难之缘由，业经据实奏闻皇上。再已旧之烧窑图样及所议之文，已送部查核，理合具题，伏乞降旨该部，再行详查，题闻皇上后，派臣等遵行。因非臣等擅便之处，谨题，请旨。奉圣旨：着工部作速议奏。钦此。

注：据满文译文录入。

《工科史书》125（译自满文）

〇六三一　顺治十二年十一月初二日　迎交泰殿宝顶各门随祭诸神　《清世祖实录》卷九五

是日文官四品以上武官三品以上齊集迎交泰殿寶頂於製造庫，分左右行隨至乾清門，遣尚書衛周祚祭製造庫之神，侍郎孫廷銓祭東安門之神，尚書胡世安祭東華門之神，侍郎額黑里祭乾清門之神，尚書覺羅郎球祭交泰殿司工之神。

〇六三二　顺治十二年　建乾清宫　《国朝宫史》卷一二，并见《日下旧闻考》卷一三，参见《光绪顺天府志》卷二

乾清門之内爲乾清宫，順治十二年建

〇六三三　顺治十二年　重建乾清宫等宫　康熙朝《大清会典》卷一三一，并见《古今图书集成·职方典》卷三，参见雍正朝《大清会典》卷一九七

十二年重建

乾清宫。宫之後曰

坤寧宫。乾清坤寧兩宫之間。曰

交泰殿。

乾清宫之前。曰

乾清門。

坤寧宫之前。曰坤寧門。

乾清門外。兩廡之間。左曰景運門。右曰隆宗門。

坤寧宫之東。曰景仁宫。承乾宫。鍾粹宫。坤寧宫之

西。曰永壽宫。翊坤宫。儲秀宫

○六三四　顺治十二年　重建内宫

乾隆朝《大清会典则例》卷一二六

十二年重建内宫前曰

乾清門東垣之中曰景運門西垣之中曰隆宗門

乾清門之内曰

乾清宫宫後曰

交泰殿殿後曰

坤寧宫宫後曰

坤寧門

坤寧宫之東曰

景仁宫

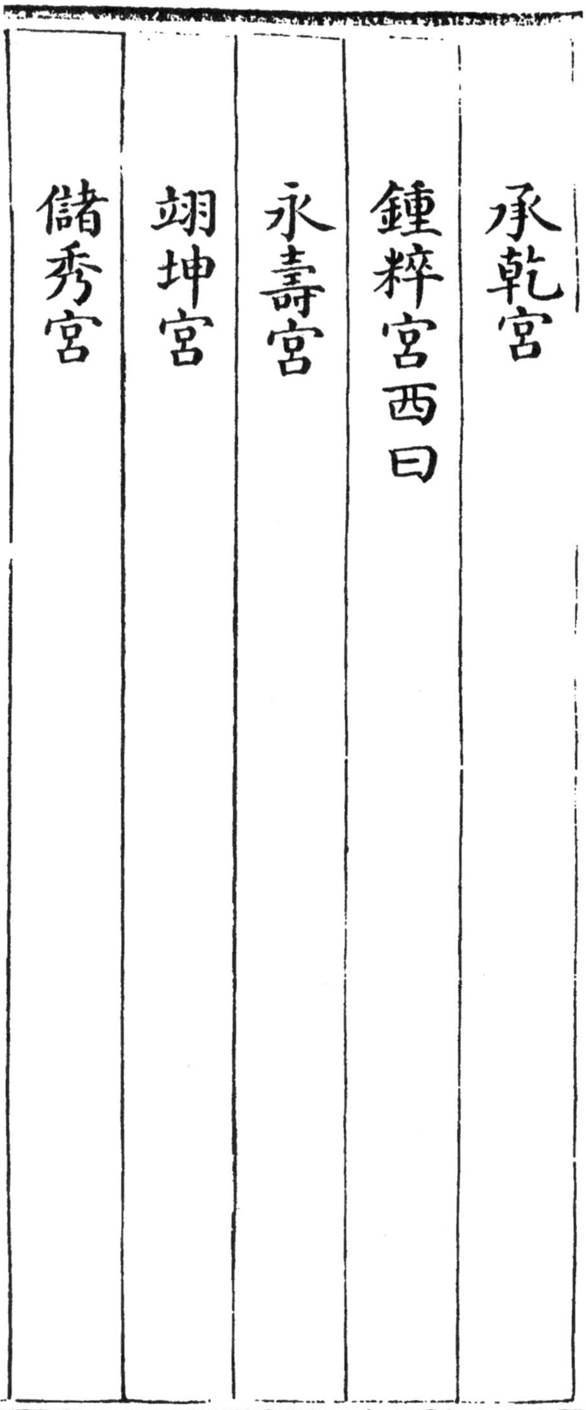

〇六三五　**顺治十二年　重建内宫**

嘉庆朝《大清会典事例》卷六六二，并见光绪朝《大清会典事例》卷八六三

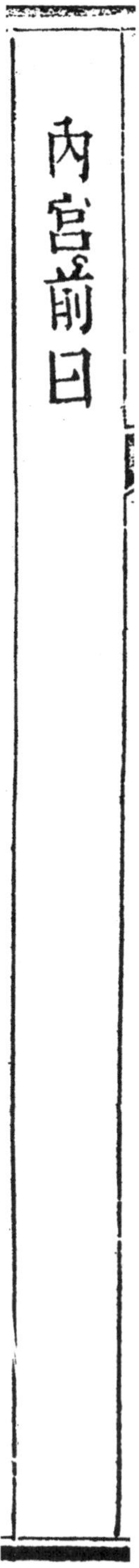

乾清門東垣之中曰

景運門。西垣之中曰

隆宗門。

乾清門之內曰

乾清宮。宮後曰

交泰殿。殿後曰

坤寧宮。宮後曰

坤寧門。○又重建

景仁宮。

承乾宮

鍾粹宮於東一長街之東。重建

永壽宫
翊坤宫
儲秀宫於西一長街之西。

○六三六　顺治十二年　建景和门隆福门坤宁宫　《国朝宫史》卷一二，并见《日下旧闻考》卷一八，参见《日下尊闻录》第二十九页

兩廡間左出者爲景和門，右出者爲隆福門，殿之後爲坤寧宫，俱順治十二年建。

○六三七　顺治十二年　重建景仁宫　《日下旧闻考》卷一五，参见《国朝宫史》卷一二

日精門東爲東一長街，南卽内左門，中爲近光左門，北爲長寧左門，稍北而西卽瓊苑東門。由近光左門而北，嚮西之門凡三，曰咸和左門，廣生左門，大成左門。咸和左門東相對爲景曜門，中間南嚮者曰景仁門，門内爲景仁宫。同上

〔臣等謹按〕景仁宫順治十二年重建。

○六三八　顺治十二年　重建承乾宫　《日下旧闻考》卷一五，参见《国朝宫史》卷一二

廣生左門東相對爲履和門，中間南嚮者曰承乾門，門内爲承乾宫。國朝宫史

〔臣等謹按〕承乾宫順治十二年重建。

○六三九　顺治十二年　重建钟粹宫　《日下旧闻考》卷一五，参见《国朝宫史》卷一二

大成左門東相對爲凝瑞門，中間南嚮者曰鍾粹門，門内爲鍾粹宫。國朝宫史

〔臣等謹按〕鍾粹宫順治十二年重建。

○六四○　顺治十二年　重建永寿宫　《日下旧闻考》卷一五，参见《国朝宫史》卷一三

月華門之西爲西一長街，南即内右門，中爲近光右門，北爲長寧右門，轉東即瓊苑西門也。由近光右門而北，向東之門凡三，曰咸和右門，廣生右門，大成右門。咸和右門之西相對爲純佑門，中間南向者曰永壽門，門内爲永壽宫。國朝宫史

〔臣等謹按〕順治十二年重建永壽宫

〇六四一　**顺治十二年　重建翊坤宫**　《日下旧闻考》卷一五，参见《国朝宫史》卷一三

廣生右門之西相對爲崇禧門，中間南向者曰翊坤門，門内爲翊坤宫。國朝宫史

〔臣等謹按〕順治十二年重建翊坤宫

〇六四二　**顺治十二年　重建儲秀宫**　《日下旧闻考》卷一五，参见《国朝宫史》卷一三

大成右門之西相對爲長泰門，中間南向者曰儲秀門，門内爲儲秀宫。國朝宫史

〔臣等謹按〕順治十二年重建儲秀宫

〇六四三　**顺治十二年　重建景运门隆宗门**　《光绪顺天府志》卷二

其前東出者爲景運門，西出者爲隆宗門，順治十二年重建。會典事例六百六十一。門各五楹，東西嚮。

〇六四四　顺治十二年　重建乾清宫制办金砖

康熙朝《大清会典》卷一三三二，并见雍正朝《大清会典》卷一九八、乾隆朝《大清会典则例》卷一二八、嘉庆朝《大清会典事例》卷六七〇、光绪朝《大清会典事例》卷八七五

順治十二年。重建

乾清等宫。需用鋪地二尺尺七金磚。內官監具題。

工部差官。前往蘇州。會同巡撫估計。交地方官。

動支本省應解工部正雜改折等銀製辦

〇六四五　顺治十二年　烧造金砖正副之比

康熙朝《大清会典》卷一三二，并见雍正朝《大清会典》卷一九九、乾隆朝《大清会典则例》卷一二八、嘉庆朝《大清会典事例》卷六七〇、光绪朝《大清会典事例》卷八七五

又

题准。旧例二尺金甎。烧造一正二副。尺七金磚。烧造一正一副。料價繁費。每副甎十塊。應減去七塊。准造三塊

○六四六　顺治十二年　复准内庭营建先期上请

康熙朝《大清会典》卷一三二，并见雍正朝《大清会典》卷一九七、乾隆朝《大清会典则例》卷一二六、嘉庆朝《大清会典事例》卷七六二、光绪朝《大清会典事例》卷一〇一六

凡

內廷營建。順治十二年覆准。建造

宫殿。一應工程。該衙門先期上請。

勅下工部會同科道估計。以防冒破

○六四七 顺治十二年 修造宫殿竖柱上梁等祭神

乾隆朝《大清会典则例》卷一二六

又定修造
宫殿豎柱上梁合龍懸匾均請
旨遣大臣祭告需用花紅戶工二部支給迎吻遣官
一人祭吻於琉璃窰並遣官四人於
正陽門
大清門
午門
太和門祭告文官四品以上武官三品以上及科
道官排班迎吻各

壇廟等工迎吻及祭經由之門均如之

〇六四八　顺治十二年　八旗各出管工官等营建宫殿

乾隆朝《大清会典则例》卷一二六

是年重建

乾清宫坤寧宫交泰殿令八旗滿洲蒙古漢軍每佐領下出工匠一名夫四名管押各匠夫滿洲每旗差管工官一人驍騎校一人每叅領差領催一名蒙古漢軍每旗差驍騎校一人每叅領差領催一名由部委滿司官四人漢軍司官二人漢司官二人筆帖式五人

〇六四九　顺治十二年　增委内务府官管理营建

又題準增委內務府官一人同部委司官筆帖式及內監通事等協同管理

乾隆朝《大清会典则例》卷一二六

〇六五〇　顺治十二年　五城等匠役派员管理

十二年題准。五城匠役。各泒坊官一員查管。其直隸山東山西解到匠役。順天府泒佐貳官一員。協同

康熙朝《大清会典》卷一三二，并见雍正朝《大清会典》卷一九八、乾隆朝《大清会典则例》卷一二六、嘉庆朝《大清会典事例》卷七八〇、光绪朝《大清会典事例》卷一〇四一

○六五一　顺治十二年　重建关帝庙

《日下旧闻考》卷一○七，并见《光绪顺天府志》卷六

增西紅廟東有忠義廟。五城寺院册

〔臣等謹按〕忠義廟舊稱團營關帝廟。考明景泰間，于謙選三大營兵分十營團練，號曰團營。英宗復辟廢之，成化間復立，增爲十二。此廟乃明代團營所祀之神，俗稱東紅廟，與西廟對峙者也。本朝順治十二年奉勅重建，賜名忠義。殿前恭立世祖章皇帝御製碑文。左右明碑二：一爲吏部尚書李東陽撰，正德四年立；一爲禮部尚書費宷撰，嘉靖丁未重修記。

增世祖章皇帝御製重建忠義廟碑記　朕聞國家靈長之運，必憑藉高穹元貺，而乃永永於無疆者，其明禋崇報當何如耶！茲都城北德勝門外土城前，舊有關聖廟一座，創自明朝，已歷多年。其間污漫傾頽，瞻禮不雅。朕念神威赫奕，忠義昭然，有感必應，有禱卽靈，隨發誠意，遣官重飾廟宇，莊嚴聖像，復建東西兩廊山門圍牆，皆焕然一新。是豈無緣而致之也哉！今已功成，噫嘻盛歟！作廟翼翼，億萬斯年。

○六五二　顺治十二年　尚方司改名尚方院　《日下旧闻考》卷七一

增慎刑司署在西華門外長街之北，東向，前後三重，廨舍共五十三間，掌内府之刑罰。初名尚方司，顺治十二年，改爲尚方院

○六五三　顺治十二年　盖造馆舍安置宾客　康熙朝《大清会典》卷一三一，并见雍正朝《大清会典》卷一九八

十二年題准。於安定門外。蓋造館舍。安置外來朝貢賓客。各泒軍役看守

〇六五四　**顺治十二年　顺天等府解送匠役给价赴工**　康熙朝《大清会典》卷一三二，并见雍正朝《大清会典》卷一九八、乾隆朝《大清会典则例》卷一三七、嘉庆朝《大清会典事例》卷七一七、光绪朝《大清会典事例》卷九五二

十二年题准。匠役缺少。工程稽迟。令顺天等八府。解送匠役。及行文山东山西二省督抚。查各匠有願應役者。速行解部。照時給價赴工

○六五五　**顺治十二年　令给在工匠役冬衣**　康熙朝《大清会典》卷一三二，并见雍正朝《大清会典》卷一九八、乾隆朝《大清会典则例》卷一三七、嘉庆朝《大清会典事例》卷七一七、光绪朝《大清会典事例》卷九五二

十二年。令給在工匠役冬衣

○六五六　**顺治十二年　工成外解匠役回原籍**　康熙朝《大清会典》卷一三二，并见雍正朝《大清会典》卷一九八、乾隆朝《大清会典则例》卷一三七、嘉庆朝《大清会典事例》卷七一七、光绪朝《大清会典事例》卷九五二

又題准。大工告成。外解匠役。酌量路途遠近。每日給飯銀七分。令其回籍

〇六五七　**顺治十二年　铸铁牌十三面**

十二年鑄鐵牌十有三面設内府十三院衙門

乾隆朝《大清会典则例》卷一三〇、并见嘉庆朝《大清会典事例》卷六八八、光绪朝《大清会典事例》卷九〇〇

〇六五八　**顺治十二年　设金银缎匹颜料三库**

京庫

金銀庫　凡直省解到地丁正雜銀兩及金珠玉石俱送本庫收

叚疋庫　凡各省解到紬叚布疋皮張麻觔等項俱送本庫收

《古今图书集成·考工典》卷六七

顏料庫　凡各省解到硃砂黃丹沈香降香併紙張
等項俱送本庫收
以上三庫俱在戶部衙門順治元年止設後庫一
十二年分為三庫

〇六五九　顺治十二年　各库钥匙交内庭收贮

乾隆朝《大清会典则例》卷一五九，并见嘉庆朝《大清会典事例》卷九一〇、光绪朝《大清会典事例》卷一二〇五

順治十二年奏準各庫鑰匙每

晚交送

內廷收貯

顺治十三年

（一六五六年一月至一六五七年二月）

〇六六〇　顺治十三年正月初六日　重处冒估修襄亲王府费用官员

工部製造庫
奏言修葺襄親王府第需用赤金四百兩為釘片鍍金之用
得旨此乃王所暫居又非創造偶爾修葺赤金四百兩安所
用之且修乾清宮時尚務儉樸今何得估計糜費如此之多

其工部製造庫官員吏部從重議罪以聞

《清世祖实录》卷九七

〇六六一　顺治十三年正月初六日　诰封官员墓碑由其子孙自备

內三院奏言封
贈等官墓碑考之會典止有碑式大小其碑上應用何文未
有成例查故明封贈之官墓碑稱誥贈某官某人之墓亦有

《清世祖实录》卷九七

子孫自將封贈誥命之文刋刻碑文者。亦有不刋刻者。今臣等議。臣子榮親。以王言為重。凡蒙恩封贈官員。似應子孫自備石碑。各將所得誥命刋刻。以垂永久。從之。

○六六二　顺治十三年正月二十一日　文渊阁藏书零落

《北游录》

庚子。是日勑修通鑑全書。宴總裁纂修諸臣。先是簡文淵閣藏書。俱零落不存。則修書何所據也。

○六六三　顺治十三年三月十五日　定大军出征班师礼

《清世祖实录》卷九九

定大軍出征班師禮。諸王貝勒

貝子公大臣於出師前一日將例賞衣服馬匹弓韇等物於
午門前頒給領賞畢其出征護軍校驍騎校等官以上詣
上前面諭行師方畧賜宴及出師日出征各官俱穿鮮明袍服
候於午門外是日
皇上鹵簿全設其不出征諸王貝勒貝子公俱朝服集太和殿
丹陛上文武各官俱朝服集太和殿丹墀内分班序立頒給
主帥敕印設於太和殿外東旁候
皇上陞殿主帥詣前跪領敕印畢出征官聽鳴贊官贊行三跪
九叩頭禮畢仍賜茶遣之待平定地方班師還京之日或王
貝勒貝子公遣一員仍量遣大臣隨同出城迎接該部備茶
酒齎往賞賚到京次日平明出征各官各具鮮明袍服候於
午門外

皇上鹵簿全設其未出征諸王貝勒貝子公俱朝服在太和殿
丹陛上文武各官俱朝服在太和殿丹墀內分班序立候
皇上陞殿出征官聽鳴贊官贊行三跪九叩頭禮畢賜宴其破
敵衝鋒効有勤勞兵丁序坐各官班後與宴

○六六四　顺治十三年四月二十四日　乾清宫等工将告竣候旨册封妃嫔

《清世祖实录》卷一〇〇

禮部尚書
恩格德等奏言册封
中宮已照例舉行妃嬪尚未册封今建造乾清坤寧二宮及景
仁等宮殿將及告竣未便久虛應做古典禮册封妃嬪得旨
册封妃嬪諸典禮

皇太后在上。當倶肯行。何得輒爲奏請。昨因爾部職掌未盡。故加飭責。處分爾等。應洗心省改。圖辦要務。乃欲迎合朕意。輕率安陳。大臣事君之道。果如是耶。殊屬不合。著嚴飭行。

○六六五　顺治十三年四月二十四日　崇尚节俭按实开销

一曰崇尚節儉。爲帝王之美德。天地生財。止有此數。不在國則在民。今當上下匱乏之際。惟有斟酌損益之法。凡燒造。織造。興作。齋醮等費。宜概行停止。或有營繕萬不可已者。事前公同估計。毋使冒支。事後按實開銷。毋使耗侵。則不傷財不害民矣。

《清世祖实录》卷一〇〇

一六六六　顺治十三年闰五月初四日　福陵刷围墙需用红土

《工科史书》129（译自满文）

工部尚书臣孙塔等谨题，为红土事。据屯田清吏司呈称，准盛京大将军叶克苏咨文我部称，刷福陵墙内外所需红土十六万三千二百斤，七月用等语。掌关防官巴该、副掌关防官穆苏、尚膳总领卓克西送文前来，是以呈部等因前来，已交司，应议题等因。臣等将此查得，先前刷昭陵墙内外，需用红土，令发去，我部题请谕旨后送去。臣等将此议得，今刷福陵围墙红土令发去，将此亦照给昭陵送红土之例，拟驰驿送去。此非臣等擅便之处，谨题请旨。奉圣旨：依议。钦此。

注：据满文译文录入。

一六六七　顺治十三年闰五月初九日　乾清宫前安设江山社稷神位

《清世祖实录》卷一〇一

丙辰安設江山社稷神位於乾清宮前遣官致祭。

○六六八　顺治十三年闰五月十二日　乾清宫等宫合龙门遣官祭神

《清世祖实录》卷一〇一，参见《清史稿》卷五

> 己未，乾清宫、乾清門、坤寧宫、坤寧門、交泰殿及景仁、永壽、承乾、翊坤、鍾粹、儲秀等宫成，合龍門，插劍懸牌，遣官祭后土、司工、司門之神。

○六六九　顺治十三年闰五月十三日　拟停修盛京太庙等房

《工科史书》129（译自满文）

工部尚书臣孙塔等谨题，为请旨停止工程事。据营缮清吏司呈称，准镇守盛京地方大将军叶克苏等咨文内开，太庙三间房连梁已全坏损，将此施工之器具，此处皆有。再，大政殿北边五间房，柱子朽烂，已坏损一半，无法修理，将此咨部知照等语。我部将此议后咨称，盛京官丁内，何处官丁有闲，大将军叶克苏尔等即酌情带来此等官丁修理，倘无官丁，雇工匠修之。倘雇工匠所出之钱、所用何项没有，即将没有之项计算后咨文等语。大将军等曾回文称，太庙三间房、大政殿北边五间房修理时所需之银先给发一千两，敷用则已，倘不敷用，嗣后咨文等语。我部又咨复称，太庙有无跳神、祭祀之处，房屋共有多少间，坏损之三间房内摆放之器皿有无存放之处。再，大政殿坏损一半之五间房内，目今大臣聚会所住之重要之房、无用之闲房，将此二项房据实缮文咨行等语。今大将军叶克苏等回文称，不算太庙坏损之三间房，另有头等房三间，放器皿房三

间、大门三间，此俱已坏损，今无跳神、祭祀之处，惟有道士守于该处。大政殿北面五间房亦非大臣聚集之房，系无用之闲房，虽系闲房，亦应咨部知照等语。已将此交司，应议题等因，呈文前来。臣等将此议得，太庙无跳神、祭祀之房，坏损之房所放器皿，均匀放于其它放器皿之房内可也。大政殿北面五间房既非大臣聚集之房，系闲房，拟停修。此非臣等擅便之处，谨题请旨。奉圣旨：此系修理之处，尔部即议停修，甚不合理，仍会同礼部，查例议题。钦此。

注：据满文译文录入。

《清世祖实录》卷一〇二

〇六七〇　顺治十三年六月初三日　乾清宫等告成议册立妃嫔

先是。

皇太后諭内大臣公鰲拜巴圖魯遏必隆伯索尼曰今聞乾清

坤寧景仁等宫殿俱已告成册封皇后已須册寶妃嬪尚未

册立應照例舉行爾等啓知

皇帝鰲拜等隨以

皇太后旨奏聞

上命會同禮部議是日鰲拜等議宮殿不應久虛妃嬪禮宜册

立請遵

皇太后旨勅禮部察應行典禮詳列具奏施行疏入報可

○六七一　顺治十三年六月初七日　礼部奏请行册立妃嫔典礼

禮

部以册立兩妃九嬪典禮奏請得旨令先册立東西二宮皇

妃應行事宜爾部即照例酌議具奏餘著候旨。

《清世祖实录》卷一〇二

○六七二　顺治十三年六月十六日　册立皇妃仪注

《清世祖实录》卷一〇二

禮部奏册立皇妃儀注册立兩妃宜用金册先一日遣
官祭告
太廟至期早設黄案一於
皇上看册處兩妃儀仗各設於所居宫門外仍設黄案一於宫
院正中又設黄案一於東傍設綵亭二於
皇上看册門外階下内院禮部官捧册由中道入置黄案上候
皇上看册畢命以册授遣封官遣封官跪受由中道至門外置
册於綵亭齎至兩妃宫門外内院禮部官捧册授内監内監
跪接捧進皇妃具禮服迎於階墀捧册内監以册置東傍黄
案内贊女官擧册西向立宣讀妃跪聽宣畢以册授東傍女
官女官跪授皇妃妃授西傍女官置中黄案上望

闕行叩頭禮禮畢迎入宮次日皇妃詣慈寧宮於
皇太后前行禮奏入命於八月以後擇吉具奏

〇六七三　顺治十三年六月十六日　巴图鲁等奏请迁移祖陵

《清世祖实录》卷一〇二

癸巳
議政大臣巴圖魯公鰲拜等議奏興京
景祖翼皇帝
顯祖宣皇帝陵自克取遼東後遷至東京原以便展謁伸祭享
也今據欽天監地理官奏稱興京
皇陵風水實係第一福地請仍遷
景祖
顯祖陵於

肇祖原皇帝

興祖直皇帝陵傍庶與風水有合等語夫果旺氣所鍾福祥攸

萃宜如所請將各

陵界内墳墓房屋俱應遷移被圈地畝應交户部撥補得旨東

京

二陵自

太祖

太宗時擇吉恭遷安奉已久展謁致祭孝慕可伸今以地理之

言又議遷移恐未合理况本朝誕膺

天眷國運昌隆移

陵東京之後肇基一統垂裕萬年言乎福地允推至善至於週

圍界内臣民墳墓安集多年議令改遷亦屬未協其另議以

聞

〇六七四　顺治十三年六月二十六日　立孔氏为东宫皇妃　《清世祖实录》卷一〇二

癸卯諭禮部奉
聖母皇太后諭定南武壯王女孔氏忠勳嫡裔淑順端莊堪翊
壼範宜立為東宮皇妃爾部即照例備辦儀物候旨行册封
禮

〇六七五　顺治十三年六月二十六日　内大臣等移居皇城外着停止　《清世祖实录》卷一〇二

都察院奏言
近聞内大臣侍衛等欲令移居皇城外竊念諸臣向因叨恩
侍從心切近光各毀舊居遷入城内今復令外移未免勞苦

耗費。且皇城重地。扈衛需人。宜仍環居左右。俾得朝夕侍從。
疏入。得旨。此奏念切為國。克盡言職。深可嘉悦。内大臣侍衛
等移居著停止。

〇六七六 顺治十三年七月初四日 工部监造襄亲王坟祠 《清世祖实录》卷一〇二

禮部奏言。和碩襄親王祭葬禮宜優厚。應於定例外加
祭一次。工部監造墳祠。從之。

〇六七七　顺治十三年七月初五日　顺治帝移居乾清宫遣官祭告

辛亥

上以移居乾清宫遣官祭告

天地

宗廟

社稷

《清世祖实录》卷一〇二

〇六七八　顺治十三年七月初六日　顺治帝移居乾清宫免行庆贺礼

壬子

上移居乾清宫以和碩襄親王喪免行慶賀禮

《清世祖实录》卷一〇二

〇六七九 顺治十三年七月初七日 以乾清宫成颁诏天下

《清世祖实录》卷一〇二

癸丑，以乾清宫成，颁诏天下。诏曰：帝王统御天下，必先巩固皇居，壮万国之观瞻，严九重之警卫，规模大备，振古如兹。朕自即位以来，思物力之艰难，罔敢过用，轸民生之疾苦，不忍重劳，暂改保和殿为位育宫，已经十载。揆之典制，建宫终不容已，乃于顺治十年秋卜吉鸠工。今乾清坤宁宫告成，祗告天地、宗庙、社稷，于顺治十三年七月初六日临御新宫，懋图治理。念臣民之劳瘁，宜恩赦之广颁，所有事款，条列于后：一、文职官员，除大计处分，失陷城池，缉盗不获，罪犯越狱，贪赃，拖欠钱粮漕

糧等罪不赦外其餘議革議降議罰及戴罪住俸各官俱免

議。一除革職降級休致回籍人員外直省地方果有才行著聞及學問優長者著該督撫按覈實具奏。一順治十三年七月初七日昧爽以前官吏軍民人等除謀反叛逆子孫殺祖父母父母内亂妻妾殺夫告夫奴婢殺家長殺一家非死罪三人。採生折割人。謀殺。故殺。蠱毒魘魅毒藥殺人强盜妖言十惡等真正死罪不赦外滿洲逃人窩主干連人等官役受贓。監守自盜拖欠錢糧漕糧侵盜漕糧員役亦不赦其餘死罪俱減一等軍罪以下大計軍政失陷地方城池貪贓拖欠錢糧漕糧緝盜不獲罪犯越獄等罪亦俱不赦外其餘無論已發覺未發覺已結正未結正咸赦除之有以赦前事訐告者不與審理即以其罪罪之一直省報荒地方有隱漏田糧以熟作荒者許自行出首盡行免罪其首出地畝即以當年起科以前隱漏錢糧概不追理如被他人告發仍行治罪追糧一各省屯田荒地已行歸併有司即照三年起科事例廣行招墾如有殷實人户能開至二千畝以上者照遼陽招民事例量為録用一武職官員除失陷地方縱兵搶掠并軍政處分大貪受贓外其餘見在議革議降議罰俱免議有因公事詿誤革職降級罰俸戴罪住俸等項各該衙門悉與奏明寬宥一滿洲兵丁各處征勦陣前被傷未經給賞者照例速給一各地方人等有因叛逆干連原係無辜者該督撫按即

與具題釋放。一、各處依附土賊等衆，如悔過擒拏賊首投誠，及賊首率衆來降者，概宥前罪，仍給與官職，以示鼓勵。若係土賊投誠，該督撫查願充兵者，准入營伍，願爲民者，安插歸農，務使得所。一、有嘯聚山海，擁衆不服者，果能真心投誠，盡赦前罪，仍量加賞録。一、各處盜賊，或爲水旱災荒所累，貪酷官吏所迫，情實可憫，但能改過自首者，盡赦其罪。一、除謀殺、故殺外，如原無讐隙，偶因一時忿激，相毆傷重致死者，將兇犯免死，决杖一百，依律追銀二十兩，給付死者之家。一、應追贓私，除貪贓侵盜情重者不赦外，其餘查係家產盡絶，力不能完者，概與豁免，不許株連親族。一、罰贖積穀，原以豫備賑

濟今歲水蝗為災秋冬之際恐民生艱困各巡按御史確查

災荒地方除蠲免正糧外其流離無告者即動前項贖穀賑

濟不得令姦民冒領一〇十二年以前各省牛角皮料等項果

有未解完者工部照例改折以紓民力於戲定丕基於萬世

益廑敬

天法

祖之心通寰宇為一家共躋物阜民安之盛布告中外咸使聞

知〇

〇六八〇　顺治十三年七月初九日　乾清等宫告成恩赏官役

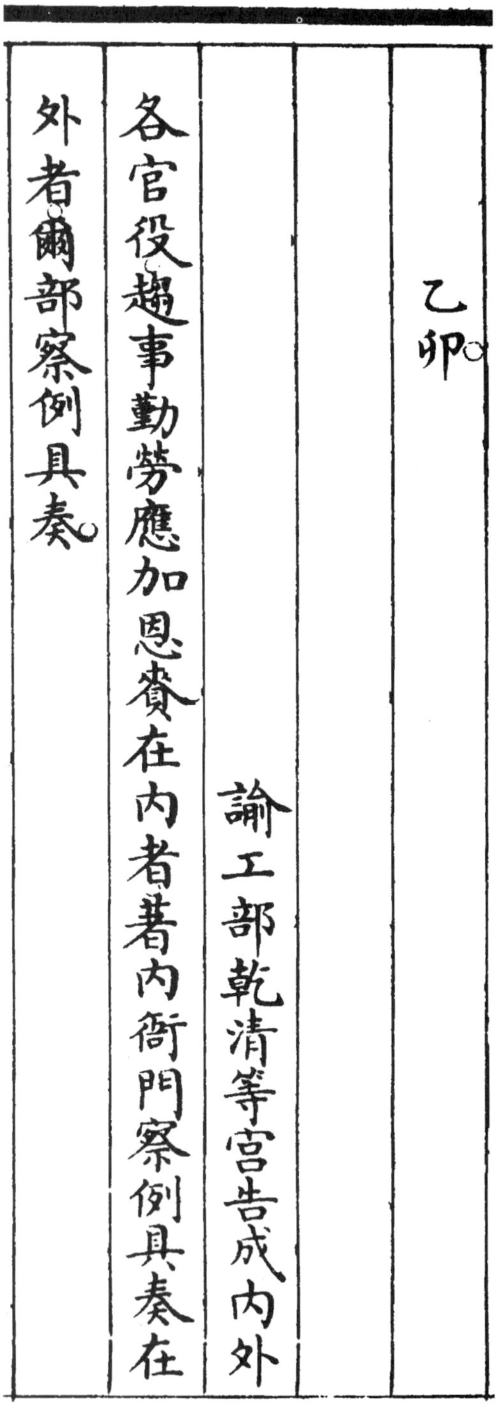
乙卯
諭工部乾清等宮告成內外
各官役趨事勤勞應加恩賚在內者著內衙門察例具奏在
外者爾部察例具奏

《清世祖实录》卷一〇二

〇六八一　顺治十三年七月二十六日　紫禁城外房屋等坏损修缮状况

《工科史书》130（译自满文）

工部尚书臣孙塔等谨题，为查看紫禁城外四面等处事。据营缮、都水二司呈称，内官监送来知会内开，内官监等衙门掌印郎中佟纪等谨题，顺治十三年二月二十七日题，本月二十八日，奉上谕：是。钦此。臣等钦遵谕旨，会同礼部、工部大臣，带领钦天监衙门加监正级管事仍办科事杜如玉等，将太庙、社稷坛坏损之处及枯树周围看得，太庙后面日升一边，修路破坏之双层地基、墙六十三庹，沿后河补修之墙一百一十庹，坏损甚重之墙七十九庹，高三尺。坍塌甚重地基十二庹。日升一边沿河所砌矮墙坍塌严重者五十庹，补修一百五十七庹，高三尺。砌河沿、补修地基四十庹。明国时，将枯树刨出未种之空地四十六庹，枯树一百五十棵。社稷坛后面河沿之墙坍塌甚重者一百八十庹，地基三庹。拆毁西墙行走之处五庹，高二庹，宽三尺。西河地基、河沿墙坍塌甚重者五十庹，补修河沿墙一百庹。明国时将枯树刨出未种树之空地一百四十九庹，原有之树干枯七十七棵，枯死之树一百四十七棵。社稷坛内墙外日落一边所种花园一百五十八庹，据杜如玉等称，太庙社稷坛后面行人不应行走，照明国之例，砌不准行人行走之墙，刨出枯树，种新树。据闻花园不种好。内安门大路两旁有陶色、福哈达二管领占路所盖之房一百一间，其中有平房二十二间，穿墙所开之门十一座，于门东西紧贴皇城砌墙。景山后面大路背后东西旧墙外背后，有额尔克戴青公大将军赖图库府之临街房，有江纳库、福哈达二管领所盖之房，共五十二间，其中有平房二十七间，穿墙所开之门十一座。景山前面日升一边，由栅栏门到御马监大路背后旧墙外，有尹达呼齐、江纳库、坎泰、环岱、豪善五管领之旧房十六间，占路所盖之房一百一十间，其中有平房五十间，穿墙所开之门二十二座。由大高玄殿到金海桥旧墙外背后，有佐领王山、管领席特库、福哈达、索通郭四管领占路所盖之房十九间，其中有平房八间。金海桥日升一边，靠尽头之旧墙，有镶黄旗刘志武佐领、镶红旗忙加佐领、秦忠州佐领三人占路所盖平房八间。五龙亭日升一边，小桥路两旁，有正黄旗阿明阿佐领、镶红旗哈尔图佐领、忙加佐领三人占路所盖之房五间，穿墙所开之门十三座。杜如玉等将此看后称，墙应拆毁等语。由东安门至紫禁城东华门，大路两旁墙外，占路所盖之房三百三十间。自前往瀛台之路日升一边之门及大路背后旧土墙起，有富哈达、穆成额管领扩建之旧房五间，占路所盖之房二十一间，其中有平房六间。瀛台日升一边，靠墙所盖之房九间，占路所盖之房十二间。紫禁城西华门大路日落一边背后旧墙外，新添盖之房一百间。东华门外有东上门、东上南门、东上北门、东中门。西华门外有西上门、西上南门、西上北门、西中门，俱因过火烧毁。去飞虹桥大路两旁旧墙外，占路所盖之房九十九间。皇史宬南面、东面占路所盖之房五十五间。东安门南面背后、皇城东面内河日落一边，占坝路所盖之房八十一间。东安门皇城北面内河日落一边，占坝路盖房一百零四间。皇城东南角，靠墙占路所盖之房二十四间，马圈十间。睿王府院墙外周围添盖房二百零四间。内安门大路两旁，有陶色、福哈达二管领之旧房四十七间，其中平房十九间。内安门大路背后有房一百七十三间，白塔南有房四十八间。西安门南背后靠墙所盖镶蓝旗赖图库、色楞、额尔孙三个佐领之旧房三间，添盖之平房三间。瀛台周围，日升一边，皇城北面二十二间房业已坏损，北面靠皇城地方坍塌十七庹。房屋各处共开门十一座，花园已种。钦天监衙门杜如玉等将此看后称，将已拆、坏损之处砌之，已盖之房拆毁，门堵死，已种花园停种等语。环绕紫禁城之河两岸所砌之墙及地方，共一千七百四十五庹坏损，皇城内背后地方有二百零七庹已松动。臣等将此议得，太庙、社稷坛地方既与风水有关，照例开路，砌墙，种树，坏损之处补修，由工部承办。王以下倘聚集，去紫禁城时，仍于下马处下马可也。再，内安门大路、景山后面大路背后东西两侧、景山前日升一边栅栏门到御马监，大路背后旧墙外，占路所盖之房，由大高玄殿至金海桥旧墙外背后所盖之房，金海桥日落一边西端靠旧墙所盖之房，五龙亭日落一边小桥路两旁，占路所盖之房，共二百九十五间房，既称与风水不合，且又系重要之路，俱拆毁之。穿旧墙新开之门，俱堵死，菜园停种。贴内安门外东西皇城所砌之墙俱拆毁。修大路，由皇城之东安门至紫禁城之东华门，占大路两旁墙外之路所盖之房三百三十间，倘拆毁，逢饥年，百姓必受苦。路既宽，暂停拆。着火烧毁之门修时，应否拆毁之处再议。瀛台日升一边，靠墙所盖之房，西华门大路日落一边所盖之房，瀛台日升一边之门，大路背后所盖之房一百四十七间，照东华门外之房所议之处暂保留。前往飞虹桥大路两旁占路所盖之房，皇史宬南面东面所盖之房，东安门南面北面之河日落一边所盖之房，内安门大路两旁旧房，由栅栏门至御马监大路旧墙外之旧房，西安门大路北面背后所盖之房，白塔南面所盖之房，西安门南面背后靠墙所盖之房，共八百七十七间，拐弯地方之房既然很多，俱不动保留。瀛台周围日升一边，皇城内背后坏损之处，靠北皇城地方，紫禁城周围之河由金海流来，景山西边之河坏损之两岸，所砌之墙，既然钱粮很紧，暂停修，俟钱粮积贮时，再由工部修理。景山南北大路、东西路、通往内安门大路，西华门通往瀛台大路，因低洼积水，到处有水沟，堵塞，倘雨水多，百姓房屋、院内进水，水存房塌，百姓甚苦。俟乾清宫等处工竣后，以该旗之力，动用该旗所产堆积如山之劣质石灰、土，将低洼之处填平，修理堵塞之水沟，倘如此，路可清理，百姓之苦可释。再，皇城外城墙根刨平动土所瓦之瓦，愚人小人掏雀捕燕破坏之处亦不可料。再，盗贼夜间出没，皇城内地方甚宽，防守巡查之人不可无，将此俱交兵部，派出步甲，内外酌情不时巡查防守各等情议之。因非臣等擅便之处，谨题，请旨。本日奉圣旨：依议。钦此。知会到部，交司。议毕应具题等因，呈文前来。臣等议得，占路所盖之房，贴皇城所砌之墙，与风水不合，又系重要之路，即由我部会同内官监，查核拆毁。再，将太庙、社稷坛枯树补种，修理坏损之处，穿皇城所开之门堵死，路街低洼之处填平水沟等项本应修理，惟目今我部钱粮甚拮据，此项工程暂停，俟钱粮积贮后修之。太庙、社稷坛后面之路不准行人牲畜行走，暂时关闭砌墙。此非臣等擅便之处，谨题，请旨。顺治十三年七月二十五日具题，二十六日奉圣旨：依议。钦此。

注：据满文译文录入。

○六八二　顺治十三年十月十四日　乾清宫成各官升赏有差

以乾清宫成，加工部尚书衛周祚太子太保，侍郎郭科、朱鼎延、工部尚書。其在事官役，各陞賞有差。

《清世祖实录》卷一○四

○六八三　顺治十三年十一月初三日　兴京陵工成遣官告祭

丁未，興京陵工成，遣禮部侍郎祁徹白告祭。

《清世祖实录》卷一○四，参见《清史稿》卷五

○六八四　顺治十三年十一月十七日　立豪格碑遣官致祭

辛酉。立和硕武肃亲
王豪格碑。遣内大臣公爱星阿致祭。

《清世祖实录》卷一〇四

○六八五　顺治十三年十二月二十四日　元旦诣堂子永行停止

礼部奏元旦请
上诣
堂子。得旨。既行拜
神。礼何必又诣
堂子。以后著永行停止。尔部亦不必奏请。

《清世祖实录》卷一〇五

○六八六　顺治十三年十二月二十五日　察明奉先殿制度具奏

諭禮部朕考往代典制歲時致享必於
太廟至於晨昏謁見朔望薦新節序告虔聖誕忌辰行禮等事
皆另建有奉先殿今制度未備孝思莫伸朕心歉然爾部即
察明舊典具奏

《清世祖实录》卷一〇五

○六八七　顺治十三年十二月二十五日　命太庙匾停书蒙古字

命
太廟牌扁停書蒙古字止書滿漢字

《清世祖实录》卷一〇五

〇六八八　顺治十三年十二月二十六日　以大工告成加赏营缮司官员　《清世祖实录》卷一〇五，参见雍正朝《大清会典》卷一九七，并见乾隆朝《大清会典则例》卷一二六

以大工告成，加工部营缮司理事官喀爾堪、副理事官格巴各一拖沙喇哈番，郎中霍叔瑾大僕寺少卿，仍管司事。

〇六八九　顺治十三年十二月二十七日　定祭历代帝王仪注　《清世祖实录》卷一〇五

禮部奏定

皇上躬祭

歷代帝王儀注，先期致齋二日，照常備辦牲醴、香帛、鑾儀衛

設鹵簿設
上拜位於
帝王廟殿中設御幄於景德門外左祭日清晨
上乘輿由長安右門出至廟由中門入至幄前降輿入盥手訖
更禮服由中門中道至拜位立典儀唱樂舞生就位執事官
各司其事贊引官奏就位
上就拜位典儀唱迎神樂作贊引官奏詣前上香導
上詣香案前三上香訖贊引官奏復位
上復位樂止贊引官奏行二跪六叩頭禮興典儀唱奠帛行初
獻禮作樂執事官各捧帛捧爵跪獻於各

神位前正中樂暫止贊引官奏跪

上跪贊讀祝讀訖樂作贊引官奏行三叩頭禮興樂止典儀唱

行亞獻禮樂作捧爵官獻爵於左如初獻儀樂止典儀唱行

終獻禮樂作捧爵官獻爵於右如亞獻儀樂止太常寺卿進

立於壇東西向唱飲福受胙贊引官奏請飲福位導

上至飲福位立奏跪

上跪奉酒胙官跪進於

上右贊引官奏飲福酒

上受爵拱舉授左旁接爵官奏受胙

上受胙拱舉授左旁接胙官贊引官奏行三叩頭禮興奏復位

上復拜位立。奏行二跪六叩頭禮。興。典儀唱徹饌。樂作。執事官於各
神位前徹饌訖。樂止。典儀唱送神。樂作。贊引官奏行二跪六
叩頭禮。興。樂止。典儀唱捧祝帛饌各詣燎位。樂作。祝帛焚半。
贊引官奏禮畢。樂止。
上至御幄易服還宮。

○六九○ 顺治十三年 奉先殿建置

嘉庆朝《大清会典事例》卷八八九，并见光绪朝《大清会典事例》卷一一七七，参见《皇朝通志》卷三九、《养吉斋丛录》卷七

奉先殿建置 ○順治十三年。
諭禮部。朕考往代典制。歲時致饗。必於太廟。至於晨昏
謁見。朔望薦新。節序告虔。聖誕忌辰行禮。皆另建有

奉先殿。今制度未備。孝思莫伸。朕心歉然。爾等即查

明舊典具奏。欽此。遵

旨議定。

景運門之東北。恭建

奉先殿。西曰

誠肅門。正曰

奉先門。

前殿

後殿均九間。南嚮。如

太廟寢制。中爲堂。以聯前後。繚以周垣。左列

神庫。前列

神廚。

〇六九一　**顺治十三年　办解办买黑铅**　康熙朝《大清会典》卷一三三，并见雍正朝《大清会典》卷二〇〇、乾隆朝《大清会典事例》卷一三〇、嘉庆朝《大清会典事例》卷六八八、光绪朝《大清会典事例》卷九〇〇

凡取用黑鉛，順治十三年題准，
乾清宫應用琉璃瓦料黑鉛，分派河南、山西辦解。
其各宫應用瓦料，黑鉛，本部令鋪戶辦買，照時
給價。

〇六九二　顺治十三年　罢玉泉山烧灰　康熙朝《宛平县志》

罷玉泉山燒灰紀事　本朝衛周祚山西曲沃人
世祖章皇帝紀元之十三年
內三殿一時鳩工，工繁費浩，有昌平灰戶欲乘便

為姦利倡言灰用不支取諸近地恐不給遠致
之他方工用益糜詭云西山老虎洞石良宜灰
且地近易致費省無算包衣總大人通公然其
說為入奏奉
旨是時膠侯賈公副余為少司空往福阿喇查閱
祖陵大工甫歸乙有總督宣大之
命會通公條上
三殿大工必得工部堂上官有大才幹者非賈某
不可因寢前
命既又奏煅灰西山須畫明地界宜遣工部堂上及
內官監員往隨奉
旨命公偕本部啟心郎雷公虎暨內官監大人以行
公至西山履視其地大驚曰此玉泉山也昔余

曾同相國范公遊知係
都城龍脉何物奸民誑言聳聽以傷
都城百萬家烟火之煤盡取足于此則此山之煤
值與金等不能給也渾河迤西房山縣諸處綿
亘大西山歲出煤何限固不籍此耳通公默然
徐曰業有
旨爾自往同奏公即草疏要畧云玉泉山
都城來龍若使燒毁御河隨涸五壩水渺漕運難
矣通公聽手裂其稿曰何將漕運亦入其內公
曰玉泉之水即通會河之源頭如何不入通公
戲頷良久慍氣稍息服公言為是遂復面奏
命公更閱他山而玉泉之議廼寢是役也非公獨斷
方爭則山脈必斷水源必絶

都城必大受害異日

聖天子追咎從前妄奏誤事之輩即寸殛姦民不足
蔽厥辜而同行閱視者議亦難逭今玉泉之山
屹然以寧玉泉之水蜿焉以通而
國脉永培民生克遂所全者實多即今事諸公陰
愛其賜又豈淺鮮乎古來大臣必求有經濟學
術者為其能知大體也公歷仕二十餘載内而
卿貳外而節鉞鴻猷偉烈未易更僕數而斯舉
則上關
國脉下及民生厥功甚鉅寧僅消患於未形而已
哉余忝同官且同督大工目擊其事甚悉竊恐
後之隱而弗彰也故特紀其始末以備史氏之
採擇云

○六九三　**顺治十三年　盛京御花园改为长宁寺**

御花園　在城西北五里

國初建順治十三年改爲長寧寺

康熙朝《盛京通志》卷五，并见康熙朝《大清一统志》卷二八、雍正朝《盛京通志》卷九、《古今图书集成·职方典》卷一六五

○六九四　**顺治十三年　盛京长宁寺建制**

長寧寺　在外攘門外西北五里。舊稱御花園。順治十三年。敕賜爲寺。大殿三楹。東西配殿各三楹。碑亭一座。山門三楹。晾經樓五楹。禪堂僧房三十間。

《钦定盛京通志》卷九七，参见《古今图书集成·职方典》卷一七二

〇六九五 顺治十三年 赐保定旌忠祠御制文立碑

明史本傳穆宗立卹直諫諸臣贈太常少卿謚忠愍建祠保定[illegible]畿輔通志順治十三年世祖御製文二篇立碑祠內坊曰表忠

《坛庙祀典》卷下

〇六九六 顺治十三年 盛京太庙应修处估修

太廟有應修處所。即行估計修理。

盛京

順治十三年題准。

清会典》卷二一一九 康熙朝《大清会典》卷一四一，并见雍正朝《大

〇六九七　**顺治十三年　各处寺庙修理事宜**

乾隆朝《大清会典则例》卷一三九，并见嘉庆朝《大清会典事例》卷七二三、光绪朝《大清会典事例》卷九六〇

順治十三年定各處寺廟有應修理之處各照來文覈明應用錢糧移文工部覆準之日興工修理

〇六九八　**顺治十三年　盛京坛庙应修处估修**

乾隆朝《大清会典则例》卷一三九，并见嘉庆朝《大清会典事例》卷七二三、光绪朝《大清会典事例》卷九五九

順治十三年定凡盛京

壇廟有應修之處卽行估直修理

○六九九　顺治十三年　盛京坛内应修处估修

《钦定盛京通志》卷一九

順治十三年定

制。凡

盛京

壇內有應修之處。俱著

盛京工部。隨時查估修理。

○七○○　顺治十三年　修理仓廒估价造册

十三年题准：修理倉廒，所估應用物料，工價銀兩，經管官造册，移送巡倉察核。如有取用舊材，開銷新價，及虛報浮估者，聽巡倉御史科叅。

康熙朝《大清会典》卷一三二，并见雍正朝《大清会典》卷一九八、乾隆朝《大清会典则例》卷一二七、嘉庆朝《大清会典事例》卷六六八、光绪朝《大清会典事例》卷八七一、《古今图书集成·考工典》卷六三

○七○一　顺治十三年　礼仪监

增 掌儀司署在西華門外南長街織女橋，南向。後有觀象臺，前後廨舍共七十餘間，掌内府之典禮。初名鐘鼓司，順治十三年，改禮儀監

《日下旧闻考》卷七一

〇七〇二　顺治十三年　通湾木植抽分　康熙朝《大清会典》卷一三三，并见雍正朝《大清会典》卷一九九

十三年题准，通灣木植，部抽四分，給商六分

〇七〇三　顺治十三年　建大阅教场于德胜门外　康熙朝《大清会典》卷一三一，并见雍正朝《大清会典》卷一九八、乾隆朝《大清会典则例》卷一二七、嘉庆朝《大清会典事例》卷六六七、光绪朝《大清会典事例》卷八七〇

十三年，建大閱教場於德勝門外

〇七〇四　**顺治十三年　乾清宫等工成加赏官员**　康熙朝《大清会典》卷一三一，并见雍正朝《大清会典》卷一九七、乾隆朝《大清会典则例》卷一二六

十三年。以

乾清坤寧等宫告成。在事滿漢官員。各加職銜

〇七〇五　**顺治十三年　觉罗果科因乾清宫成晋级**　《钦定盛京通志》卷七二

覺羅果科隸鑲白滿洲事

太宗爲護軍參領。

順治

十一年。擢工部左

侍郎。十三年。
乾清宫成。加尚書銜。

〇七〇六 顺治十三年 瓦尔喀董修乾清宫成

《钦定盛京通志》卷七五

瓦爾喀。姓完顏。隸鑲紅旗滿洲。天聰時。任前鋒
校。
順治
九年。授工部理
事官。十三年。董修
乾清宫成。

〇七〇七　顺治十三年　令直省修葺仓廒

乾隆朝《大清会典则例》卷一二七，并见嘉庆朝《大清会典事例》卷六六八、光绪朝《大清会典事例》卷八七一

修葺倉廒

直省倉廒順治十三年議準積穀振濟務令

〇七〇八　顺治十三年　陵山界内禁止樵采

乾隆朝《大清会典则例》卷八〇，并见嘉庆朝《大清会典事例》卷七二三、光绪朝《大清会典事例》卷九六〇、《钦定盛京通志》卷二一

十三年題準

陵山週圍立界界内禁止採樵

顺治十四年

（一六五七年二月至一六五八年二月）

○七○九　顺治十四年正月初八日　祈谷于上帝

《清世祖实录》卷一○六

辛亥，祈穀於

上帝，奉

太祖武皇帝配享。是日，

上詣

天壇，由内壇西門入，至甬道，鋪棕薦處降輦，贊引官對引官導

至更衣幄次，更祭服，盥手畢，入大享東門，王以下公以上俱

隨入。

上至

上帝殿，立，王貝勒貝子宗室公以上俱以次序立於階上，陪祀

各官由西門入，於階下序立。畢，典儀官唱樂舞生就位，執事

官各司其事，贊引官奏就位。

上就拜位立。典儀官唱迎

帝神。協律郎唱舉迎神樂，奏中平之章。樂作。贊引官奏陞壇。導

上詣

上帝香案前立。司香官捧香盒跪案右。贊引官奏跪

上跪。奏上香

上舉柱香。上爐内。又三上塊香。畢。興。贊引官導

上詣

太祖香案前立。上香如前儀。贊引官奏復位

上復位立。樂止。贊引官奏跪。叩。傳贊同

上行三跪九叩頭禮。王以下陪祀各官俱隨行禮。贊引官奏興

興。典儀官唱奠玉帛。協律郎唱舉奠玉帛樂。奏肅平之章。樂

作。贊引官奏陞壇。導

上詣
上帝位前立捧玉帛官跪案左贊引官奏跪
上跪奏獻玉帛
上受玉帛獻正案上興贊引官導
上詣
太祖位前獻帛如前儀贊引官奏復位
上復位立樂止典儀官唱進俎
上轉立拜位東旁進俎官率厨役舁牛由中階以次進於
上帝
太祖位前陳設訖協律郎唱舉進俎樂奏咸平之章樂作贊引

官奏陞壇導
上詣
上帝位前立奏跪

上跪奏進俎
上獻俎畢興贊引官導
上詣
太祖位前獻俎如前儀贊引官奏復位
上復位立樂止典儀官唱行初獻禮協律郎唱舉初獻樂奏壽
平之章樂作贊引官奏陞壇導
上詣
上帝位前立執爵官捧爵跪案左贊引官奏跪
上跪奏獻爵
上受爵獻案正中興贊引官奏詣讀祝位
上詣讀祝位立樂止讀祝官至祝案前行一跪三叩頭禮捧祝
版立於案左贊引官奏跪傳贊同
上跪王以下陪祀各官讀祝官俱跪贊引官贊讀祝讀祝官讀

畢興捧祝版跪安於帛匣上三叩頭退樂作贊引官奏叩傳
贊同
上行三叩頭禮王以下各官俱隨行禮畢奏興興贊引官導
上詣

太祖位前獻爵如前儀奏復位
上復位立樂止典儀官唱行亞獻禮樂奏景平之章獻爵於案
左餘如初獻儀亞獻畢典儀官唱行終獻禮樂奏永平之章
獻爵於案右餘如亞獻儀終獻畢贊引官奏復位
上復位立樂止太常寺官一員唱賜福胙光祿寺官二員捧福
胙贊引官奏詣受福胙位
上詣受福胙位立捧福胙官二員跪於左接福胙官二員跪於
右贊引官奏跪

上跪奏飲福
上受爵授執爵官奏受胙

上受胙授捧胙官各退贊引官奏叩興
上行三叩頭禮興奏復位
上復位立行謝福胙禮贊引官奏跪叩傳贊同
上行三跪九叩頭禮王以下各官俱隨行禮奏興興典儀官唱
徹饌協律郎唱舉徹饌樂奏凝平之章樂作徹玉官一員至
上帝案前行一跪三叩頭禮徹玉樂止典儀官唱送
帝神協律郎唱舉送神樂奏清平之章樂作贊引官奏跪叩傳
贊同
上行三跪九叩頭禮王以下各官俱隨行禮奏興興樂止典儀
官唱捧祝帛香饌各詣燎所

上轉立拜位東旁捧祝帛官各詣位前行一跪三叩頭禮捧香
饌官俱跪捧不叩依次捧起送至燎所典儀官唱望燎協律
郎唱舉望燎樂奏太平之章樂作贊引官奏詣望燎位導
上詣望燎位立祝帛焚半贊引官奏禮畢導
上出大享東門至更衣幄次更衣陞輦回宫王貝勒貝子公等
俱隨出陪祀各官由兩旁門出

○七一○　顺治十四年正月初十日　各坛庙门匾额如太庙例

工部奏言凡各壇廟門上扁額或從
太廟例去蒙古字止書滿漢字或仍用舊額得旨如
太廟例

《清世祖实录》卷一○六

○七一一 顺治十四年正月十五日 金代帝陵酌量修整

《清世祖实录》卷一○六，参见《养吉斋丛录》卷八

戊午，諭禮部：金代帝陵向在房山縣地方，歷有年所。追至明季，國運衰微，因我朝克取遼東，誤疑金代陵寢旺氣相關，遂將陵後地脈掘斷，又因已巳年我太宗皇帝統師入關，追念金代先德，特遣王、貝勒、大臣往陵致祭，乃故明復將陵前石柱等拆毀，建立關帝廟，鎮壓風水。朕思天祚本朝，於金何與？故明不思運數有歸，輒毀及金代陵寢，愚誕甚矣。除金太祖、世宗已入帝王廟祭祀，其陵寢照舊守護，地方官春秋致祭外，爾部即遣官前往房山看視金陵周圍，如切近處所果有毀壞，即酌量修整，仍撰文一道，敘述緣由，祭告立碑，以誌不朽。其關帝廟仍舊留存。

〇七一二　顺治十四年正月二十日　定祭奉先殿仪注

《清世祖实录》卷一〇六

禮部奏恭定祭

奉先殿儀注初奉安

神位於

奉先殿

皇上親詣行禮内大臣侍衛内府官員等俱隨行禮太常寺贊

禮官贊禮太常寺樂舞生作樂致祭是日早内府官陳設祭

品於各

神位前執事官太常寺贊禮官樂舞生等俱各司其事内大臣

侍衛内府官等各具朝服詣

奉先殿門外兩傍序立候陳設畢

上具禮服陞輿至設立

神位處降輿詣各
神位前一跪三叩頭請起
神位捧各
神位内府官等亦一跪三叩頭奉安各
神位於亭内畢
上及捧
神位内府官俱行一跪三叩頭禮畢内府官等舉
神位亭前行由中門出詣
奉先殿

上乘輿隨行内大臣侍衛内府官等俱於
奉先殿門外跪迎
上至
奉先殿門外降輿隨

神位亭入內大臣侍衛內府官等隨
上至
奉先殿院內分班侍立安置
神位亭於
奉先殿丹陛畢引禮官導
上詣
神位前行一跪三叩頭禮請捧
神位內府官等隨各詣
神位前一跪三叩頭捧
神位隨
上詣
前殿奉安
神位畢

上及捧
神位内府官等俱行一跪三叩頭禮畢退
上就拜位立贊禮官贊樂舞生就位執事官各司其事引禮官

奏就位導
上進前立贊禮官贊迎神協律郎贊奏迎神開平之章樂作引
禮官贊跪叩興
上行三跪九叩頭禮興内大臣侍衛内府官等隨行三跪九叩
頭禮畢樂止贊禮官贊獻帛行初獻禮協律郎贊奏初獻壽
平之章樂作捧帛官捧帛詣獻帛案東傍立捧爵官捧爵詣
各
神位東西兩傍立引禮官贊詣前捧帛官跪
上詣帛案前引禮官贊跪
上跪贊獻帛

上受帛獻於
神位前案上興引禮官導
上詣獻爵處捧爵官跪引禮官贊獻爵
上立受爵獻於
神位前案上聽引禮官贊如獻帛儀次第於各
神位前獻畢
上復就拜位立樂止贊禮官贊行亞獻禮樂奏嘉平之章其獻
爵如初獻儀樂止贊禮官贊行終獻禮樂奏雍平之章其獻
爵如亞獻儀畢樂止贊禮官贊徹饌樂奏熙平之章樂止贊
禮官跪贊禮畢陞宫即跪處行三叩頭禮退立樂奏成平之
章引禮官贊跪叩興
上行三跪九叩頭禮興内大臣侍衛内府官員等俱隨行禮樂

止。贊禮官贊捧帛詣燎位捧帛官詣

神位前一跪三叩頭捧帛送燎位。引禮官導

上退立於東西向捧帛過。引禮官導

上復原位立。候帛燎半。引禮官贊禮畢。導

上出

殿樂作

上出

殿立於簷下東傍西向。內大臣侍衛內府官等。仍照前侍立兩

傍。樂止。候供獻等物徹畢。

上復入

殿詣

神位前。一跪三叩頭請捧

神位。其捧各

神位内府官等亦各詣所捧
神位前一跪三叩頭請捧
神位隨
上送至
後殿内奉安
神位其餘捧
神位各官亦奉安
神位訖
上及捧
神位内府官等各於
神位前一跪三叩頭畢
上出陞輿還宫以後
皇上親詣致祭俱行家人常禮内大臣侍衛内府官等不與陪

祀其太常寺贊禮官樂舞生俱不用應令內府官贊禮作樂
照前行禮致祭之先

上親請
神位奉安
祀殿祭畢
上仍親送
後殿行奉安禮其元旦冬至歲暮
皇太后聖壽
皇上萬壽係大節諸凡冊封係大禮及每月朔望
皇上俱應親詣致祭內府官贊禮作樂其供獻應與
太廟大祀禮儀同立春上元四月初八端陽重陽俱係尋常節
皇上但親詣致祭不贊禮作樂忌辰清明霜降十月朔俱係哀

慕日期。
皇上親詣致祭不贊禮作樂。七夕不致祭。止照常供獻。中元中
秋係十五常祭日期。不必重行。每月隨時薦新
皇上應躬詣供獻。但係常例供獻。不必請
神位於
前殿。即於
後殿供獻。
上享
太廟或祭畢。俱應上香燭於
奉先殿。行躬告禮。

上親詣
奉先殿行祭禮之期。如遇
上親祭各

壇廟應遣內府官一員於
奉先殿行祭禮如
上不親詣
壇廟遣官致祭
上仍應親詣
奉先殿行禮致祭得旨
奉先殿初次行禮宜用祝文餘俱如議

〇七一三　顺治十四年正月二十七日　营建奉先殿祭告天地

《清世祖实录》卷一〇六

庚午以
營建
奉先殿遣尚書車克明安達禮覺羅科爾昆郭科祭告

天地
宗廟
社稷

〇七一四　顺治十四年正月二十八日　营造奉先殿祭司工之神

奉先殿遣官祭后土司工之神

辛未以營建

《清世祖实录》卷一〇六

〇七一五　顺治十四年二月初四日　禁官民采用楠木

丁丑

《清世祖实录》卷一〇七

禁止官民採用楠木

〇七一六　顺治十四年二月初五日　议于禁城中卜地营建上帝殿宇

《清世祖实录》卷一〇七

又諭人
君事
天如子事父宜酌典禮用抒悃誠今
太廟外別建
奉先殿不時祭享而郊祀
上帝僅歲一舉行於朕昭事之心尚有未盡玆欲於禁城中卜
地營建
上帝殿宇歲序令節時展明禋俱奉

太祖
太宗配享庶敬
天事
先大禮始備爾部即詳議致祭日期及一切典儀具奏

〇七一七　顺治十四年二月初十日　祀天斋戒

癸未諭禮部南郊祀
天禮宜嚴重以後祀前一日朕親宿齋宮祀前五日親詣視牲
如遇遣官恭代亦著詣壇齋宿視牲永著為例

《清世祖实录》卷一〇七

〇七一八　顺治十四年二月十一日　谕勒碑立崇祯帝陵前

甲申。諭工部

朕念故明崇禎帝尚爲孜孜求治之主。祗以任用非人，卒致寇亂。身殉社稷。若不亟爲闡揚。恐千載之下，竟與失德亡國者同類並觀。朕用是特製碑文一道。以昭憫惻之意。爾部即遵諭勒碑。立於崇禎帝陵前。以垂不朽。

《清世祖实录》卷一〇七

〇七一九　顺治十四年二月十一日　坛庙配享制神牌几案

禮部議奏舉行配享大典攸關。現今夏至在邇。冬至尚遥。若先

方澤而後

圜丘。於序少紊。若俟冬至

《清世祖实录》卷一〇七

太宗配
天之後明歲舉行
方澤配享禮爲期太遠應不俟冬至夏至即令恭製
太祖
太宗神牌及石座香燈几案擇吉先行
太宗配享
圜丘

祈穀之禮隨行
太祖
太宗配享
方澤之禮前期應遣大臣祭告
天地
宗廟

社稷至期恭奉
神位配享
圜丘
方澤

祈穀之日祭。品悉如舊例
皇上親詣
神牌處恭奉
神牌於龍亭龍亭前行
皇上隨至壇恭捧
神牌奉安本位
皇上復拜位舉行禮儀俱應如
南北郊舊例大禮告成之後宜布告天下報可

〇七二〇 顺治十四年二月十一日 定致祭上帝殿日期及典仪

《清世祖实录》卷一〇七

禮部奏言臣等查得禮經云祭不欲數又攷之舊典唐天寶五年詔南北之郊未展於時享粢盛且畧對越何申自今以後每在四時孟月先擇吉日祭
上帝等語茲禁城中於
奉先殿東卜地營建
上帝殿宇歲序令節崇祀奉
太祖
太宗配享禮屬創舉臣等酌議元旦
皇上萬壽
皇太后聖誕三大節

上應親詣
上帝殿行禮致祭除孟春元旦行禮。冬至有
南郊大祀外。其夏秋二孟月亦應選擇吉日。
上親詣行禮。其祭祀禮儀及祭品俱應照祀
天例行但係内祭惟初奉安神位應讀祝文餘祭日不用祝文
及福胙福酒不燎牛其初奉安
神位之禮俟
上帝殿各
神位恭製畢擇吉奉安至日祭物陳設畢
上親詣
神牌處恭捧
神牌奉安龍亭。龍亭前行。

上隨至
上帝殿奉安
神牌於
神位畢
上復位其初奉
神位入殿及元旦
皇上萬壽
皇太后聖誕並夏秋二孟擇吉行禮儀注於本日内府官豫設
牛羊豕及果品等項典儀官唱樂舞生執事官各司其事贊
引官奏就位
上就拜位正中北向立典儀官唱迎
神協律郎唱奏始平之章樂作贊禮官奏陞壇導
上詣

上帝位香案前立司香官捧香盒在西跪贊引官奏跪
上跪奏上香
上舉柱香上爐内又三上塊香畢興贊引官以次導
上詣
太祖
太宗神位前上香如前儀贊引官奏復位
上復拜位立樂止其

上帝御幄門傍兩爐令官二員跪上香贊引官贊跪叩興
上行三跪九叩頭禮典儀官唱奠玉帛協律郎唱奏景平之章
樂作贊引官奏陞壇導
上詣
上帝位前立贊引官奏跪

上跪捧玉帛官跪進於

上右贊引官奏奠玉帛

上受玉帛獻於案上興贊引官以次導

上詣

太祖

太宗神位前奠帛如前儀贊引官奏復位

上復位立樂止典儀官唱行初獻禮協律郎唱奏壽平之章樂

作贊引官奏陞壇導

上詣

上帝位前立執爵官捧爵跪進於

上右贊引官奏跪

上跪奏獻爵

上受爵獻案上正中興贊引官以次導

上詣

太祖

太宗神位前獻爵如前儀贊引官奏復位

上復位立亞獻儀同初獻樂奏嘉平之章終獻儀同亞獻樂奏

雍平之章終獻畢典儀官唱徹饌協律郎唱奏熙平之章樂

作徹玉官至

上帝位前行一跪三叩頭禮徹玉樂止典儀官唱送

神協律郎唱奏太平之章樂作贊引官奏跪叩興

上行三跪九叩頭禮樂止典儀官唱捧帛捧香饌各詣燎所

上轉立拜位東旁捧帛捧香饌官各詣案前捧帛官行一跪三

叩頭禮捧香饌官跪不叩以次捧至燎所典儀官唱望燎協

律郎唱奏安平之章樂作贊引官奏詣望燎位

上詣望燎位立帛饌焚半贊引官奏禮畢
上還宮其祭品禮儀應令禮儀監豫備得旨如議行

○七二二　顺治十四年二月十七日　给豪格立碑　《清世祖实录》卷一○七

庚寅立和碩武肅親王碑其文曰國家紀功崇德首重懿
親荀能宣力王室著有勲勞高爵寵祿以光耀於生前豐碑
美謚以流傳於殁後典至鉅也和碩武肅親王豪格係
太宗文皇帝長子朕親兄也智畧超羣英勇蓋世其征蒙古扎
魯特東捺察哈爾鄂爾多斯等國及征明數次平定朝鮮入
山海關破流賊兵二十萬諸功前碑載之詳矣順治三年統
率大軍往征四川賊寇至陝西立解漢中府之圍所屬州縣
盡爲平定攻克三寨山張閣老崖等處山寨三座各寨俱就

招撫擊敗水陸馬步兵二十二次追殺八次又招撫僞總兵副將叅遊以下官百十二員士卒翕然歸命陝中逋寇掃蕩無餘又復入川攻克内江縣擊敗張獻忠一百三十六營斬賊首獻忠及其僞巡撫總兵等官二千三百有奇俘獲無算廣宣德意招徠文武官二百三十五員馬步兵六千九百九十有餘四川大定建此奇功宜膺上賞睿王攝政掩其開疆拓土之勳横加迫脅幽囚之慘忠憤激烈以疾薨逝朕念手足之誼不勝悽愴親政之後即命樹立貞珉以紀厥功而加恤予謚之典闕焉未舉今特重敘前績表王之德業闢土斥境折衝禦侮宜謚曰武追封爲和碩武肅親王加以厚賚嗚呼朕追思痛悼弗能自已是用旌爾殊勳揚爾忠義昭朕篤親酬庸之意勒之金石用傳不朽

〇七二二 顺治十四年二月二十四日 立盛京三元神庙碑

《清世祖实录》卷一〇七

立盛京三元神廟碑。其文曰：自古帝王之興，莫不首隆祀典。凡有功德於民者，皆為建壇宇而通肸蠁。蓋神既佑民，以福國，則國必崇祀以報神。此廟貌所由隆也。我

太祖

太宗手定大業，拯斯民於塗炭，膺景祚之綿長，雖積功累仁所致，而百神之靈實式憑之。大清門東三元神廟，禱之輒應。及民功德亦為最著。考之道書，神有天地水府之別，國家當干戈擾攘之際，急圖康阜，使時和年豐，室廬相慶，則天官賜福主之。其或貫索未空，金氣猶沴，使斯民秉德格非，遠刑罰而登仁壽，則地官赦罪主之。又或大軍之致凶年，大荒之致奇疫，滌其眚災，而消其害氣，則水官解厄主之。然則使民殷富

使民樂利使民康寧而因以默祐我邦家孰非神之賜也歟
嗚呼發祥重地永藉呵護之靈凡我生民咸賴乂安之福爰
命勒石用表神功以垂不朽

〇七二三 顺治十四年二月 崇禎帝陵建制

《日下旧闻考》卷一三七

【原】思陵碑亭南北四丈八尺，東西如之，宫門三，距亭十一步，階三，唯中門有楝宇，廣二丈四尺，修三丈。饗殿距門十三步，階三，無臺。殿三楹，廣七丈二尺，修四丈二尺。内香案一，青琉璃五器全設。一神牌高三尺五寸，石青地雕龍邊，以金泥之，題曰明欽天守道敏毅敦儉宏文襄武體仁致孝莊烈愍皇帝。中楹爲暖閣，長槅六扇，中供木主三，中則莊烈愍皇帝，左則周后，右則田妃，外俱用櫝冒之。周后神主題曰明孝敬貞烈慈惠莊敏承天配聖端皇后，田妃神主僅存恭懿二字，餘被人磨去矣。配殿三楹俱黑瓦，殿前大杏樹一株，靈寢門三，距殿址四步，穴牆爲門，中廣二丈四尺，修一丈二尺，旁則户矣。明樓距門十一步，不起樓，階四，中開一門，左右夾窗二。碑石廣一丈六尺，修六尺，雕龍方座高丈許，題曰莊烈愍皇帝之陵。石几距樓十步，長五尺，博二尺。几前石器五，俱高八尺，方式雕龍，中一方鼎，與諸陵異，皆列在地。寶城距几甚近，無城，周迴用牆高六尺，中以石灰起冢，高四尺，繚以短牆，左松八株，右松七株。同上

〇七二四　顺治十四年三月初一日　太宗文皇帝配享圜丘

《清世祖实录》卷一〇八

顺治十四年丁酉三月甲辰朔，以奉
太宗文皇帝配享
圜丘及
祈穀壇
上親詣犧牲所視牲畢，回宮。

〇七二五 顺治十四年三月初三日 题请添补丁壮修东京陵等

《工科史书》135（译自满文）

工部尚书臣孙塔等谨题，为添补丁壮事。据屯田清吏司呈称，驻盛京我部郎中桑吉纳前来告称，盛京需修理之处甚多，原来福陵驻官丁一千名，昭陵驻官丁一千名，修理盛京周围坏损之处原有一千名官丁。盛京壮丁修完兴京陵后，现在修兴京寺及碑亭周围之墙。盛京周围坏损之处甚多，倘不修，必皆坏损。大喇嘛之佛塔、碑石等物又需修理，因百姓稀少，难雇役夫。为请调补官丁，业经告部，交司，应具题等因，呈文前来。臣等查得，修理福陵、占路之丁壮，俱已分别交付，不敢私自调动。再，已修完兴京陵之一千名官丁，修理碑亭之墙、寺庙尚不敷用。再，东京陵尚未修理，盛京周围坏损之处修理之时，难雇役夫亦是实。是以臣等议得，倘不修理倒坏之处，虽有亦不修，等候官丁修理，坏损之处渐扩，再修理见新之时，必靡费钱粮。是以拟添补一千名丁壮。所有丁壮既俱归户部所属，伏乞降旨户部，凡发遣之丁壮及凡处可动用之丁壮，请添补一千名。因非臣等擅便之处，谨题，请旨。顺治十四年三月初二日具题，初三日奉圣旨：依议。钦此。

注：据满文译文录入。

○七二六　顺治十四年三月初五日　顺治帝阅视坛仪

《清世祖实录》卷一○八

戊申。
上宿於齋宮。是日閱視壇儀鹵簿。fanciful設至
天壇昭亨門西。太常寺官二員執提爐前導。禮部太常寺官迎
駕。降輦。導入昭亨門左。
上由御路陞階詣壇北向立。太常寺官跪奏。
上帝壇。
上東向立跪奏。
配帝壇。
上西向立。跪奏。
配帝壇。又導
上至神庫北向立。太常寺官跪奏

上帝籩豆。
上東向立跪奏
配帝籩豆。
上西向立。跪奏
配帝籩豆又導
上至神廚近前立跪奏燔牛。
上帝壇配帝壇牲。
上北向立。跪奏四從壇牲視畢又詣
祈穀壇同前儀。視畢。
上回齋宫齋宿。

○七二七 顺治十四年三月初五日 以太祖太宗配享坛庙遣官祭告

《清世祖实录》卷一〇八

以奉
太宗配享
圜丘及
祈穀壇
太祖
太宗配享
方澤遣官祭告
天地
宗廟
社稷

○七二八　顺治十四年三月初六日　太宗神位配享圜丘

《清世祖实录》卷一〇八

己酉，上奉
太宗文皇帝神位配享
圜丘及
祈穀壇行奉安
神位禮一切祀典如
太祖配享儀

〇七二九 顺治十四年三月初九日 太祖太宗神牌配享方泽

《清世祖实录》卷一〇八

壬子。

上奉

太祖武皇帝、

太宗文皇帝配享

方澤。是日早，王、貝勒、貝子、公等俱於祭臺下序立，四從壇分獻

官入櫺星東門，序立於公後，文武官俱序立於櫺星門外。

上由

方澤壇北天門詣齋宫。於

太祖、

太宗神牌前各行一跪三叩頭禮，捧請

神牌奉安於龍亭。仍各行一跪三叩頭禮。鑾儀衛校尉舁龍亭。

皇上隨

神牌入櫺星門。由中甬路至壇下。龍亭止。

上詣

太祖神牌前行一跪三叩頭禮。捧請

太祖神牌由中甬路設於東配壇行一跪三叩頭禮。又詣

太宗神牌前行一跪三叩頭禮。捧請

太宗神牌由中甬路設於西配壇行一跪三叩頭禮。贊引對引

官導

上至

壇於黄幄内立。典儀官唱樂舞生就位。執事官各司其事。贊引
官奏就位。
上就拜位。典儀官唱瘞毛血迎神。協律郎唱舉迎神樂。奏中平
之章。樂作。贊引官奏跪叩。傳贊同。
上行三跪九叩頭禮。王以下各官俱隨行禮畢。典儀官唱奠玉
帛。協律郎唱舉奠玉帛樂。奏廣平之章。樂作。贊引官奏陞壇
導
上詣
皇地祇香案前立。司香官跪於案左。奏跪上香。
上跪上柱香於爐内。又上塊香三次。興。導

上詣供案前。捧玉帛官跪於案左。奏跪獻玉帛。

上跪獻。訖。贊引官導

上詣

太祖

太宗香案。供案前。上香。進帛。如前儀。畢。奏復位。

上復位立。樂止。典儀官唱進胙

上退立東向。禮部官、太常寺官以次進

皇地祇牲

太祖配壇牲。

太宗配壇牲。供於各案。畢。協律郎唱舉進胙樂。奏咸平之章。樂

作贊引官奏陞壇導

上詣

皇地祇位前立奏跪

上跪奏獻胙

上跪獻訖導

上詣

太祖

太宗位前獻胙如前儀畢奏復位

上復位立樂止典儀官唱行初獻禮協律郎唱舉初獻樂奏壽

平之章樂作贊引官奏陞壇導

上詣
皇地祇位前立捧爵官跪於案左奏跪
上跪奏獻爵獻訖奏詣讀祝位導
上詣讀祝位立樂止讀祝官至祝案前行一跪三叩頭禮捧祝
版立於案左贊引官奏跪傳贊同
上跪王以下各官及讀祝官皆跪贊讀祝讀訖捧祝版跪安於
帛匣上三叩頭退樂作贊引官奏叩傳贊同
上行三叩頭禮王以下各官俱隨行禮畢興導
上詣
太祖

太宗位前獻爵如前儀從壇分獻官於各神位前上香進帛獻

爵俱候

上行禮時隨行禮畢奏復位

上復位立分獻官亦退至階下立樂止典儀官唱行亞獻禮亞

獻儀同初獻樂奏安平之章亞獻畢行終獻禮終獻儀同亞

獻樂奏時平之章終獻畢奏復位

上復位立分獻官亦退立原位樂止太常寺官唱賜福胙光祿

寺官二員捧福胙進詣

皇地祇位前拱舉贊引官奏詣受福胙位導

上至受福胙位立捧福胙官二員跪於

上右接福胙官二員跪於
上左贊引官奏跪
上跪奏飲福酒
上受爵授與接爵官奏受胙
上受胙授與接胙官各退奏叩
上行三叩頭禮奏興復位
上復位立行謝福胙禮贊引官奏跪叩興傳贊同王以下各官
俱隨
上行三跪九叩頭禮興典儀官唱徹饌協律郎唱舉徹饌樂奏
貞平之章樂作徹玉官詣

皇地祇案前行一跪三叩頭禮。捧玉退。樂止。典儀官唱送神協

律郎唱舉送神樂。奏寧平之章。樂作。贊引官奏跪叩興傳贊

同王以下各官俱隨

上行三跪九叩頭禮興樂止典儀官唱捧祝帛香饌各詣瘞位

上退立東向。捧祝帛官行一跪三叩頭禮。捧香饌官不叩俱跪

捧祝帛香饌依次送至瘞位。典儀官唱詣望瘞位樂作。仍奏

寧平之章。導

上至望瘞位立。祝帛瘞訖俟

配位帛燎半。贊引官奏禮畢導

上出至黄幄内更衣。

上回宫。

顺治十四年三月初十日　以太祖太宗配享礼成颁诏天下

癸丑。以

太祖

太宗配享禮成。諸王羣臣上表慶賀。是日。頒詔天下。詔曰。自古

帝王禮祀天地。必崇奉祖宗侑饗。所以昭功德。申孝敬。甚鉅

典也。恭惟

太祖武皇帝知勇懋昭。肇開駿業。

太宗文皇帝寬仁覃播。繼廓鴻圖。厚德豐功。俱垂萬世。並宜配

享。以盡尊崇。朕仰承

天眷。纘嗣

先猷。

南郊
祈穀奉
太祖武皇帝配祀典禮已先奉行茲復昭告
天地
宗廟
社稷率諸王貝勒文武羣臣於順治十四年三月初六日如冬
至
祈穀儀恭祀
上帝奉
太宗文皇帝同配於初九日如夏至儀恭祀

皇地祇奉
太祖武皇帝
太宗文皇帝並配式舉宏章宜頒湛惠所有事宜開列於後一
親王以下奉恩將軍以上俱加恩賜一內外公主以下固山
格格以上俱加恩賜一外藩諸王以下公以上俱加恩賜一
在京文武官員聽各衙門堂印官確查分别陞賞一各省固
山額眞昂邦章京梅勒章京總督巡撫總兵官各加恩賜一
內外滿漢官員一品封贈三代二品三品封贈二代七品以
上封贈一代八九品止封本身給與應得誥敕一自順治
十四年三月初十日昧爽以前凡官吏兵民人等有犯除謀

反叛逆子孫殺祖父母父母内亂妻妾殺夫告夫奴婢殺家
長殺一家非死罪三人採生折割人謀殺故殺蠱毒魘魅毒
藥殺人强盜妖言十惡等眞正死罪不赦外及滿洲逃人窩
主干連人等貪官衙蠹受贓監守自盜拖欠錢糧漕糧侵盜
漕糧員役亦在不赦其餘死罪俱減一等軍罪以下已發覺
未發覺已結正未結正咸赦除之有以赦前事告訐者不與
審理以其罪罪之一文職官員除貪贓及大計處分失陷城
池緝盜不獲罪犯越獄拖欠錢糧漕糧違誤欽件限期審事
徇情舉劾不公閲卷有弊衙役作弊犯贓本官不能覺察投
認師生等罪不赦外見在因公詿誤議革議降議罰及戴罪

住俸各官。各該衙門奏明寬宥。一、武職官員。除貪贜及軍政
處分失陷地方緝盜不獲縱兵搶掠拖欠錢糧違誤欽件限
期審事徇情等罪不赦外。見在因公詿誤議革議降議罰及
戴罪住俸各官。各該衙門奏明寬宥。一、滿洲兵丁處處戰攻
勞苦。該部通行賞賚。一、滿洲兵丁披甲隨征多年效力。被傷
不能披甲及年老有疾退役者。酌給恩賞。一、征調别省兵丁
深爲可憫。其家口生糧照例給發。務令得沾實惠。一、自順治
元年五月以來各地方歸順有功文武官員人等。除已敘外。
凡未經敘録者將歸順來歷及歸後勞績該部查明敘陞。給
與世襲誥敕。一、凡試職各官俱准實授。一、順治十五年會試。

照丙戌科額取中進士四百名。一所在孝子順孫義夫節婦
自順治元年以後曾經各巡按御史奏聞者仍行該按再為
核實毋事浮濫造冊報部以憑具奏旌表。一派徵錢糧俱照
萬歷年間則例其天啟崇禎年間加增盡行蠲免通行已久
如有貪官污吏例外私派多徵擾民者該督撫按官糾參重
處。一遠省未附地方文武各官及鄉紳士民投誠歸順者以
前負固之罪通與赦免察其功之大小各與陞賞。一有因叛
逆干連原係無辜者該督撫按審明即為具題釋放。一附近
賊巢居民原未從賊有司將領一概混捕擅殺者該督撫按
察實參處。一盜賊多因飢寒失業或為貪官所迫詔書到日。

雖係首惡若能率黨投首。悉免其罪。兵收入伍。民收入籍。務
期得所。有能擒捕首惡及黨内首告者。論功授官給賞。如有
因其投首乘機邀執。希圖功賞者。治以重罪。一、大兵經過餧
馬地方。供應草豆運價等項以後俱准作正項錢糧銷算。如
官胥通同指勒侵冒。該督撫即行糾条。隱徇者一體重處。一、
貧民失業流離。各地方官有能賑恤。全活五百人以上者。核
實紀錄。千人以上者。即與題請加級。其有紳衿富室尚義出
粟。全活貧民百人以上者。該地方官核實具奏。分别旌勸。一、
各處土司。原當世守地方。不得輕聽叛逆招誘。自外王化。凡
未經歸順。今來投誠者。開其原管地方部落。准與照舊襲封。

有擒執叛逆來獻者，仍厚加陞賞。一、已歸順土司官曾立功績及未經授職者，該督撫按官通行查明具奏，論功陞授。於戲！祀事孔修，答高厚生成之德；孝思用展，彰聖神作述之猷。洽萬國之歡心，備一朝之盛典。布告天下，咸使聞知。

〇七三一　顺治十四年三月十三日　复至圣先师孔子神位旧称

丙辰，復至聖先師孔子神位舊稱，從科臣張文光請也。

《清世祖实录》卷一〇八

〇七三二　顺治十四年三月二十九日　陵工告竣加督工官员职

壬申以修

陵工告竣加督工理事官努三阿思哈尼哈番張仲第各一拖

沙喇哈番

《清世祖实录》卷一〇八

〇七三三　顺治十四年四月初四日　不急工程宜停

都察院左都御史魏裔介以災變條奏

降斥之言官宜録不急之工程宜停催科不及之守令宜留

刑名遵旨開豁之册籍宜覈孤貧之口糧宜增微官之俸禄

宜厚用兵之機會宜待時旗下之駐防宜減額又請養

聖德以寬大飭羣臣以修省等事章下所司

《清世祖实录》卷一〇九

○七三四　顺治十四年四月二十六日　置盛京奉天府

《清世祖实录》卷一○九

戊戌。置盛京奉天府。

○七三五　顺治十四年五月初八日　奉先殿竖柱遣官祭神

《清世祖实录》卷一○九

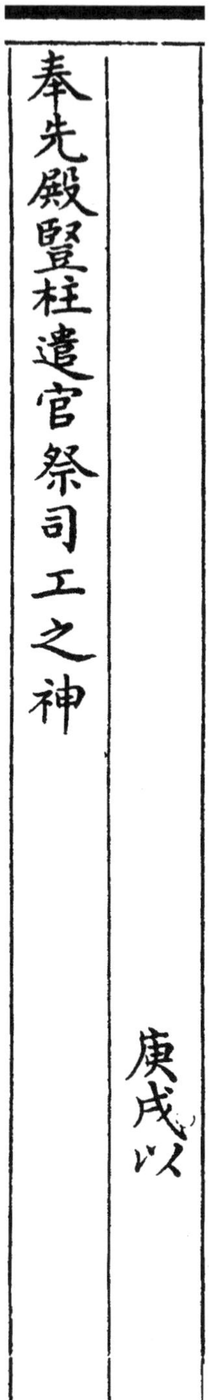
庚戌。以
奉先殿竪柱遣官祭司工之神

〇七三六　顺治十四年五月初八日　因陵工失职革兴讷职

《清世祖实录》卷一〇九

初二等阿思哈尼哈番工部尚書星訥坐陵工未完摯夫五百名又不裁補舊缺樹株革職星訥擊登聞鼓自訟下部議至是部議凡官員除軍前犯法議及世職外其在部院各衙門緣事者免其降革今星訥已經革去恩詔所得拜他喇布勒哈番及一拖沙喇哈番情罪已足相當其戰功所得世職相應給還從之

〇七三七　**顺治十四年六月初四日　奉先殿上梁遣官祭神**

乙亥

奉先殿上梁遣官祭司工之神

《清世祖实录》卷一一〇

〇七三八　**顺治十四年六月十八日　建立金太祖世宗陵碑碑文**

《清世祖实录》卷一一〇，参见《清朝文献通考》卷一二〇

己丑。建立金太祖世宗陵碑。碑文曰。朕惟自古膺圖受籙。咸有大功德於天下。及其歿也。弓劍之藏。後世重焉。匪特陰陽之所景貺。實亦遐邇之所繹思。故時代雖遥。崇禮不替。若聲教被於當年。園寢湮於異世。非所以昭德追遠也。朕撫有寰區。於前代陵墓未嘗不惓惓於心。申飭所在守護。惟謹。惟金代之陵在房山者。前我師克取遼東。故明惑於形家之説

疑與本朝王氣相關遂劉斷其地脈已已蔵我
太宗文皇帝統師入關念金代先德遣王貝勒大臣詣陵致祭
明復加摧毁且建立關帝廟為厭勝之術夫不違
天命之有歸而謬委靈於風水移災於林木何其誕也金代垂
祚百有餘年英主哲辟實光史册乃易代之後兆域荒圮祀
典缺廢撫今追昔慨焉興嘆金太祖世宗已經崇祀帝王廟
其陵寢命地方春秋虔祀外兹特諭禮臣專官省視修其頽
毁俾規制如初併令有司時祭無斁嗚呼廟貌既崇特景思
於往哲封塋重焕用昭示於來兹爰勒貞珉以垂不朽云爾

○七三九　顺治十四年六月二十九日　迎昭事殿宝顶遣官祭神

庚子迎

昭事殿寶頂遣官祭司工之神及紫禁城東華門

上帝壇門司門之神

《清世祖实录》卷一一〇

○七四〇　顺治十四年七月初二日　迎奉先殿鸱吻遣官祭神

癸卯迎

奉先殿鴟吻遣官祭琉璃窰司工之神正陽門大清門午門

奉先門司門之神

《清世祖实录》卷一一〇

○七四一　顺治十四年七月十一日　安昭事殿宝鼎奉先殿鸱吻遣官祭神　《清世祖实录》卷一一〇

安
昭事殿寶鼎
奉先殿鴟吻遣官祭司工之神

○七四二　顺治十四年八月初四日　保和殿开讲择吉开列仪注　《清世祖实录》卷一一一，参见《养吉斋丛录》卷五

諭禮部經筵大典理當早舉向因文華殿未建有
旨暫緩今思稽古典學有關治道難以再遲應於保和殿先
行開講爾部即詳考典例擇吉開列儀注具奏

〇七四三　顺治十四年八月初五日　烧造金砖附带烧制减倍　《工科史书》139（译自满文）

太子太保工部尚书加一级臣卫周祚等谨题，为咨文查看宫殿所铺金砖事。据营缮清吏司呈称，工科抄出。钦命总理米谷钱粮管军务查定江宁等处都察院右佥都御史臣张中元谨题，顺治十四年六月十三日具题，六月十五日奉圣旨：工部知道。钦此。钦遵。七月十六日抄出，到部，交司，应具题等因，呈文前来。臣等查得，于江南烧金砖时，我部曾题称，附带烧三倍金砖等因，降旨：依议。行。又，顺治十三年十一月，我部复题称，视该巡抚臣张中元之题本及我部原奏减定之金砖数，作速烧完，仍照轻敲拣选，交送京城前来可也。倘苟且制造，不能用，立即参奏治罪等因具题时，降旨：依议。严饬行。钦此。钦遵。咨文在案。今巡抚报称，金砖已陆续送完，另将予备烧制及附带烧制之金砖数具题。查得，附带之金砖一项，我部拟将附带烧制七倍减为三倍等因，于两次题本内缮写甚明，仍照前旨遵行可也。再，送到之二万块金砖，现已运往施工之处。续报已起运之三万金砖既尚未运到，将此咨文总河、总漕，严催沿河众官运送可也，不可阻拦任何船只，倘有违误，立参治罪。所欠二万六千余块金砖，交付该巡抚及承管之员，照数送来。再，所用之钱粮造册奏报后，我部再行详算。因非臣等擅便之处，谨题，请旨。顺治十四年八月初四日具题，初五日奉圣旨：依议。钦此。

注：据满文译文录入。

壬辰禮部再疏開列經筵儀注於開講前期
皇上親詣弘德殿行致祭
先師孔子之禮其祭品儀節即照本年題定弘德殿祭儀祝
文應行內院撰擬講官應聽內院酌定員數題用經書講章
御覽於開講之日內院滿漢大學士六部滿漢尚書都通大滿
漢堂官各一員俱穿鮮明衣服詣保和殿丹墀侍班滿漢科
臣各一員御史二員侍儀
皇上書案講官講案令禮部鴻臚寺各官預先陳設
御覽之書及講官所講之書應令內院官預設各案以上陳設
畢禮部堂官及鴻臚寺各官奏陳設畢
皇上御殿陞座鴻臚寺鳴贊官贊侍班各官行兩跪六叩頭禮

入殿内於兩傍各照次序侍立其侍儀科道官立於殿内兩
傍相向鴻臚寺鳴贊官贊進講講官各自原班出進至講案
前一跪三叩頭近案前立先講四書畢次講經官講經以序
講畢退立於原班同衆官出殿至丹墀下兩傍排班聽鳴贊
官贊行兩跪六叩頭禮仍前侍立禮部堂官及鴻臚寺各官
奏講禮畢
皇上還宫衆官出至協和門領恩宴訖又於太和門外行謝恩
宴一跪三叩頭禮各回以上恩宴仍照舊例令光禄寺備辦
可也再照舊例經筵預期除展禮
先師孔子外告祭
奉先殿今
奉先殿未經告成應俟

奉先殿告成舉行祭禮下次開講仍照例告祭
奉先殿可也得旨是經筵著於九月初七日舉行

○七四五　顺治十四年九月十六日　金太祖世宗陵工竣

《清世祖实录》卷一一一，参见《清朝文献通考》卷一二〇

乙卯以修葺金太祖世宗陵工竣遣官致
祭

○七四六　顺治十四年九月十七日　给鄂硕立碑

《清世祖实录》卷一一一

賜皇貴妃父内大臣三等伯鄂碩祭
二次謚剛毅立碑

○七四七　顺治十四年九月二十三日　详查苏州府运京金砖

二十四日，钦派总管米谷钱粮管军事查定江宁等处都察院右佥都御史臣张中元谨题，为查宫殿所铺金砖事。接工部咨称，二尺、一尺七寸之金砖，共烧制七万六千七百六十六块等语。本年三月初八日，已送去二万块，又于六月初七日送去三万块。两项金砖仍欠二万六千七百六十六块。经臣反复督催，现据苏州府宗布，同知王州所报看得，早已派员拣选满数，雇船起运往送。除工料等项全部明白造册送户部详查外，应具题，伏乞降旨该部，详查后行文。因非臣等擅便之处，谨题，请旨。顺治十四年八月二十五日具题，九月二十三日奉圣旨：着详查，该部知道。钦此。

《工科史书》140（译自满文）

注：据满文译文录入。

○七四八　顺治十四年九月二十四日　开讲日先期于弘德殿告祭

癸亥○諭禮部日講之典已於十二年四月内舉行後因文華殿未建暫行停止今思講學要務不可復遲○兹欲十月内開講先期應於弘德殿告祭爾部即擇吉具奏○

《清世祖实录》卷一一一

〇七四九　顺治十四年十月初三日　开讲日祭告孔子于弘德殿

壬申以開日講祭告
先師孔子於弘德殿

《清世祖实录》卷一一二

〇七五〇　顺治十四年十月十八日　发内帑修葺文庙

丁亥諭工部文廟崇祀
先師孔子所關典禮甚重令以年久傾圮若不作速整理後
漸頹壞葺治愈難因爾部錢糧匱乏所需工料未能措辦朕
發内帑銀三萬兩特加修葺諸王貝勒大臣及在京滿漢官
員願捐資者許令協助爾部即遵諭傳知

《清世祖实录》卷一一二，参见《钦定国子监志》卷二、《日下旧闻考》卷六六

○七五一　顺治十四年十月二十六日　昭事殿奉先殿工成遣官祭神

《清世祖实录》卷一一二，参见《清史稿》卷五

乙未

以

昭事殿

奉先殿成。遣官祭司殿司門之神。

○七五二　顺治十四年十一月初十日　上帝坛奉先殿告成官役叙赉

《清世祖实录》卷一一三

戊申。諭工

部。

上帝壇

奉先殿不日告成。在事官役勤劳可嘉。应加叙赉，尔部即查明职名。及在工月日具奏。在内者着内该衙门查奏。

○七五三　顺治十四年十一月二十八日　奉先殿等工所用钱粮

《工科史书》142（译自满文）

二十九日，工部尚书加一级臣孙塔等谨题，为查明具奏奉先殿等殿需用之钱粮事。营缮清吏司案呈，今年十月初四日，我部为修理奉先殿工程告竣事之题本内，将上帝坛、奉先殿等殿，宰牲亭等房屋，石牌楼、井、门、墙数，俱呈御览。除已按图型尺寸照样修理外，其所需钱粮，我部另行奏闻等因具题时，奉圣旨：依议。钦此。等因，呈部前来。臣等查得，按御览之图原计算之钱粮内开，奉先殿、昭事殿等殿，共六十六间，上帝坛一座、门三座、燎炉二座、墙三百一十庹。奉先殿、昭事殿陈设、各项器皿处，原计算之钱粮内未修者：奉先殿前后两面、配殿十六间。原已计算钱粮，嗣后用添算之钱粮修理者：奉先殿穿堂、昭事殿之配殿、宰牲亭等房，共一百零六间，石牌楼二座、新挖之井、门二十一座、影壁一座、墙六百四十庹一尺，流水沟四百三十八庹，砌砖、抹灰修理旧墙二百三十二庹。于已算之钱粮外，各处新盖之房九十五间，墙二百四十一庹，木板厅三座，流水沟八百零四庹。再，将工程告竣具题后，添盖房二间。修理此等处用我部银四十一万九千六百九两四钱三分八厘二毫，用户部领用银六十九万四千一百零五两。再，户部送来咨文内开，工部、内官监、四舍居、制造库来文称，除我等部库内贮备之物项予备外，库内未贮，于商家采买给发工部之大缎、膨缎、平花、绸子、杭细绸、绢子、桐油、花、银珠、生铜、买铅用银三万四千九百七十一两八钱八分。给发制造库金硼沙、水银，采买时用银一万四千一百五十六两八分六厘。给发内官监石青，采买时用银一千二百两。给发四舍居纱、纺丝、紧锁线、土子、靛花、碱等，采买时用银三千九十四两六钱九分六厘等语。户工二部、制造库、内官监、四舍居使用之项需用之银，经核算，共用银一百十六万七千一百三十七两一钱二毫。用剩之物项大小松木一百二十根、大砖二万六千块、一尺七寸方砖一千四百块、石灰六万斤、铁钉等物共三万一千七百五十四斤……此等用剩之木料、砖、石灰、铁、颜料等项，理合由臣等部收回贮库，用于别处工程。惟钦奉修理由内官监料理可也之旨，今剩余所有物项，交与内官监，俟修理文庙时使用可也。再，关系钱粮，事属重大，故一一查明具题。因非臣等擅便之处，谨题，请旨。顺治十四年十一月二十七日具题，二十八日奉圣旨：依议。钦此。

注：据满文译文录入。

顺治十四年建奉先殿

○七五四　顺治十四年　建奉先殿

康熙朝《大清会典》卷一三一，并见雍正朝《大清会典》卷一九七、乾隆朝《大清会典则例》卷一二六

○七五五　顺治十四年　建奉先殿及建制

雍正朝《大清会典》卷二二九

順治十四年。建

奉先殿。前殿七間。後殿七間。後殿。設暖閣牀。中間。一龕。左設

太祖高皇帝神位。右設

孝慈高皇后神位。東間。一龕。左設

太宗文皇帝神位。右設

孝端文皇后神位。俱南向。

○七五六　**顺治十四年　建奉先殿前后殿**

嘉庆朝《大清会典事例》卷六六二，并见光绪朝《大清会典事例》卷八六三

十四年。

勅建奉先殿前後殿各七楹。

○七五七　**顺治十四年　建奉先殿**

《国朝宫史》卷一三，参见《日下旧闻考》卷一八、《国朝宫史续编》卷二七、《日下尊闻录》、《光绪顺天府志》卷五

景運門之東相對爲誠肅門。入門南向爲奉先殿。世祖章皇帝以太廟時享，孝思未申，命稽往制建立奉先殿，順治十四年告成。前殿七楹，後殿如之。凡朔、望、薦新、歲時展禮及册封諸大典禮先期告祭，俱内務府掌儀司領其事。

〇七五八　顺治十四年　建奉先殿　乾隆朝《大清会典则例》卷一六一

順治十四年鼎建

奉先殿前殿九間後殿九間穿堂三間

後殿同殿異室每寢室各設神龕寶牀帷幄帳幔椲

㮰

〇七五九　顺治十四年　奉先殿后殿设神龛等　嘉庆朝《大清会典事例》卷八九〇

順治十四年定。

後殿寢室各設神龕寶牀帷幄帳幔椲㮰。

○七六○　顺治十四年　修理文庙许各官捐助　康熙朝《大清会典》卷一三一，并见雍正朝《大清会典》卷一九七

凡脩理廟宇。順治十四年。

又

發帑金三萬兩。脩理文廟。諸王各官。并許捐助

○七六一　顺治十四年　发帑金修理先师庙　乾隆朝《大清会典则例》卷一二六，并见嘉庆朝《大清会典事例》卷六六三、光绪朝《大清会典事例》卷八六五

先師廟

京師

順治十四年發帑金三萬兩修理

○七六二　顺治十四年　重修宣武门天主堂

天主堂，在宣武門左。明萬曆二十八年建，内設耶穌像。本朝順治十四年修，有世祖御製碑銘立堂内，又書門額曰通微佳境。

《光绪顺天府志》卷一七

○七六三　顺治十四年　建元灵宫

元靈宫，在南苑小紅門内西偏。宫建於順治十四年。

《光绪顺天府志》卷一六，参见《日下旧闻考》卷七四

○七六四　顺治十四年　修建法华寺

法華寺，順治十四年修建也，寺與法海寺相連屬，相傳爲宏教寺遺址。

《光绪顺天府志》卷一七

○七六五　**顺治十四年　重修玉皇庙**

《日下旧闻考》卷七一

〔增〕玉皇廟在盆兒衚衕。五城寺院册

〔臣等謹按〕玉皇廟在宏仁萬壽宫遺址之西，明萬曆中建，本朝順治十四年重修。世祖章皇帝臨幸其地，賜帑金一千兩。

○七六六　**顺治十四年　天坛城垣交兵丁维护**

康熙朝《大清会典》卷一三一，并见雍正朝《大清会典》卷一九七、乾隆朝《大清会典则例》卷一二六、嘉庆朝《大清会典事例》卷六六四、光绪朝《大清会典事例》卷八六六

天

凡脩理壇塲。順治十四年覆准

壇墻垣。壅積沙土。工部差官脩治。完日。交兵部。嗣後

責令該營兵丁。併守門軍役。每年春秋二次掃

刮

〇七六七　顺治十四年　临清烧造水澄细砖　康熙朝《大清会典》卷一三二，并见雍正朝《大清会典》卷一九九、乾隆朝《大清会典则例》卷一二八、嘉庆朝《大清会典事例》卷六七〇、光绪朝《大清会典事例》卷八七五

十四年。復差工部司官。同內官監官。前往臨淸。會同該道。燒造水澄細磚。應用工料。于本省司庫支用。工完。造册報部核銷

○七六八　**顺治十四年　各口采木招募民夫给价采伐**　康熙朝《大清会典》卷一三二，并见雍正朝《大清会典》卷一九九、乾隆朝《大清会典则例》卷一三六、嘉庆朝《大清会典事例》卷七一〇、光绪朝《大清会典事例》卷九四一

十四年議准。各口採木。差滿漢官各一員。筆帖式二員。鑄給關防。會同該地方官。召募民夫。給價採伐。以供營造

○七六九　顺治十四年　金砖价值及运价

康熙朝《大清会典》卷一三三，并见雍正朝《大清会典》卷一九九

顺治十四年覆准。江蘇等七府。二尺金甎。每塊工料銀五錢八分八毫。尺七金甎。每塊工料銀四錢八分二釐七毫。江寧池太常鎮等六府。二尺副金甎。每塊工料銀四錢三分七釐三毫二絲。尺七副金甎。每塊工料銀三錢一分六釐。蘇州府。二尺副金磚。每塊工料銀三錢三分三釐八毫八絲。尺七副金磚。每塊工料銀二錢七分七釐。解運每塊。船車腳價損墊銀六錢七分四釐八毫

〇七七〇 顺治十四年 江苏七府金砖价值

乾隆朝《大清会典则例》卷一二八，并见嘉庆朝《大清会典事例》卷六七一、光绪朝《大清会典事例》卷八七六

金甎價直順治十四年覆準江蘇等七府二尺金甎每塊工料銀五錢八分八毫一尺七寸金甎四錢八分二釐七毫蘇州府二尺副金甎每塊工料銀三錢三分三釐八毫八絲一尺七寸副金甎二錢七分七釐江寧池太常鎮等六府二尺副金甎每塊工料銀四錢三分七釐三毫二絲一尺七寸副金甎三錢一分六釐

〇七七一　**顺治十四年　苏州金砖水陆运价**　乾隆朝《大清会典则例》卷一二八，并见嘉庆朝《大清会典事例》卷六七二、光绪朝《大清会典事例》卷八七八

十四年覆準蘇州金甎水陸運價及損墊等費每塊給銀六錢七分四釐八毫

〇七七二　**顺治十四年　奉天府府尹公署**　康熙朝《盛京通志》卷一三，参见《钦定盛京通志》卷四五

奉天府府尹公署在德盛門內街西順治十四年設大堂三間川堂二間書吏房六間內宅八間廂房三間書房三間儀門一座賓館三間大門三間班房二間

〇七七三　**顺治十四年　建奉天府署及建置**

十四年建奉天府署於德盛門內街西大堂後堂各三間吏房六間住房十有四間儀門一間大門三間班房二間

乾隆朝《大清会典则例》卷一三九，并见嘉庆朝《大清会典事例》卷七二四、光绪朝《大清会典事例》卷九六一

〇七七四　**顺治十四年　永陵工成恩赏官役**

十四年。永陵工成。分别在工久暫理事官。各加世職。仍給馬匹。其餘各官。賞銀兩表裏。匠役。各賞銀。布。有差

康熙朝《大清会典》卷一四一，并见雍正朝《大清会典》卷二一九、雍正朝《盛京通志》卷七

〇七七五　顺治十四年　永陵工成恩赏官员

乾隆朝《大清会典则例》卷一三九，并见嘉庆朝《大清会典事例》卷七二三、光绪朝《大清会典事例》卷九五九

十四年

永陵工成分别在工久暂理事官各给世爵仍赏朝衣鞍馬其餘官役賞白金布疋有差

○七七六　顺治十四年　三陵遇修理移文工部预备工料

嘉庆朝《大清会典事例》卷七二三，并见光绪朝《大清会典事例》卷九五九

又定。三陵遇有應修處所，照掌關防官來文。盛京工部侍郎會同掌關防官驗視，移文工部，選擇吉期，豫備千丁及需用物料與修。如不敷，估計應用錢糧，移文工部給發。

〇七七七　顺治十四年　三陵有碍风水住房令迁移　康熙朝《大清会典》卷一四一，并见雍正朝《大清会典》卷二一九、《八旗通志初集·营建志》卷二三、《钦定八旗通志》卷一一三，参见乾隆朝《大清会典则例》卷一三九

顺治十四年議准

三陵官員兵丁匠役。所住房屋。有礙風水者。俱令遷移

〇七七八　顺治十四年　禁马鞍山樵牧　康熙朝《大清会典》卷一三二，并见雍正朝《大清会典》卷一九九

十四年題准。禁止馬鞍等山樵

牧。以山內柴草。供燒灰之用

〇七七九　顺治十四年　景祐宫立碑

景祐宫即三官廟也明時創建
萬曆丙戌年重修有碑
國初崇德六年
敕遣道士在廟焚修七年給人
役園地道士給衣糧順治九年奉
旨重修十
四年增道士置鐘磬立碑

康熙朝《盛京通志》卷二〇，并见《钦定盛京通志》卷九七

〇七八〇　顺治十四年　敕建忠节祠

順治十四年己丑
敕建忠節祠先是九年十一月庚寅湖廣辰常總兵官左
都督徐勇與黠寇白文選戰敗死之至是
世祖章皇帝褒其忠節令建祠祀之

《清朝文献通考》卷一二一

故宫学资料丛编·宫廷建筑类

清代宫廷建筑大事史料长编·清入关前（天命天聪崇德年）及顺治朝卷 四

中国紫禁城学会 编纂

故宫出版社

顺治十五年

（一六五八年二月至一六五九年一月）

一〇七八一 顺治十五年正月初五日 以将出征谙堂子永行停止

《清世祖实录》卷一一四

禮部以將征雲南奏出兵儀注得旨旣因祭
太廟齋戒不必筵宴其詣
堂子著永行停止餘俱照定例行

一〇七八二 顺治十五年二月初五日 立兴京显佑宫碑

《清世祖实录》卷一一五

壬申立興京顯佑宫碑文曰自古帝王統御
天下必以仁義為本尤懋昭恭肅崇祀明神蓋期國祚熙昌
俾兆民罔不康寧也欽惟神莫大於
昊天而事莫隆於開創虔恪之心益當倍於尋常惟茲興京所
建顯佑宫始於我朝締造之初以為昭事

上帝之所所關甚重運祚靈長神實啟之臣民瞻仰神實迪之
是以國家膺圖御籙固我
太祖武皇帝
太宗文皇帝開駿業而肇鴻基本仁德而施政教所致然荷茲
天眷者豈非誠敬萬靈懷柔河嶽之故歟夫
天無所不在事
天之心即宜無時不謹謹稽王業所自始地擅神臯遡
祖德所潛通歆居
上帝朕夙夜寅恭冀登上理睠念受命發祥之地益深欽
天率
祖之思已命所司繕葺維新春秋禋祀載表功德樹豐碑以傳
不朽於戲艱難不昧常懷對越之誠丹雘丕彰永保岡陵之
固後之子孫臣庶其無忘朕敬事之意焉

○七八三　顺治十五年三月初八日　殿试于太和殿前举行

《清世祖实录》卷一一五

禮

部奏言自元年以來殿試中式舉人俱在天安門外臣等伏

思

臨軒策士大典攸關應於太和殿前丹墀考試報可

○七八四　顺治十五年三月初八日　坛殿工成官员加级赏赉

《清世祖实录》卷一一五

以

壇殿工成加太子太保工部尚書衞周祚少保尚書孫塔右侍

郎布丹賈漢復啟心郎雷護理事官布福恩圖金萬鎰俞明

簡斡爾喀副理事官格巴布代喀爾圖拜穆布俱加一拖沙

喇哈番工部尚書管左侍郎事郭科加一拜他喇布勒哈番

右侍郎林起龍加一級營繕司郎中霍叔瑾加太僕寺卿仍
賞鞍馬緞疋等物其在事人員俱分别加級賞賚有差

○七八五　顺治十五年三月初九日　奉天府衙选办公之所

《工科史书》I4（译自满文）

初十日，直隶奉天府府尹张尚贤谨题，为请睿鉴再令议实衙门之事以正则例事。伏思，盛京城系振兴重地，前称奉天府，仰合皇帝尊崇根本至意，臣上年九月二十七日为衙门之事业曾题请，该部议得，应给衙门办公之所等因，咨文盛京大将军称，查看城内合适之房，改做衙门等因。今大将军将朝鲜馆后面房给做衙门。惟奉天衙门非臣私寓，不应敷衍行事，应照顺天府，择址于皇宫后面，以崇主子则例，朝鲜馆后面小房坏损偏歪，又与主子宫殿前后为序原无此等则例，朝鲜馆地方房屋断不可给做衙门。臣看得，现今城内惟有已革之王之房，在皇帝宫殿后面，与顺天府型相合，目今俱由商人居住，倘不补修渐至残破，倘改做衙门，不费钱粮，且与则例亦甚相合，一旦施行，双方俱为有益。此非臣等擅便之处，伏乞皇帝敕下该部，议实咨文，给做衙门，倘如此奉天府则例可永以为例。为此缮本谨题，请旨。顺治十五年二月二十六日具题。三月初九日奉圣旨：该部议题。钦此。

注：据满文译文录入。

〇七八六 顺治十五年四月十二日 荣亲王寝园成

戊寅。以和碩榮親王寢園成，安設神牌，遣官諭祭。

《清世祖实录》卷一一六

〇七八七 顺治十五年四月十五日 荣亲王坟园内寺庙坟墓不迁移

辛巳。禮部奏言：和碩榮親王墳園圈丈地內所有寺廟墳墓，宜令遷移。得旨：民間年久墳墓及供奉神佛之寺廟僧道等，為朕稺子建立寢園之故，俱令遷移，朕心實為不忍。況羣黎百姓莫非朕之赤子。所有墳墓寺廟不必遷移，仍著照舊存留。禮部尚書恩格德可作速前往，將榮親王新園附近墳主眷屬并寺廟僧道等傳集曉諭，俾知朕體恤民隱之至意。

《清世祖实录》卷一一六

〇七八八　顺治十五年四月二十日　诸王应迁居于皇城外

内三院議覆宗人府疏言皇城為
皇上宸居。諸王在内居住。所屬人員。往來出入。難以稽察。應遷
居於外。

《清世祖实录》卷一一六

〇七八九　顺治十五年五月初四日　荣亲王发引遣官祭茔所

和碩榮親王發引。遣官祭於塋
所

《清世祖实录》卷一一七

○七九○ 顺治十五年五月二十四日 国子监开办

九卿詹事科道會議國子監條奏三事修理文廟已奉俞旨其飲食供給掌饌官員俟廟舍修完日以次漸復至書籍關係文教今監中缺少應敕直省學臣廣搜送部其十三經二十一史等書監板尚存如有殘缺即如式修補俟成時各印一部收藏監內俱繙譯清書以昭同文之盛至選擇歲貢應於該部過堂時詳察青年者方准送監從之

《清世祖实录》卷一一七

○七九一 顺治十五年六月初二日 建乾清宫疏忽怠玩者严察议处

戊辰諭吏部建造乾清宮所費金錢鉅萬宜乎堅固完好乃落成之始尚有可觀今經雨輒漏牆壁欹斜地磚亦

《清世祖实录》卷一一八

不平穩階石圻縫甚不堅整此皆工部内官監各官疎忽怠

玩不用心督造及匠役草率所致當日因工完議敘所予加

陞賞賚皆屬冒濫雖經恩赦難以免罪著詳察該衙門經管

各官併營造人等嚴行議處具奏

○七九二　顺治十五年六月初四日　荣亲王茔殿不得奢华

庚午諭工部内官監和碩榮親王塋

殿前有諭旨務從節省爾等須恪遵前諭但期堅固足蔽風

雨不必華侈以致勞民儻不體朕心勞民糜費後有見聞治

罪不宥

《清世祖实录》卷一一八

○七九三　顺治十五年六月十五日　给伊拜立碑

辛巳，赠故固山额真、议政大臣伊拜太子太保，谥勤直，立碑如例。

《清世祖实录》卷一一八

○七九四　顺治十五年六月二十日　给阿尔津立碑

赠故固山额真阿爾津太子太保，谥端果，立碑如例。

《清世祖实录》卷一一八

○七九五　顺治十五年六月二十五日　内庭大工匠价按制征解

工部等衙門奏言：按經制所載，内庭遇有大工，直隷各省徵諸匠役解赴京師，每年春秋二班更换。後匠役屢解屢

《清世祖实录》卷一一八

逃。因而折工價解部。於順治二年奉旨除免匠價。今臣部工程尚煩。需用不貲。應將匠價仍照經制徵解。至織造管紬，查明季每年額止三百疋。至我朝每年額造一千四百七十餘疋。查此紬不係要緊。宜仍照舊例。每歲止派解三百疋。餘銀解部供用。從之。

○七九六　顺治十五年六月二十八日　京城北面不许开窑烧砖

甲午。禁京城北面一帶不許掘土開窯燒甎。以固龍脈。

《清世祖实录》卷一一八

○七九七　顺治十五年七月初二日　给顾鼐温齐喀僧额造坟立碑

遣官祭鎮國公顧鼐溫齊
喀僧額造墳立碑如例

《清世祖实录》卷一一九

○七九八　顺治十五年七月初二日　给毕立克图郎苏立碑

遣官致祭三等阿思哈尼哈番畢
立克圖郎蘇立碑

《清世祖实录》卷一一九

〇七九九　顺治十五年七月初八日　参奏盖造乾清宫官员工匠

《内务府来文》来1（译自满文）

七月初八日，司礼院咨文内官监，为干活工匠做活粗糙俱有罪，派往工程监工之员怠惰之罪亦不可免，谨缮本参题，仰祈宸断事。据右司呈称，院交尚方院送来咨文内开，顺治十五年七月初四日，文书馆抄出，我院前经题称，顺治十五年六月二十五日，承应刘忠转奉上谕：宫内新安窗户上边之横框木板一边高一边低，且不平，廊上柱子表面亦鼓洼不平，油饰亦有发绉之处。再，一间房屋之炕，所铺之砖一边高一边低，炕中间地方高出。干活工匠甚属懒怠不敬，可恶。着尚方院俱行查拿，各枷号三个月，着落钱粮衙门赔补，按日做扣，日满后各鞭百。钦此。除钦遵上谕将众工匠枷号另行具题外，臣等亦不可不议。补修宫内地方，应更小心谨慎，精细施工，期以坚固耐久，方为尽职，内廷亦获宁谧。今窗户上边横框及廊上柱子表面高低不平，油饰各处亦发绉不平，干活工匠委实有罪。该承事官员不知所管何事，补修油饰之前未能严加训示，而修补工竣之时，又未能查看日后能否坚固，工匠随意懒怠，官员并未谨慎明白指教，众官有玷污官职之处，虽置百喙何能宽免？臣院既有议事之责，何可默然不议。乞请降旨司礼院，将内官监派往工程之员严加治罪，以惩前毖后等因具题。本月初四日奉旨：此所参之事，其怠忽之员，着司礼院明白查核议罪具题。钦此。钦遵。咨行到院交司。应议官员之名，咨文后去取等因，咨文到院。为此咨文尔等衙门。应议承事官员之名，做速缮写，送至我衙门，复议具题后施行。

注：据满文译文录入。

〇八〇〇　顺治十五年七月十八日　查议盖造乾清宫怠忽官员

《内务府来文》来1（译自满文）

二十日，司礼院咨行尚方院、内官监，因施工工匠干活粗糙俱有罪，派往工程之监管官员怠惰之罪亦不可宽免，谨缮本参题，仰祈宸断事。据右司呈称，文书馆抄出，我衙门题称，据尚方院来文内开，我衙门前经题称，奉圣旨：此所参之事，其怠忽之员，着司礼院明白查核议罪具题。钦此。臣等议得，据本内称，油饰各处有发绉不平者一事，现该内官院掌印官佟吉承罪具题时，既奉圣旨命臣衙门议题，另本复题。油饰之处发绉不平，与杨财、姜自律无关。惟杨财、姜自律系专派监管修理窗户上面横框木板等处之员，理合详谨指示，方有裨益，且宫内系圣主居住重地，不可与别项工程相比，所有之处俱应小心坚固，何以窗户上边横框木板高低不平，廊上木柱表面鼓洼不平。再，炕上所铺之砖高低不平，中间高出。况且，该监官员原来甚熟悉所施之工，何以并未严加训示监修，以至如此。有玷官职之处，虽置百喙何能宽免。既然如此，杨财，姜自律俱罚俸六个月，以警来者等因，顺治十五年七月十七日具题。本月十八日奉圣旨：杨财、姜自律着罚俸六个月。钦此。抄出到院。为此缮咨文咨行。请上司衙门查看行文。

注：据满文译文录入。

○八○一　顺治十五年七月十八日　增设东京陵看守人员

《清世祖实录》卷一一九

以東京

陵將遷於興京，增設看守章京四員、披甲人八名。

○八○二　顺治十五年八月十二日　宽免建造乾清宫官员

《清世祖实录》卷一二○

丁丑，吏部等衙門會議：處分建造乾清宫疎忽怠玩各官。尚書孫塔應革恩詔所得一拖沙喇哈番，罰銀百兩，原任尚書衛周祚應革職，侍郎郭科應革恩詔所得一拜他喇布勒哈番，并所加之級，及尚書銜，解任，罰俸一年，布丹應革恩詔所得一拖沙喇哈番，并所加之級，解任，罰俸一年，原任侍郎今任巡撫蔣國柱應革恩詔所得一拖沙喇哈番，解任，罰俸一

年原任侍郎朱鼎延李士焜傅景星應俱革職郎中空爾喀
應革恩詔所得一拜他喇布勒哈番並乾清宫告成所得一
拖沙喇哈番及所加之級解任罰俸一年原任郎中今任梅
勒章京王國詔應革恩詔所得一拜他喇布勒哈番並乾清
宫告成所得一拖沙喇哈番罰俸一年郎中莫洛洪應革恩
詔所得一拜他喇布勒哈番並乾清宫告成所得一拖沙喇
哈番及所加之級解任員外郎祁充格阿拉納應革乾清宫
告成所得一拖沙喇哈番及所加之級解任各追奪賞賚議
上得旨孫塔等本當俱依議處分姑從寬免止追奪賞賚照
舊供職

〇八〇三　顺治十五年八月二十七日　葬荣亲王

壬辰葬和碩榮親王於黄花山

《清世祖实录》卷一二〇

〇八〇四　顺治十五年八月二十七日　给谢启光造坟

予故致仕工部尚書謝啟光祭九次造墳安葬

《清世祖实录》卷一二〇

〇八〇五　顺治十五年八月　设荣亲王陵守备

按黄花山營因順治十五年八月內建立

榮親王陵設立守備一員左右哨千總各一員管轄兵丁一

百名守護

康熙朝《蓟州志》卷四

〇八〇六　顺治十五年九月初八日　东京祖陵迁于兴京

《清世祖实录》卷一二〇

壬寅遷東京祖陵於興京

〇八〇七　顺治十五年九月二十二日　给努山立碑

《清世祖实录》卷一二〇

丙辰予故内大臣努山祭一次立碑

〇八〇八 顺治十五年九月二十三日 乾清宫工监管官员免革职

《内务府来文》来1（译自满文）

二十六日，司礼院咨文内官监，为谨遵谕旨议题事。据右司呈称，文书馆抄出，我衙门题称，准吏部送来咨文内开，我部为请旨所题一本内称，据考功清吏司呈称，部交付，吏科抄出，我部前经题称，顺治十五年七月初二日，奉上谕：谕吏部，乾清宫既花上万两银盖造完竣，本应甚为坚固，敬谨盖造。工竣初期尚可观看，目今看得，雨水渗漏，墙、山墙砌歪，地面所铺之砖不平，且松散，台阶之石闪裂，凡处俱怠惰。此俱系工部、内官监众员轻视懈怠，未谨慎监管盖造，匠役苟且施工所致。彼时因盖造完竣，曾予分别，将赏赐等级具题。赏赐俱白赏，虽遇恩赦，不可免罪。着将该衙门承管众员，施工匠役，一并查核，严加议罪具题。特谕。钦此。臣等钦遵此谕查看得，除盖造宫殿之吏部官员外，既有旗下闲散章京、骁骑校，即与兵部有关。再，匠役既与刑部有关，请兵部与刑部会同，严加议罪具题。又看得，将内官监官员、匠役议罪，既系宫内该衙门之事，或交与宫内该衙门议罪，或宫内该衙门与我等三部公同议罪具题。奉圣旨：尔部与兵部、刑部会同议题，将内官监官员、工匠交与宫内该衙门议题可也。钦此。为此咨行等因，到院，交司，相应议复具题等因，呈院前来。据大建告竣一事内称，除承管予备钱粮之各监、局之满汉官员既未参与盖造不议外，查得，顺治十三年九月十二日，臣等衙门钦遵上谕看得，内官监具题送来众官员之名，经分别，因乾清宫盖造完竣，将加级、赏赐之官员具题，奉圣旨：依题。钦此。钦遵。在案。今卢天授因别罪已革职抄家，既不能降级、追赔，勿庸议。再，除王国永、于跃已病故，黄进因别罪革职，肖振声、冯云生、任伟昭予备工程日期不长，孙进礼、刘立原在烧瓦处，李宣志、王越兴原在裱糊处，莫勒等五员原在译书处，姚志义原管彩画，此等人俱不议外，应议之已升级、赏赐之员，臣等议得，工程总管内官监掌印官佟吉领取之骑都尉诰命及加一级革去，仍罚俸一年。工程总管监正杨思明，原加二级及每年添加之十二仓石米谷革去，自丁忧期满重新起用之日起罚俸一年。原左监副石忠玉，原加一级革去、再罚俸九个月……俟皇上睿鉴明断命下之日，谨遵施行等因，顺治十五年八月二十二日具题。本月二十七日奉圣旨：此本内获罪缘由，照外部议题。钦此。钦遵。抄出。初十日到，交司，需用议复具题等因，呈院前来。臣等议得，盖造乾清宫承管众官，所管不谨，懒怠轻忽，此怠惰之罪何能宽免。总管、分管之满汉众官本俱应革职，将赏赐追回，惟外部满汉官员俱蒙恩宽宥，将赏赐追回，今既奉旨，命照外部议题，佟吉、杨思明、石忠玉……此等人俱免革职，原赏缴回。于跃、王国永既已病故，无庸议。卢天授因别罪革职抄，家产籍没，不可追赔，勿庸议。孙进礼、刘立原在烧瓦处，李宣志、王越兴原管裱糊，莫勒等五员原在译书处，姚志义原管彩画，此等人俱免议。赏给众官之物追缴时，由部监各衙门照数追缴可也。俟睿鉴明断命下之日，谨遵施行等因，顺治十五年九月二十一日具题。本月二十三日奉圣旨：佟吉等着俱免革职，赏赐之物追回，余依议。钦此。

注：据满文译文录入。

〇八〇九　顺治十五年十一月二十八日　给朱世奇立碑

《清世祖实录》卷一二一

予故阿思哈尼哈番職銜加一級朱世奇祭立	碑如例

〇八一〇　顺治十五年十二月初四日　给阿尔津等三人立碑

《清世祖实录》卷一二二

予故固山額眞一等	精奇尼哈番阿爾津太子太保三等精奇尼哈番佟圖賴三	等阿思哈尼哈番伊拜立碑如例

〇八一一　顺治十五年　修葺南苑旧衙门

《日下旧闻考》卷七四，并见《光绪顺天府志》卷四

舊衙門，宮門三楹，前殿五楹，二層、三層殿宇各五楹。南苑冊

〔臣等謹按〕舊衙門在小紅門西南，建自前明，本朝順治十五年，重加修葺。

〇八一二　顺治十五年　建德寿寺　《日下旧闻考》卷七四

德壽寺在舊衙門東偏，順治十五年建

〇八一三　顺治十五年　建德寿寺　《光绪顺天府志》卷一六，参见《京城古迹考》、《日下尊闻录》

德壽寺，在永慕寺之東。

寺順治十五年建

〇八一四　顺治十五年　奉移东京陵罢积庆山祀典　《钦定盛京通志》卷二一，并见雍正朝《大清会典》卷八七、乾隆朝《大清会典则例》卷八〇、嘉庆朝《大清会典事例》卷三四六、光绪朝《大清会典事例》卷四二八，参见康熙朝《大清一统志》卷二九

東京

十五年。奉移

陵改祔

興京罷積慶山祀典。

〇八一五　**顺治十五年　赐玉皇庙名为显祐宫**　康熙朝《盛京通志》卷二〇，并见康熙朝《大清一统志》卷二九

顯祐宫 即玉皇廟，在城之東北，國初建，崇德八年，當道士顧治太等，賜道士布

疋。十五年，賜名顯祐宫，立碑。

〇八一六　顺治十五年　天地等坛修理先期移文工部

天地等壇每遇祭祀。太常寺。先期移文工部。酌量脩理

十五年覆准

康熙朝《大清会典》卷一三一，并见雍正朝《大清会典》卷一九七

〇八一七　顺治十五年　坛庙修理先期移文工部

壇廟每届祭祀太常寺先期移文工部酌量修理

十五年覆準各

乾隆朝《大清会典则例》卷一二六，并见嘉庆朝《大清会典事例》卷六六四、光绪朝《大清会典事例》卷八六六

〇八一八　顺治十五年　太庙等看守人眷属不许在内居住　康熙朝《大清会典》卷一三一，并见雍正朝《大清会典》卷一九七

顺治十五年議准看守
太廟社。稷壇人員眷屬。不許在內居住。仍令照常輪班看守。如有疎曠。該寺嚴察懲處

〇八一九　顺治十五年　金砖开销　康熙朝《大清会典》卷一三二，并见雍正朝《大清会典》卷一九九、乾隆朝《大清会典则例》卷一二八、嘉庆朝《大清会典事例》卷六七〇、光绪朝《大清会典事例》卷八七五

十五年覆准。金磚各准一正一副開銷

〇八二〇　顺治十五年　解办架木报部核销

康熙朝《大清会典》卷一三二，并见雍正朝《大清会典》卷一九九、乾隆朝《大清会典则例》卷一二八、嘉庆朝《大清会典事例》卷六七〇、光绪朝《大清会典事例》卷八七五

十五年题准，各工需用架木，水路不能速到，行文江寧巡撫，自本年起，動支本部正項錢糧，每歲辦解二千根備用，仍將木植長徑尺寸，并用過錢糧數目，報部核銷。

○八二二　**顺治十五年　京城北面不许烧窑**　康熙朝《大清会典》卷一三二，并见雍正朝《大清会典》卷一九九、乾隆朝《大清会典则例》卷一二八、嘉庆朝《大清会典事例》卷六七二、光绪朝《大清会典事例》卷八七八

凡窯座禁令。順治十五年覆准。京城北面。一帶地方。不許燒窯掘坑。立碑永禁。如違。指名条處

○八二三　**顺治十五年　琉璃砖瓦价值**　康熙朝《大清会典》卷一三二，并见雍正朝《大清会典》卷一九九、乾隆朝《大清会典则例》卷一二八、嘉庆朝《大清会典事例》卷六七一、光绪朝《大清会典事例》卷八七五

凡琉璃甎瓦價值。順治初。每件給銀一錢〇九年。增給二錢二分五釐八毫〇十年。減定二錢一分〇十五年。減定二錢。續減定一錢八分

○八二三　**顺治十五年　澄细砖价**

康熙朝《大清会典》卷一三二，并见雍正朝《大清会典》卷一九九、乾隆朝《大清会典则例》卷一二八、嘉庆朝《大清会典事例》卷六七一、光绪朝《大清会典事例》卷八七六

鳌

十五年题准。水澄细甎。每塊給銀六分八

○八二四　**顺治十五年　官员捐修城垣**

康熙朝《大清会典》卷一三一，并见雍正朝《大清会典》卷一九七、乾隆朝《大清会典则例》卷一二七、嘉庆朝《大清会典事例》卷六六五、光绪朝《大清会典事例》卷八六七

十五年覆准。各官捐脩城垣。務將丈尺。及用過工料。逐一詳勘。方許具題。如借端科派累民者。卽行指条

覺羅果科隸鑲白滿洲事
太宗爲護軍參領。

順治

十一年擢工部左
侍郎十三年
乾清宫成加尚書銜十五年
壇
廟工成晉二等輕車都尉

○八二六　顺治十五年　瓦尔喀参与修奉先殿

《钦定盛京通志》卷七三

瓦爾喀。姓完顏。隸鑲紅旗滿洲。天聰時。任前鋒校。

順治

九年。授工部理事官。十三年。董修乾清宫成。十五年。奉先殿成。再晉一等輕車都尉

○八二七 **顺治十五年 修理边墙纪录** 康熙朝《大清会典》卷一三一，并见雍正朝《大清会典》卷一九七、乾隆朝《大清会典则例》卷一二七、嘉庆朝《大清会典事例》卷六六五、光绪朝《大清会典事例》卷八六七

凡脩理邊墻。順治十五年題准。脩完邊墻五十丈。至一百丈者。紀錄一次

○八二八 **顺治十五年 征解班匠银两** 康熙朝《大清会典》卷一三二，并见雍正朝《大清会典》卷一九八、乾隆朝《大清会典则例》卷一三七、嘉庆朝《大清会典事例》卷七一七、光绪朝《大清会典事例》卷九五二

凡班匠徵銀。順治二年題准。除豁直省匠籍。免徵京班匠價。○十五年議准。仍照舊額徵解

〇八二九　顺治十五年　盖造白粮仓房

十五年。覆准。令工部蓋造白糧倉房。

雍正朝《大清会典》卷一九八

〇八三〇　顺治十五年　裁詹事府

詹事府衙門於順治元年設仍舊址是年旋裁併入內三院九年復設十五年裁

《茶余客话》卷二

〇八三一　顺治十五年　修莲花寺

蓮花寺在城南三里喇嘛園。正殿五楹。前殿六楹。東西配廡各三楹。塔一座。本朝天聰四年。勅建。順治十五年修。

《钦定盛京通志》卷九七

顺治十六年

（一六五九年一月至一六六〇年二月）

〇八三二　顺治十六年正月十一日　粤东用夫无度害政

《清世祖实录》卷一二三

楊雍建又言臣前吏粤東目擊粤民顛
連困苦究其害政有數大端一市井無賴每遇印官缺員重
賄鑽營以求委署受事之後取償民間勢如刦盜甚有游手
冒名飽則颺去者此濫委之害一正賦之外夫役匠役有派
河船馬船有派礮車鉛藥器具有派又有以藩令採買名曰
王穀王蓆此濫派之害一里役不立良法但輪流值月上官
交際軍旅供應皆於是乎取之一遇值月遂至傾家此里役
無定例之害一用夫不據勘合火牌凡往來餽運土木工作
皆妄濫差役甚有抑勒折價此處既折彼處仍復取夫在在
流毒此用夫無限數之害一姦商借納餉名色私立鹽埠不
問貧富計口派食限期索價且藉口私鹽嚇詐厲民此私埠

之害。一土官鎮弁創設私稅地不及二百里抽者數處。以致商賈困匱。此私稅之害。一悍兵藉取柴火凡墳樹菓木皆強伐之。且汚辱婦女。刦奪財物。道路阻絕。此砍柴之害。一木商已為營弁估踞。及兩藩採買。反問民間。不得不重價購諸王商以應。此採木之害。夫去其疾苦。謀其生聚。在
皇上大奮乾斷。而力行之。今川貴底定。請移一王鎮撫其地。以救粵民疲困。命所司察議。

○八三三　顺治十六年正月二十九日　旗下官员房屋照例酌减

《清世祖实录》卷一二三，并见《八旗通志初集·营建志》卷二三、《钦定八旗通志》卷一一三

工部議各處取到旗下
官員撥給房屋。應照舊例酌減。精奇尼哈番品級各十四間

阿思哈尼哈番品級各十二間。阿達哈哈番品級各十間。拜他喇布勒哈番品級各八間。拖沙喇哈番品級各六間。六品七品官各四間。八品九品官各三間。撥什庫護軍各二間。披甲人各一間。報可。

〇八三四　顺治十六年二月初九日　停增修葺理诸工赏赐

《清世祖实录》卷一二三

先是掌管看守福陵關防拜他喇布勒哈番品級穆舒等移文工部。稱遵旨起

建福陵城之四隅角樓各一。兩旁衙門各五間。掖門各一。八石馬鞍俱經細鐫。併換石座。皇城牆垣俱已修葺。引先監修趙旗鼓例。乞加恩賚。至是部議。查我朝修葺

陵寢。從前章京加職。工匠給賞。雖有舊例。但皆加恩於創始修造之官匠。若每遇增修復行敘賚。於例不合。應將穆舒等停其賞賜。其修造事宜註冊。嗣後除創建外。增修及葺理者俱應停其賞賜。從之。

○八三五　顺治十六年二月二十二日　给王永吉立碑

《清世祖实录》卷一二四

癸未。諭吏部等衙門。前因王永吉好勝沽名。故降級示抑。使省改自新。不意遽嬰疾奄逝。朕甚悼焉。念其服官有年。勤勞素著。宜加曠典。以昭優卹之意。特贈少保兼太子太保吏部尚書。照一品例給與祭葬。立碑。仍廕一子入監讀書。爾部即遵諭行。

〇八三六　顺治十六年三月初一日　给吏部尚书王永吉立碑　《清世祖实录》卷一二四

顺治十六年己亥三月壬辰朔，予故少保兼太子太保吏部尚书王永吉祭十三次，立碑，谥文通，遣官护其丧归葬。

〇八三七　顺治十六年三月初六日　昭仁殿工添加监管官员　《内务府来文》来2（译自满文）

初六日，内官监咨行司礼院。三月初五日，我衙门口奏，昭仁殿添盖之房，三月初八吉时开盖。此地即系内廷甚重要之地，管理监修之时，我衙门官员不敷用，伏乞降旨司礼院，添加官员，添加管领监修之员。此非臣等擅便之处，请旨等因具题。本日，金图吉传旨：咨文司礼院，着添员。钦此。钦遵。咨文上司衙门，旨内之事，作速遵行。

注：据满文译文录入。

〇八三八　顺治十六年三月初十日　议乾清宫工竣给佟吉世职　《内务府来文》来2（译自满文）

初十日，吏部文，为议叙事。据文选清吏司呈称，我部前经奏称，据司礼院来文内开，我衙门题称，坛、殿业经统管盖完，内官监掌印郎中加一级佟吉，应否给世职之处，请旨。钦命吏部议题可也等因，顺治十六年二月初二日具题。本月初三日奉圣旨：依议。钦此。将此谨遵于二月初六日送文到部，交司，应议后复题等因，呈文到部。臣等查得，十三年九月大建告竣，统管盖造内官监掌印郎中佟吉等人，经司礼院会同御用监议叙，题请给发佟吉三等骑都尉诰命，奉旨准行，来文晓谕臣部后，给发骑都尉诰命。今总管盖造内官监掌印郎中加一级佟吉，盖造乾清宫之时间，达到何赏，应否给世职之处，内该衙门既未议，臣部亦不可议。请将此仍降旨内该衙门详查，将佟吉盖造乾清宫之时间，达到何赏，应否给世职之处，定议具题后，臣部再行议题。为此缮本复题，命下臣衙门后遵行等因具题时。顺治十六年三月初十日奉旨：依议。钦此。将此谨遵，咨行知会，请司礼院查阅后行文。

注：据满文译文录入。

〇八三九　顺治十六年三月初十日　给安费扬古立碑

《清世祖实录》卷一二四

予故固山額真碩翁科羅巴圖魯安費揚古謚敏壯立碑安費揚古當太祖皇帝開創時効力有功因賜名碩翁科羅巴圖魯授固山額真擢居五大臣之列至是其孫工部尚書孫塔請謚建碑命追卹之

〇八四〇　顺治十六年三月十五日　金之俊撰明崇祯帝碑文

见《清朝文献通考》卷一二〇、光绪朝《昌平州志》卷一

《清世祖实录》卷一二四，参

丙午

立明崇禎帝碑命大學士金之俊撰文文曰臣嘗觀古今治亂之蹟邦國興替之由使後

之人得而攷焉以為法戒者其義莫詳於史大約國之興也

創業開基之君莫不有應天順人之舉積功種德為累葉之
所憑藉其亡也必末季之主或天資刻薄殘民以逞或闇弱
昏庸太阿旁落或甚而縱欲敗度滅裂綱常種種失德難以
枚舉皆有自取滅亡之道即國祚之修短不同而覆敗相尋
共世一轍書曰與治同道罔不興與亂同事罔不亡非虛語
也我
皇上聰明睿智典學惟勤涵泳六經之暇尤研精史書舉前代
之是非往事之成敗靡不遡原窮委一一究其指歸而於明
朝興亡本末更瞭如指掌於是深晰崇禎帝之所以失天下
者厥咎有在非末世亡國之君可同年而語也但當時既無

實錄日後慮多傳疑每釐

睿懷之憫惻於順治十四年二月內爰諭工部立碑表章恭繹
天語一則曰明崇禎帝尚為孜孜求治之主祇以任用非人卒
致禍亂身殉社稷再則曰若不急為闡揚恐千載之下竟與
失德亡國者同類並觀嗚呼
宸鑒及此不能不令人低徊歎息頌我
皇上之明並日月發幽光於幾沉德邁興王昭公評於隔代真
前此紀載中未有之盛事也茲工部遵諭礱石成
皇上特命臣之俊為文以勒之碑臣係故明纍臣矢殉溝壑幸
遘永清之會再續餘生既捧薇綸而感涕益驚專命而徬徨

以謭陋昏耄如臣何能追闡遺徽仰副
皇上表章之盛心然不敢不就見聞所及謬述其概以竊附史
官之職也按崇禎帝本以英敏之資潛德藩邸繼膺大統當

即位之始正孽璫煽亂之餘中外危疑獨能不動聲色芟夷
大憝如秋風振槁因目擊人心蠱壞盡屬如醉如夢之流法
紀廢弛釀成不痛不癢之習銳意更絃猛圖法祖恤民隱畏
天災嘗蔬食布衣痛自貶損講帷之咨詢不輟平臺之召對
屢勤一段宵旰靡寧想望太平之意誠有如
上諭所云孜孜求治者假令當日有先憂後樂之臣同心一德
匡濟時艱小康猶可坐致即或中材之佐警戒綢繆尚得彌
縫歲月其如怙婾積玩貪黷成風下吏之精神專用以鑽營
結納大僚之好尚惟在乎位高多金以致民窮盜起然發難
之初不過西陲一隅亦何難以國家全力制之而上下相蒙
以賊為諱嘯聚之勢日熾月盛攻城掠邑有同破竹然後舉
國張皇紛紛議選將議抽兵議加派議設總理總督重臣臨

渴掘井毫無成算以言勦則挫衄屢聞以言撫則招徠無術
至於驕兵悍將反借賊勢披猖為護身符來不能禦去不肯
追遂蔓延流毒秦晉楚豫巴蜀暨大江以北所在騷然而朝
端之上方爭洛蜀之黨日構元黄之戰厝火怡堂獨以賊遺
君父憂間有一二耿介特立之士以公忠體國為念又往往
不安於其位一時内外文武事權在握者無一實心辦事之
人矣致令仁明銳治之主不幸而丁中葉陵替之後起弊扶
衰萬難措手兼之孑然孤立於上四顧盈庭茫無可倚譬如
尫羸之夫病之初中尚在膚腠膜理之間中醫猶能按脉而
治及躭延日久深入膏肓雖有盧扁救療安施豈非天之所
廢莫能興之而人謀不臧適任其咎者耶攷史傳所載凡末
世亡國之君覆車之轍崇禎帝並無一蹈焉乃身殉宗社不

引天亡之言亦綦烈矣。嗟乎傷哉。有君無臣。禍貽邦國。竟若斯哉。此明代往事之可為痛哭流涕者也。我

皇上深用憫惻。而欲急為之闡揚。是即孔子當年作春秋之心。

褒貶出乎至公。瑕瑜毋令相掩。俾天下後世讀明史者咸知崇禎帝之失天下也。非失德之故。總由人臣謀國不忠所致。庶後之為人臣者悚然知所戒。而後之為人君者亦知慎於用人也已。然則煌煌

睿諭。明乎制治保邦。勿玩小寇。而弭寇必以安民為本。安民則又以知人為本。此匪直昭一時之信史。實著萬世之常經。蓋永為君若臣之寶鏡云

〇八四一　顺治十六年三月十七日　三觉寺监修无满员可派

《内务府来文》来2（译自满文）

十七日，内官监咨行司礼监。顺治十六年三月十六日，御前监司李国柱转奉上谕，盖造三觉寺，先盖房顶，地暂停。交付内官监，派出明白满员一员监修可也。钦此。臣衙门员外郎穆成额，奉旨造船，且办理衙门之事。员外郎多博监修宣灵宫柱子盘龙及六间房。员外郎姜永监修海子新建之寺，员外郎李万春患病，是以臣衙门无满员，请降旨司礼院派出明白满员一员，管理工程。再，三觉寺既在城外，务必防范恶人。皇上给发之银，派出官员后，由僧录司之掌银生于观觉寺前交付。再，雇匠役，采买所用物料，重要之处先修等，俱与所派之员会同商量，盖造可也。因非擅便之处，请旨。顺治十六年三月十七日，缮绿头牌具题。本日奉圣旨：是。钦此。钦遵谕旨，咨文知会，作速派员可也。请上司衙门将旨内之事查看后施行。

注：据满文译文录入。

〇八四二 顺治十六年三月二十七日 拣选太监监修御花园等工程

《内务府来文》来2（译自满文）

二十七日，内官监咨行司礼院。我衙门题称，内官监监正杨思明办理衙门之事，且抽空赶往各处查看，右监副杜奇元患病，左监副杨财已交付海子新寺工程，左监承孙金立已交付昭仁殿后边新殿工程，知事侯天祥已交付修理慈宁宫花园，右监承张怀京经具题，已交付上帝坛更换地基工程，上帝坛地基更换前，暂时交付修理御花园监修之事。目今司礼院因各衙门未将分担清扫之雪清除，将张怀京参奏后革职，是以现今修理御花园可谓无员可派。上帝坛更换地基监修之员亦无。乞请降旨司礼院，于各衙门太监官员内，视明白贤能，拣选二员，俟上帝坛更换地基，修理御花园，令监工修理可也。此非擅便之处，请旨。本年三月二十七日，缮绿头牌具题。本日奉圣旨：是。钦此。谨遵谕旨，咨文知照。请上司衙门查看旨内之事后，作速遵行。

注：据满文译文录入。

○八四三　顺治十六年三月二十八日　翰林院职掌

《清世祖实录》卷一二四

已未內閣奏言內三院既改為內閣另設翰林院查舊例各有分管職掌今再行詳酌及應歸各衙門者分列款項奏請內閣職掌一具題纂修實錄等項書籍各官職名一辦理記載詔書上傳敕諭冊文寶文表文御屏收藏六科錄疏並各項書籍各處祭文等項一撰擬文武各官世襲封贈誥命敕命及敕書並用寶一精微批掛號一經筵日講翰林官撰完講章看詳進呈一繙譯本章一撰寫壇廟各陵祝文及神牌扁額一登記世官檔子一收揭帖紅本票簽檔子一撰擬碑文祭文謚號翰林院職掌一經筵日講撰擬講章一外國奏書令四譯館官繙譯一考選庶吉士一開列教習庶吉士職名送內閣具題一纂修繙譯各項

書史一開列纂修職名送内閣具題一凡會試鄉試及武會試主考開列職名送該部具題一撰擬封贈誥敕開列翰林官職名送内閣具題一題補翰林官員及差遣俸滿丁憂給假等項行文各部一侍直一侍班一扈從一貼黄一修玉牒一捧敕書一教内書堂一上陵一分獻一册封一齎詔應歸各該衙門職掌一會試一殿試一廷試舉貢一册封事宜以上四項俱應歸禮部一撰擬印信關防字樣文官應歸吏部武官應歸兵部。從之。

○八四四　顺治十六年闰三月初四日　坛殿告成加工程总管官

甲子，以壇殿告成，加總管工程內官監理事官通吉拜他喇布勒哈番。

《清世祖实录》卷一二五

〇八四五　顺治十六年闰三月初四日　给沙尔虎达立碑　《清世祖实录》卷一二五

谕故昂邦章京沙尔虎達立碑遣官致祭

〇八四六　顺治十六年闰三月初六日　派员管理十三间房制做木植等　《内务府来文》来2（译自满文）

初六日，内官监咨行司礼院。盖慈宁宫后面十三间房时，派专员管理制作木植、石料，我衙门既无员，请降旨司礼院衙门，派员管理制作。因非臣等擅便之处，请旨等因，顺治十六年闰三月初六日，缮绿头牌交与承应金图吉具题。本日奉圣旨：是。钦此。谨遵旨咨文知会，请上司衙门谨遵旨内之事，作速施行。

注：据满文译文录入。

○八四七　顺治十六年闰三月二十日　给努山阿克善立碑

> 庚辰学故内大臣二
> 等阿思哈尼哈番努山梅勒章京拜他喇布勒哈番兼一拖
> 沙喇哈番觉羅阿克善立碑

《清世祖实录》卷一二五

○八四八　顺治十六年四月二十一日　立马尔图僧额碑

> 辛亥命立故镇國公馬爾圖僧額碑

《清世祖实录》卷一二五

○八四九　顺治十六年五月十五日　盛京工部设侍郎一员

> 乙亥設盛京工部侍郎一員

《清世祖实录》卷一二六

〇八五〇　**顺治十六年九月二十三日　兴京祖陵尊为永陵**

《清世祖实录》卷一二八，参见《清史稿》卷五

辛巳。諭禮部。興京祖陵乃發祥重地。宜隆顯號。以展孝思。今尊稱為永陵。應行典禮。爾部即察例具奏

〇八五一　**顺治十六年十月十七日　给刘麟图董俄罗立碑**

《清世祖实录》卷一二九

甲辰。命故三等阿思哈尼哈番加一級劉麟圖一等阿達哈哈番兼一拖沙喇哈番原任梅勒章京加一級董俄羅俱立墓碑。

○八五二 顺治十六年十一月初二日 着内阁另撰尼堪碑文

又奏言敬謹王尼堪碑文内有為國盡忠累著功勳實為
國家屏藩等語雖蒙
皇上宥罪存其王爵但碑内所載之語與其行違或另行撰給
或因存王爵仍舊存留統惟
上裁得旨敬謹王碑文著内閣另行撰給

《清世祖实录》卷一三〇

○八五三 顺治十六年十一月十七日 顺治帝致祭明诸陵

康熙朝《昌平州志》卷二六，参见《日下旧闻考》卷一三六

十六年十一月

十七日祀明陵

世祖至思陵拜奠大慟從臣皆感激泣下命閣臣金之俊撰懷宗碑記

《清世祖实录》卷一三〇，参见《日下旧闻考》卷一三六

〇八五四 顺治十六年十一月十七日 谕工部修葺明陵

諭工部前代陵寢神靈所棲理應嚴為防護朕巡幸畿輔道經昌平見明代諸陵殿宇墻垣傾圮已甚近陵樹木多被斫伐向來守護未周殊不合理爾部即將殘毀諸處盡行修葺見存樹木永禁樵採添設陵戶令其小心看守責令昌平道官不時嚴加巡察爾部仍酌量每年或一次或二次差官察閱勿致疎虞

○八五五　顺治十六年十一月二十五日　四祖陵尊为永陵告祭

《清世祖实录》卷一三〇

壬午，以尊称

四祖陵为

永陵，遣官告祭。

○八五六　顺治十六年十一月二十七日　上明崇祯帝谥号

《清世祖实录》卷一三〇

甲申

上驻跸三屯营。是日，谕礼部：前明崇祯帝励精图治十有七年，不幸寇乱国亡，身殉社稷。考其生平，无甚失德，遘兹厄运，殊堪矜悯，宜加谥号，以昭实行。今谥为庄烈愍皇帝。尔部即遵谕行。

○八五七　顺治十六年十二月十九日　追夺塔尔纳立碑

宗人府奏言端重王博洛之子塔爾納原封多羅郡王卒後謚敏思今端重王獲罪塔爾納封爵謚號併所立碑俱應追奪從之

《清世祖实录》卷一三〇

○八五八　顺治十六年十二月　颁御制劝输修明怀宗思陵疏

十六年

十二月頒

御製勸輸修明懷宗思陵疏

康熙朝《昌平州志》卷二六

○八五九　**顺治十六年十二月　谕修崇祯帝陵设立陵户**　《日下旧闻考》卷一三六，并见光绪朝《昌平州志》卷一

十六年十一月十四日，世祖駕幸明陵，

十七日致祭明諸陵及明愍帝陵，並御製祭文。又命閣臣金之俊撰思陵碑記。十二月，復頒諭修明崇禎帝陵詔，並命設立陵户，給與贍田，俾司香火。

○八六○　**顺治十六年十二月　谕修明崇祯帝陵诏**　《日下旧闻考》卷一三，并见光绪朝《昌平州志》卷一、《光绪顺天府志》卷二六

御製世祖章皇帝諭修明崇禎帝陵詔　朕惟膺圖永祚，統紹百王。而創業宏模，情殷勝國。歷觀史册興亡之迹，考其治亂得失之由，僉以政荒，遂干天譴。邦國既瘁，士民罔懷。維有明莊烈愍皇帝，實治理之究圖，惜贊襄之莫逮。以致寇氛犯闕，宗廟爲墟。追念喪師，非因失德。朕每念及此，未嘗不惻焉傷心也。頃者兩幸昌平，周視明代陵隧。躬親盥奠，俯仰徘徊。以彼諸陵，規制咸壯麗相因；獨愍帝之陵，荒凉庳隘，典物未昭。原彼當年孜孜求治，宵旰不遑，祇以有君無臣，薄海鼎沸。洎乎國步傾危，身殉社稷，揆之正終之例，豈同亡國之君？朕於憑弔之餘，撫往興悲，不禁流涕。因欲繕治陵寢，丹堊几楹，慰靈爽於九京，彰異數於奕禩。迺核少府金錢，悉皆小民正供。倘增工徒之

費，殊乖賦式之經。然終不忍聽其闕畧，用是布告方州，開導悃忱，交相輸助，聿新碧甃，以肅松楸。爾等溯厥源流，夙沐前朝之澤；凡茲臣庶，寧無故主之思？矧愍帝之終，異於往葉；而勸忠之感，當有同心。或列籍薦紳，或齒登編户。恩沾累世，德濊高曾。勿以革故爲嫌，致歉事亡之誼。各隨心力，共佐經營。在内所捐，貯之工部，各直省地方，輸之有司，彙解工部。獨慮經費浩繁，紓以歲月，計貲罔缺，工役迺興。繚以周垣，崇其寢殿。奢靡不尚，雖少遜厥諸陵；鳩庀獨新，庶無曠乎儀制。所在奉行，毋

〇八六一　顺治十六年　御制明内监王承恩碑文

光绪朝《昌平州志》卷一

世祖章皇帝御製明内監王承恩碑文　朕聞烈士殉名，齎志而没；貞臣衛主，捐軀以從。自有明失馭，寇陷都城，懷宗皇帝敦國君死社稷之義，崩於石室，時有司禮監秉筆太監王承恩者，攀龍髯而矢志，甘雉經以從君，陪縊於傍，死而猶跽，嗚呼！若承恩可謂事君有禮，不忘其忠者矣。夫人臣事主無二，厥心爲其易者，與爲其難

者途徑若分理道則一人臣之懷二心者倖圖苟免甘
心事雠乃在平日侈讀詩書高擁爵位之人無論生無
以爲人死無以爲鬼對若人其亦何地置足耶朕殲除
巨憝用彰民彝既禮葬懷宗皇帝於思陵因賜承恩塋
域一區俾葬兆外以從厥志仍賜之香火田地豎之穹
石使後世知艱危之際内員中乃尚有忠烈而死如承
恩者

〇八六二　顺治十六年　谕祭王承恩文

光绪朝《昌平州志》卷一

世祖章皇帝諭祭王承恩文　朕嘗考諸史册見夫忠臣烈士身殉國難名炳千載未嘗不掩卷三歎也雖仁義之性命之於天人人可以自盡然變亂之際利害動於中禍患怵於外依違瞻顧多不能引決求夫風雨不渝其常霜雪不易其操者蓋難之矣若夫掖庭之中貂珥之列或恪恭著美或勤慎流徽若漢之呂强唐之張承業亦可謂賢矣至於國家多難秉志不移忠誠貫於金石氣節昭於日星尤足以激末流而挽頹俗也明司禮監太監王承恩者有可紀焉當明季寇訌海內鼎沸莊烈愍皇帝勵精圖治宵旰焦勞原非失德之主良由

有君無臣孤立於上將帥擁兵而不戰文吏噂沓而營
私以致羣寇縱橫不能奏績逮逆渠犯闕國勢莫支帝
遂捐生以殉社稷而一時戴纓之士在平時則背
公樹黨遇難則苟且偷生言之可爲太息惟有范景文
等十九人無愧臣節業賜謚致祭以旌其忠然多士盈
廷能赴義捐軀者蓋不多見獨承恩目擊艱危從容就
義從死愍帝之傍其嶽嶽之風節卽古之忠臣烈士何
以加焉旣乃託體山阿瘞骸林麓永近園陵常依隧道
可謂式慰幽靈用綏貞魄者矣朕自踐阼以來斟酌前
代之典章洎夫有明恆深嘉歎其列代山陵近在畿輔
向令永禁樵採守護維嚴於順治十六年因東狩駐蹕

昌平覩勝國之松楸感廢邱之霜露諸陵周覽心惻入
之爰至思陵念愍皇帝精勤遘亂亡國非辜躬奠椒漿
尤增憫泣顧見陵側有土一坏即承恩墓也特命從臣

酹酒焉邇者當省斂之時展輸效駕載履明諸陵拜陳
酺醴復徘徊於思陵之所撫荒墟而灑泣懋旨酒而痛
心念茲從死之臣彌興節義之感手一卮命大臣拜奠
其墓以勸忠也謚義危身奉上險不辭難曰忠故忠君
愛國庸人每赤之遝貞烈之士毅然行之使百世之下
聞而興起者慕義無窮也矧承恩趨侍宮掖出入禁闈
其責任不繫乎封疆名位不同乎公輔而獨能視死如
歸豈非較然不欺其志者哉以視世之讀書明大義負
重名者變故當前依阿澳涊幸免旦夕其爲人賢不肖

又何如也用是勒之貞珉使盡忠者以爲勸不忠者以爲戒且以告天下萬世之爲人臣者

〇八六三　顺治十六年　尊称兴京陵曰永陵　康熙朝《大清一统志》卷二九

永陵在城西北十里啟運山

肇祖原皇帝
興祖直皇帝
景祖翼皇帝
顯祖宣皇帝共一山
寶城前爲享殿曰
啟運殿奉安
四祖寶座凡規模制度守護官員及四時祀典俱同
福陵
昭陵之制初
肇祖
興祖共葬稱
興京陵

景祖

顯祖陵在盛京城東南一百二十里，稱

東京陵。順治八年，封

興京陵山爲啟運山，

東京陵山爲積慶山，俱從祀

地壇。十五年，奉移

東京陵改稱

興京陵，安葬罷積慶山祀典。十六年，尊稱

興京陵曰

永陵。

〇八六四　顺治十六年　永陵沿革

《皇朝通志》卷四〇

肇祖原皇帝

興祖直皇帝

景祖翼皇帝

顯祖宣皇帝陵舊在
興京共一山天命九年建都
東京奉移
景祖
顯祖陵於遼陽順治十五年奉移
景祖
顯祖陵仍祔于
興京
祖陵稱
四祖陵十六年尊為
永陵云

〇八六五　顺治十六年　永陵规制沿革

《钦定盛京通志》卷二一，并见嘉庆朝《大清会典事例》卷七二三、光绪朝《大清会典事例》卷九五九，参见光绪朝《大清会典》卷六二

永陵

啟運山在

興京城西北十里。初

肇祖原皇帝

原皇后

興祖直皇帝

直皇后之陵。共一山。稱

興京

陵。

景祖翼皇帝

翼皇后
顯祖宣皇帝
宣皇后之陵。共一山。稱
東京
陵。在奉天府城東二百五十里。順治十二年十一月。
南郊。始追上
列祖尊號。八年。封
興京
陵山爲
啟運山。
東京
陵山爲

積慶山均從祀
方澤十三年於
陵山週圍立界址界內禁止樵採十五年奉移
東京
陵改祔
興京罷積慶山祀典十六年尊稱爲
永陵

○八六六　顺治十六年　藏海禅院奉敕建塔

《苏州府志》卷二五

藏海禪院在虞山西嶺上舊爲拂水菴明洪武三年建歸併維
摩寺

本朝順治十六年僧通琇奉
敕建塔葬母改塔院今爲禪院

○八六七　**顺治十六年　官兵给房间数**　康熙朝《大清会典》卷一三二，参见雍正朝《大清会典》卷一九八、乾隆朝《大清会典则例》卷一二七、嘉庆朝《大清会典事例》卷六六六、光绪朝《大清会典事例》卷八六九

十六年題准。一品官。給房十四間。二品官。給房十二間。三品官。給房十間。四品官。給房八間。五品官。給房六間。六品七品官。給房四間。八品九品官。給房三間。護軍。撥什庫。給房二間。甲兵。給房一間。或買或造。照數撥給

〇八六八　顺治十六年　侍卫等给屋数目

乾隆朝《大清会典则例》卷一二七，并见嘉庆朝《大清会典事例》卷六六六、光绪朝《大清会典事例》卷八六九

又定侍衛等給屋數目均照文官例一等侍衛照三品官二等侍衛照四品官三等侍衛照五品官藍翎侍衛照六七品官其護軍前鋒領催等各給屋二間驍騎閒散人等各給屋一間

〇八六九　顺治十六年　仓廒保固期内损坏赔修

康熙朝《大清会典》卷一三一，并见雍正朝《大清会典》卷一九八、《古今图书集成·考工典》卷六三

十六年議准。脩造倉廒。三年內損壞者。令原脩官役脩理。十年

内坍塌者。令原脩官役賠脩。並治其應得之罪

〇八七〇　顺治十六年　仓廒保固期内损坏赔修

乾隆朝《大清会典则例》卷一二七，并见嘉庆朝《大清会典事例》卷六六八、光绪朝《大清会典事例》卷八七一

十六年議準修造倉廒三年内損壞者令原修官役賠修一年内坍塌者除原修官役賠修外仍照例治罪

〇八七一　**顺治十六年　京城八门建造监房**　康熙朝《大清会典》卷一三二，并见雍正朝《大清会典》卷一九八

十六年題准京城八門。每門建造監房五間

〇八七二　**顺治十六年　灰石二差并为一差**　康熙朝《大清会典》卷一三二，并见雍正朝《大清会典》卷一九九、乾隆朝《大清会典则例》卷一二八、嘉庆朝《大清会典事例》卷六七〇、光绪朝《大清会典事例》卷八七五

十六年覆准。灰石二差。併爲一差

〇八七三 **顺治十六年 禁派百姓修筑城楼**

康熙朝《大清会典》卷一三一，并见雍正朝《大清会典》卷一九七、乾隆朝《大清会典则例》卷一二七、嘉庆朝《大清会典事例》卷六六五、光绪朝《大清会典事例》卷二六八

十六年覆准。禁止有司派罚百姓脩築城樓垛口

〇八七四 **顺治十六年 拨地给会同馆递运所**

康熙朝《大清会典》卷一三一，并见雍正朝《大清会典》卷一九八

十六年覆准。撥東直門内大軍倉空地。給會同館遞運所。牧養馬匹

〇八七五 **顺治十六年 内外匠役工价数额** 康熙朝《大清会典》卷一三二，并见雍正朝《大清会典》卷一九八、乾隆朝《大清会典则例》卷一三七、嘉庆朝《大清会典事例》卷七一七、光绪朝《大清会典事例》卷九五二

凡雇覓匠役工價。順治十六年題准。內工。每匠給銀二錢四分。每夫給銀一錢二分。冬月。每匠給銀一錢九分。每夫給銀一錢。外工匠夫。比內工各減給銀二分

〇八七六 **顺治十六年 各口采木差满洲官一员** 康熙朝《大清会典》卷一三二，并见雍正朝《大清会典》卷一九九、乾隆朝《大清会典则例》卷一三六、嘉庆朝《大清会典事例》卷七一〇、光绪朝《大清会典事例》卷九四一

又題准。各口採木。旗下人役居多。每差止留滿洲官一員。筆帖式二員。其原設漢官撤回

〇八七七　顺治十六年　古北口等处伐木规定

康熙朝《大清会典》卷一三二，并见雍正朝《大清会典》卷一九九、乾隆朝《大清会典则例》卷一三六、嘉庆朝《大清会典事例》卷七一〇、光绪朝《大清会典事例》卷九四一

十六年議準。古北口。潘家桃林口。差滿漢官各一員。筆帖式二員。駐劄該地方。抽分木植。停止採木差員。滿漢官民人等。有情願採伐者。將人數報明工部。轉送兵部。給出關票。工部給與木植長徑尺寸。照式採伐。進口之時。該差官員。照依尺寸。記其木數。放進運至通灣。該管官員。於十分中。抽取二分。造冊報部

○八七八　**顺治十六年　建永平府等木植抽分关口**

康熙朝《大清会典》卷一三二，并见雍正朝《大清会典》卷一九九、乾隆朝《大清会典则例》卷一三六、嘉庆朝《大清会典事例》卷七一〇、光绪朝《大清会典事例》卷九四一

又題准潘家桃林口抽分改駐永平府。古北口抽分改駐密雲縣。并建設關口

○八七九　**顺治十六年　喜峰口外进口木植贩卖抽分**

康熙朝《大清会典》卷一三二，并见雍正朝《大清会典》卷一九九、乾隆朝《大清会典则例》卷一三六、嘉庆朝《大清会典事例》卷七一〇、光绪朝《大清会典事例》卷九四二

又令理藩院。傳諭喜峯口外。所屬蒙古。及八旗綱戶木匠。砍伐栢板。進口販賣。亦照十分取二之例抽取。如有私行進口。不遵抽分者。該差指名報部題

○八八○ 顺治十六年 京口设驻防衙署

《八旗通志初集·营建志》卷二四，并见《钦定八旗通志》卷一一七

京口駐防：順治十六年設。將軍衙署一所，一百二十九間。副都統衙署二所，一所九十七間，一所六十三間。

鑲黄旗協領衙署一所，五十五間。參領衙署一所，四十間。防禦衙署五所，一所三十一間，一所二十九間，一所二十三間，一所二十一間，一所二十間。驍騎校衙署五所，一所十六間，一所十三間，二所十四間、一所二十二間。領催、馬兵二百四十一名，各營房三間。礮手五名，匠役五名，各營房二間。

正黄旗協領衙署一所，五十九間。參領衙署一所，三十七間。防禦衙署五所，一所三十間，一所二十七間，一所三十五間，一所三十一間，一所二十七間。驍騎校衙署五所，二所十八間，一所十五間，一所十六間，一所二十二間。筆帖式衙署一所，十六間。領催、馬兵三百三十七名，各營房三間。礮手五名，匠役三名，各營房二間。

正白旗協領衙署一所，三十六間。參領衙署一所，三十一間。防禦衙署五所，一所三十間，二所二十七間，一所二十八間，一所二十六間。驍騎校衙署五所，一所十四間，二所十六間，一所十五間，一所十八間。領催、馬兵一百九十七名，內一百七十二名各營房三間，二十五名，各營房二間。礮手五名，各營房二間，匠役二名，各營房三間。

正紅旗協領衙署一所，四十一間。參領衙署一所，三十六間。防禦衙署五所，一所三十間，一所二十六間，一所三十三間，一所三十二間，一所二十五間。驍騎校衙署五所，一所十七間，一所二十四間，一所

十四間，一所十二間，一所十八間。領催、馬兵二百三十名，各營房三間。礮手五名，匠役二名，各營房二間。

鑲白旗協領衙署一所，六十四間。參領衙署一所，四十三間。防禦衙署五所，一所三十間，一所三十一間，一所二十八間，一所三十四間，一所三十間。驍騎校衙署五所，三所十六間，一所十九間，一所十五間。筆帖式衙署一所，十二間。領催、馬兵一百九十一名，內一百七十七名各營房三間，十名各營房二間半，四名各營房二間。礮手五名，匠役一名，各營房二間。

鑲紅旗協領衙署一所，四十六間。參領衙署一所，三十六間。防禦衙署五所，二所二十九間，二所三十間，一所二十八間。驍騎校衙署五所，一所十五間，一所十九間，一所十四間，一所十六間，一所十八間。筆帖式衙署一所，十三間。又偏厦三間。領催、馬兵二百八十九名，各營房三間。礮手五名，匠役二名，各營房二間。

正藍旗協領衙署一所，四十間。參領衙署一所，三十四間。防禦衙署五所，四所三十間，一所三十二間。驍騎校衙署五所，二所十七間，一所十六間，一所十五間，一所十三間。領催、馬兵二百四十名，各營房三間。礮手五名，匠役一名，各營房二間。又匠役二名，各營房一間。

鑲藍旗協領衙署一所，四十間。參領衙署一所，三十五間。防禦衙署五所，一所二十七間，一所二十五間，一所二十六間，一所二十八間，一所三十間。驍騎校衙署五所，筆帖式衙署一所，俱各十二間。領催、馬兵二百七十五名，各營房三間。礮手五名，匠役二名，各營房二間。以上衙署營房，俱在鎮江府城內。

〇八八一　顺治十六年　江宁府城池　《古今图书集成·职方典》卷六五五

十六年改神策門爲德勝門以旌武功築滿城於青溪之東起太平門沿舊皇城牆基至通濟門止開二門以通出入外郭城垣舊多頽毁所存者僅高橋滄波江東二三處

顺治十七年

（一六六〇年二月至一六六一年一月）

〇八八二　顺治十七年正月初八日　祭告天地坛等另择吉日

《清世祖实录》卷一三一

諭禮部。天地、太廟、社稷前擇於本月十一日祭告。爲期太近，且難以一日舉行。今宜間日行禮。天壇一日，地壇一日，太廟、社稷壇同一日。爾部即另選吉日具奏。

〇八八三　顺治十七年正月十七日　以追谥明崇祯帝遣官致祭

癸酉，以追謚故明崇禎帝爲莊烈愍皇帝，遣固山額真伯佟六十致祭於陵寢。

《清世祖实录》卷一三一

〇八八四　顺治十七年正月二十四日　京师文庙竣工

庚辰，京師文廟成。

《清史稿》卷五

〇八八五　顺治十七年正月二十四日　顺治帝亲祭孔子

庚辰。上以文廟告成，親祭先師孔子。

《清世祖实录》卷一三一

○八八六 顺治十七年二月初九日 孟春合祭大典于大享殿举行

《清世祖实录》卷一三二

又諭禮部帝王父
天母
地祇大典務求至當朕稽考舊章洪武初原係孟春合祭南
郊至嘉靖年間始定分祭冬至祀
圜丘夏至祭
方澤春分朝
日秋分夕
月而合祭之禮遂止朕思合祭之禮原以畢萃神祇普薦馨香
不宜竟廢今欲祇申昭事之誠修舉合祀典禮除四郊仍舊
外每年孟春合祭
天

地
日
月及諸神於
大享殿但禮關重大爾部即會同九卿科道詳議具奏

〇八八七　顺治十七年二月十七日　合祭大典照会典举行　《清世祖实录》卷一三二

九卿
科道會議禋祀大典歷代不一其制然分祭固各盡其敬而
合祭乃以萃聚神靈共昭虔事令奉
上諭每年孟春合祭
天
地

日

月及諸神於

大享殿而四郊仍舊誠不易之盛軌也其應行事宜應照會典

開載舉行從之

○八八八 顺治十七年二月十八日 合祭大典择期举行 《清世祖实录》卷一三二

癸卯諭禮部

大享殿合祭典禮已定於孟春舉行今雖時序已過大典肇修

理應本年即舉爾部即擇期併應行典禮詳察速議具奏

○八八九 顺治十七年二月十八日 祈谷礼于圜丘举行

《清世祖实录》卷一三二

又諭禮部向來孟春祈穀禮於
大享殿舉行。今
大享殿合祭
天
地
日
月諸神。以後祈穀禮。著於
圜丘舉行。

○八九○ 顺治十七年二月十八日 设光禄寺衙门于东安门内

復設光祿寺衙門於東安門内以其舊署仍爲太醫院。

《清世祖实录》卷一三二

○八九一 顺治十七年二月二十六日 演乐堂宜修

辛亥刑科都給中粘本感條奏祀典六事，一合祭之位宜定，一告配之禮宜行，一壇壝之禁宜嚴，一演樂之堂宜修，一儀注之制宜頒，一陪祀之官宜肅。下禮部議。

《清世祖实录》卷一三二

〇八九二　顺治十七年二月二十六日　霍达调补工部尚书

《清世祖实录》卷一三二

諭吏部工部職任繁

劇須得人料理霍達著調補工部尚書

〇八九三　顺治十七年三月初六日　大享殿合祭礼仪注

《清世祖实录》卷一三三

禮部議合祭

大享殿典禮

上帝

皇祇南向

太祖

太宗東西相向俱在殿内大明一壇在東西向夜明一壇星辰

一壇在西東向俱在丹墀内設東十壇北嶽北鎮東嶽東鎮

東海太歲帝王山川神祇四瀆西十壇北海西嶽西鎮西海

中嶽中鎮風雲雷雨南嶽南鎮南海在内壝外東西相向再

照會典大祀殿圖樣與大享殿方圓異制其殿内神座原止

奉

上帝神牌今合祭

皇祇應竝設二座其原壇狹小應勅工部改造竝設二座之壇

其大明夜明星辰壇照舊用項架在丹墀内東西相向其東

西二十壇原在内壝外設今查丹墀地面寬濶亦應在丹墀

内照東西壇於大明夜明星辰壇後用項架陳設祭畢藏於

兩廡至於

神牌今俱在各壇廟臨期迎請似屬未便應行太常寺將

神牌式樣及後殿兩廡藏
神牌座位並所用器物等件令工部預行造辦其祭期前一日
惟初次舉行於各壇廟行祭告禮其供獻品物應行太常寺

照例備辦。再查會典鍾山原附於中嶽天壽山原附於北嶽
今應將本朝所封啟運山附於中嶽壇天柱隆業二山附於
北嶽壇設祭。其祝文樂章應行內閣撰擬報可。

○八九四　顺治十七年三月初六日　查北岳祠地点

卷一　　《清世祖实录》卷一三三，并见《掌故零拾》

禮部議覆
刑科都給事中粘本盛疏言查漢唐以來皆祀北嶽於曲陽

令科臣條議宜祀於渾源州應勅晋撫察渾源州有無北嶽
祠跡再行酌議

《清世祖实录》卷一三三，并见《掌固零拾》卷一

〇八九五　顺治十七年三月初六日　周公配享帝王庙

再查祭祀周公向在太學至唐顯慶間以周
公制禮作樂功侔帝王儒宮就享實貶其功遂定周公配享
武王於帝王廟既不與孔子竝祭於太學乃於文廟後别立
傳聖祠殊失尊崇之禮不便舉行從之

〇八九六　**顺治十七年三月十二日　祫祭礼四祖神主并祀**

《清世祖实录》卷一三三，参见《养吉斋丛录》卷七

辛未諭禮部

奉先殿祀

太祖

太宗神位未及併祀

四祖於朕孝思未展今詳稽舊制歲終祫祭之外有奉先殿祫

祭之禮以後元旦

皇太后萬壽及朕壽節俱照例祭告奉

太廟後殿

四祖神主於

奉先殿與
太祖
太宗合享位次照
太廟祫祭禮具應行事宜爾部即詳議具奏。

〇八九七　顺治十七年三月十七日　修明长陵等用旧料

《工科史书》63（译自满文）

太子太保工部尚书贺德谨题，为钦遵上谕事。据屯田清吏司呈称，经查档，明国陵寝损坏之处，奉上谕，命臣等衙门修理。前经题称，长陵等十陵之正殿、正门损坏之瓦、漏雨之处，拟补修。无门窗者安门窗等因具题，钦遵圣旨在案。除别项物料现已予备使用外，查得，守陵太监所住之各营内房屋，损坏后无人居住遗弃者甚多，今既值钱粮拮据之际，拟将空房酌情拆毁，做门窗时使用，此非臣等擅便之处，谨题，请旨。顺治十七年三月十六日具题。本月十七日奉圣旨：依议。钦此。

注：据满文译文录入。

○八九八　顺治十七年三月二十六日　奉先殿祫祭仪注

《清世祖实录》卷一三三

辛巳。禮部議奏

奉先殿祫祭禮儀。

四祖神位座次，照

太廟歲終祫祭禮。祭前一日，太常寺奏請遣官一員告祭

太廟。禮儀院奏請遣官一員告祭

奉先殿。至期遣官八員，恭請

四祖及

后神牌。自

太廟迎入

奉先殿，祀畢仍恭送

神牌於

太廟後殿從之

〇八九九　顺治十七年三月二十八日　演乐堂倒塌议葺

禮部議覆科臣粘

本盛條奏祀典一疏。壇壝重地。應禁止旅寓。併依舊式立木

榜以重觀瞻。演樂堂倒塌。應勅工部議葺。陪祀官行禮不敬

者。應監禮官糾參。餘款俱照見行事例。從之

《清世祖实录》卷一三三

〇九〇〇　顺治十七年三月二十九日　修造神位何故未动工

甲申。諭工部。祫祭大典。定於今歲舉行。修

造神位器皿等項。諭旨已久。爾部至今尚未動工。是何緣故

著作速明白回奏

《清世祖实录》卷一三三

〇九〇一 顺治十七年四月初一日 合祀之制

《清世祖实录》卷一三四

禮部等衙門遵旨會議奏言會

典開載合祀之制分為二十四壇原屬每年止祭一次之例

自分四郊之後合祭遂止見行祀例冬至祭

天配有四從夏至祭

地配有四從太歲

帝王山川神祇係四處致祭今合祭應照例共為十二壇依

太常寺圖式俱在丹陛内依次東西相向報可。

〇九〇二　顺治十七年四月初一日　殿试武举仪注

兵部奏殿
試中式武舉讀卷傳臚謝恩各儀注。命照已亥科殿試文進
士例行。永著為例。

《清世祖实录》卷一三四

〇九〇三　顺治十七年四月初四日　更定谕祭造葬例

禮部遵旨更定諭祭造葬例
凡以功封民公侯伯病故者照會典例造墳仍照品級給與
紙張羊酒遣官致祭一次或從優加祭出自
上裁至承襲世職效有勤勞者題請祭葬候旨舉行都統有職
掌內大臣大學士尚書左右都御史精奇尼哈番鎮守省城
總管有兼銜加級者各按品照會典例造葬仍照世職品級

《清世祖实录》卷一三四

給紙張羊酒遣官致祭一次如承襲精奇尼哈番効有勤勞
者題請祭葬候旨舉行護軍統領侍郎學士副都統前鋒統
領鎮守都城步軍總尉勳勞所得阿思哈尼哈番副都御史
有兼銜加級至一品二品者各按品照會典例造葬仍照世
職品級給紙張羊酒遣官致祭一次三品侍郎通政使大理
寺卿已經考滿者照會典造葬未經考滿者減半造葬仍照
世職品級給紙張羊酒遣官致祭一次老病以原品致仕者
照會典例造墳給與紙張羊酒遣官致祭與見任官同無職
掌內大臣從前未有諭祭之例今議雖無職掌但係內大臣
應與紙張羊酒遣官致祭一次不造葬祭領協領阿達哈哈
番侍衛郎中佐領拜他喇布勒哈番員外郎等陣亡者給與
紙張羊酒遣官致祭造葬否則不致祭造葬其武職祭領協

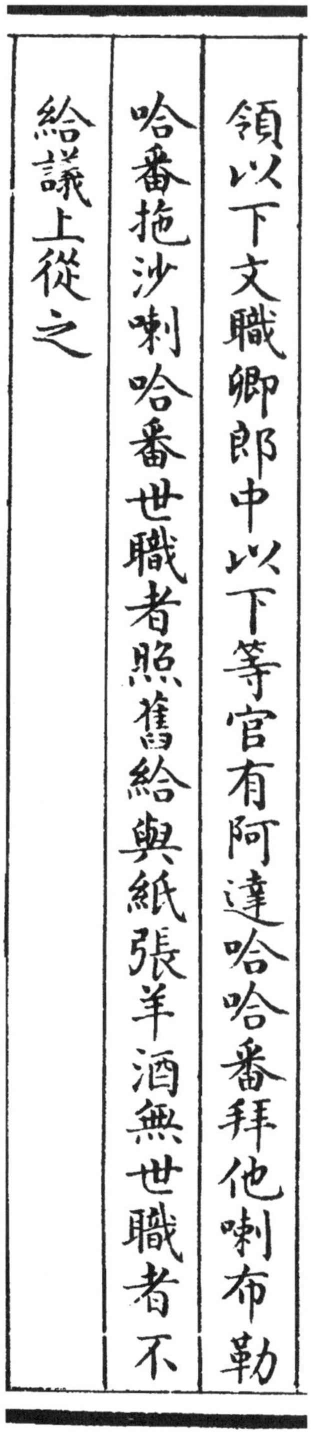
領以下文職卿郎中以下等官有阿達哈哈番拜他喇布勒哈番拖沙喇哈番世職者照舊給與紙張羊酒無世職者不給議上從之

○九○四　顺治十七年四月二十四日　以合祀大享殿告祭各坛庙

戊申。以合祀大享殿。遣官告祭各壇廟。

《清世祖实录》卷一三四

〇九〇五　顺治十七年四月二十五日　合祀大享殿顺治帝亲诣行礼　《清世祖实录》卷一三四

己酉。合祀
大享殿。
上親詣行禮。

〇九〇六　顺治十七年四月三十日　官员议合祭事迟罚俸　《清世祖实录》卷一三四

先是。工部回奏合祭事
關重大。議論不定。復移會禮部齊詣
大享殿公議。是以稽遲。章下吏部。至是吏部議工部堂司官均
難辭遲延之咎。漢官應各罰俸三月。滿官各罰以應得之罪。
從之。

〇九〇七　顺治十七年五月初一日　各郊坛门内木牌改刻满汉字

工部議覆刑科都給事中粘本盛條奏祀典疏言各郊壇門内木牌應行改造寫刻滿漢字嚴飭守壇官嚴加扃鑰不許放入閒雜人等污穢竊盜如有怠玩應聽太常寺指實參究

《清世祖实录》卷一三五

〇九〇八　顺治十七年五月初一日　待钱粮充足日修补演乐堂殿门

至於演樂堂并庫房損壞倒塌者甚多應槩行修理但臣部錢糧匱乏一時難於鳩工茲宜先將演樂堂及大殿大門修補俟錢糧充足之日再請通行修理從之

《清世祖实录》卷一三五

〇九〇九　顺治十七年五月十八日　奉先殿应通为敞殿九间

《清世祖实录》卷一三五，并见《皇朝通志》卷三九、嘉庆朝《大清会典事例》卷八八九、光绪朝《大清会典事例》卷一一七七

諭工部

奉先殿享祀

九廟稽考往制應除東西夾室行廊中建敞殿九間斯合制度

前興造時該衙門未加詳察連兩夾室止共造九間殊爲不

合今宜於夾室行廊外中仍通爲敞殿九間以合舊制爾部

即會同宣徽院詳議竝選擇興工日期具奏

○九一○ 顺治十七年五月 京城太学修葺告成

《皇朝通志》卷四一

十七年以修葺太學告
成
世祖章皇帝視學釋奠與九年禮同

○九一一 顺治十七年六月初一日 修理奉先殿本年不可动工

《工科史书》63（译自满文）

工部等衙门太子太保工部尚书霍达等谨题，为钦遵上谕事。臣等部本年五月十八日奉上谕：奉先殿祭九祖，经查旧例，除东西二隔间廊檐外，修理中间九间殿方合例。从前修理之时，该衙门并未详查，算两端之间数，惟修九间，甚属未合。今除两端相隔之间廊檐外，将殿按九间算，方合旧例。尔部即会同宣徽院酌情详议，再将开工日期择看具题，特谕。钦此。钦遵。除修理之各项钱粮紧急预备外，开工之吉日、时辰已咨文礼部，交付钦天监择看。据送回之咨文内开，此系命钦天监择日之咨文。今据钦天监咨呈，查得，今年看前后所转方向，不可开工修理。倘奉先殿中间正殿之瓦脊不动，惟可拆修东西两端相隔之间廊檐。倘拆，六月初八辛卯日，卯时好。先拆东西。倘开始修理，七月初三丙辰日，寅时好等语。臣等看得，拆奉先殿东西廊檐后，两边各添修一丈四尺七寸时，务必动吻兽，续梁，方可放吻兽，可否拆东西廊檐，动吻兽之处，转咨钦天监，俟一一详查，作速来文后，再具题动工等因，曾复咨礼部。今准礼部送来咨文内开，已当即咨文钦天监。今据钦天监送来咨呈之文内称，倘动吻兽、续梁，本年不可动工等语。钦遵上谕，臣等公同议得，既称本年不可动吻兽、修理，将今年各项钱粮预先领去，来年春季迎开工吉日，具题请旨等语。此非臣等擅便之处，谨题，请旨。顺治十七年五月二十八日具题，六月初一日奉圣旨：依议。钦此。

注：据满文译文录入。

○九一二 顺治十七年六月初二日 欲于景运门内建造直房

《清世祖实录》卷一三六

乙酉，諭翰林院：翰林各官，原係文學侍從之臣，分班直宿，以備顧問，往代原有成例。今欲於景運門内建造直房，令翰林官直宿，朕不時召見顧問，兼以觀其學術才品。應分幾班，每班酌用幾員，即開列職名具奏。

○九一三　顺治十七年六月初六日　帝王庙增罢入庙从祀者

《清世祖实录》卷一三六

禮部議覆山東道監察御史顧如華疏言帝王廟創建於故明及我朝增定金太祖金世宗遼太祖元太祖明太祖共二十一帝皆係開創之主不及守成賢君但守成不乏誼主如商之中宗高宗周之成王康王其行事見於詩書史鑑誠為守成令主漢之文帝史稱其節儉愛民海內安寧家給人足宋之仁宗恭儉仁恕忠厚之政培有宋三百年之基明之孝宗仁恭節用任賢圖治憂勤惕勵始終不渝應否入廟並祭仰候

睿裁至從祀功臣見今從祀者似應照舊惟宋臣潘美雖平南漢有功然斜谷之敗不能制護軍王侁擅離陳家谷口致楊

業父子無援而死。宋之不能復征契丹。實由此敗。又宋臣張
浚三命為將而一敗於富平關陝淪亡。再敗於淮西酈瓊叛
命三敗於符離而中原不可復且劾李綱殺曲端與岳飛議
不合奏飛欲專兵柄觀史書所載。未可與韓世忠岳飛同日
並論此二臣皆宜罷其從祀得旨商中宗商高宗周成王。周
康王漢文帝宋仁宗明孝宗。俱入廟並祭。遼太祖金太祖。元
太祖。原未混一天下且具行事亦不及諸帝王。不宜與祭。著
停止餘依議。

○九一四　顺治十七年六月二十日　滇省贡院未修

癸卯禮部議覆雲貴總督趙廷臣疏奏滇省貢院未修學臣未到庚子科鄉試應於十八年補行從之

《清世祖实录》卷一三七

○九一五　顺治十七年六月二十九日　禁私决泉水采木陋弊戒大臣兴造

内大臣伯索尼遵諭上言十一事

私決泉水宜杜也京北玉泉山之水止備上用其禁甚嚴今諸王貝勒以及各官輒皆私引灌田遂致泉流盡竭殊干法紀今後宜嚴諭禁止庶泉流不竭矣一採木

《清世祖实录》卷一三七

陋弊宜禁也。邊外之木皆係商人僱民採伐水運解部除照
額抽稅外。其餘悉令發賣實欲利及商人也。今聞諸大臣將
採木地方私行霸占。以致商不聊生。請嚴行禁止。則商人不
至重困而木亦不可勝用矣。一諸大臣興造宜戒也。國爾忘
家人臣之義。既荷大臣之任。而可苟且以從事乎。今見在各
衙門諸臣不力殫公事。惟修飾第宅高大門閭興作不止天
不雨金徒召人憎。如鬼蜮耳且國計民生悉置不恤徒使
主上一人焦勞清夜思維可自安乎理宜概行嚴禁以懲惡俗
疏
入。得旨勢豪滿洲大臣霸占行市恣行壟斷占據店房迎截
各省來京商人虧價勒買强霸木場及繕造高大宅第誠屬
實事。似此害民糜費。殊為可惡。著嚴察議奏。餘著確議具奏。

○九一六　顺治十七年七月十四日　北岳祀典移浑源州

禮部奏言北嶽祀典已經晉撫查明原在渾源州應如科臣所請嗣後停曲陽之祀移祀渾源州從之

《清世祖实录》卷一三八

○九一七　顺治十七年七月二十八日　命拟明太监王承恩碑文

命大學士李霨撰明死節太監王承恩碑文表於其墓文曰上御極十有六載德澤普洽民物康和文武恬熙內外寧謐爰以農隙舉巡狩之禮時維仲冬駕發南苑越信宿駐蹕玉泉之麓以道出昌平有明諸陵在焉特降德音致祭遂飭有司先期蕆事初

《清世祖实录》卷一三八

上念明莊烈愍皇帝勵精遘亂亡國非辜業爲建碑陵寢迨
車駕涖止營於昌平之北即日詣其地瞻眺致敬爲感惻者久
之顧見陵側有邱巋然爲明故司禮監太監王承恩墓蓋殉
帝於萬歲山者也
上憫其忠義隨命邑從學士臣麻勒吉酹酒於其前洎旋行在
復敕臣爵撰述其事碑於墓道臣聞維皇降衷五常之性不
擇人而具故運有盛衰而氣無厚薄當其盛也則有攀鱗附
翼者若而人乘勢奮庸以著一代開基之烈當其衰也則有
仗節赴義者若而人見危授命以酬祖宗養士之恩蓋倫常

之重不可一日亡於天下必有負荷之者而後人心不死然
而舍生取義之事難言之矣疑畏牽於中禍患怵於外理欲
之幾間不容髮故曰死或輕於鴻毛或重於泰山非死之難

處死之為難也粵稽往古節烈之士昭然方策者類皆戴縱垂纓析圭儋爵膺軍國之重寄負當世之盛名不幸變起倉卒非一死不足謝責乃疾風勁草猶未敢云數數見也至於中官之設任不踰掖庭之近職不越侍從之恒雖云食祿王朝而士君子所以責望之者則與外臣有間故載籍所傳中官之賢者公忠勤恪如巷伯管蘇呂强張承業之流代不乏人而獨無以殉節著者誠不敢過求之耳在昔崇禎甲申之變大盗煽亂海宇土崩莊烈愍皇帝孤立於上封疆大吏望風而靡在廷之臣泄泄罔覺及賊薄都城陷不旋踵帝執國君死社稷之義赴萬歲山上賓舉朝文武獸驚魚淰奔迫塗窮惟王君分屬親臣情深戀主當柱傾維裂白刃切膚之際而近侍之職跬步不舍自經帝側視死如歸一時外廷臣子慷慨捐軀者雖亦有人而宮闈勢隔弗遂號弓以視王君從

容得所蓋有憾焉其他或屈膝賊庭殞身搒掠而詭云死難或傾家納賂冀贖餘生而卒以不免一死同也其於王君奚翅薰蕕之異哉嗚呼中官殉國推為千古一人洵無愧矣明末死節諸臣久荷

皇上錫謚追褒獨王君雖蒙賜窆幽光尚鬱乃兹值

鑾輿親幸睠顧垂慈既命侍臣奠以清醑復令墓道表以貞珉慰忠魂而樹風教九原有知王君必頫首感泣以承矣雖然

王君節固奇偉非遇我

皇上如天之度浩蕩之恩則亦世遠蹟湮草木同腐是其生前之建立既難而身後遭逢尤為不易誠賢者之希遘也抑臣竊見從來寬仁之主加惠勝國者未有如我

皇上之殷且厚也弓劍所藏感興曠世方敕宗伯薦以馨香旋

命司空葺其傾圮，樵蘇永禁，守護加嚴，憫英君厄運之相值，
而因以及其從死之臣。
天語諄諄，俾獲不朽，深仁廣澤，有加無已，唐虞三代以還，頌揚
君德者，莫能髣髴萬一，臣承乏庖
躍，載筆是司，被命屬詞，欣悚交集，不敢以蕪陋諉，敬述梗槩，表
往代之忠貞，紀熙朝之盛事，用昭我
皇上勸忠之至意云。

○九一八 顺治十七年八月十八日 稍积钱粮后即修理鼓楼等处 《工科史书》67（译自满文）

工部尚书都统臣穆里玛等谨题，为遵旨回题事。据营缮清吏司呈称，工科抄出，吏科外抄，兵科都给事中臣梁洪谨题，顺治十七年六月十八日具题，本月二十四日奉圣旨：各部查议具题。钦此。钦遵。七月二十四日抄出到部，交司。应议题等因，呈文前来。臣等看得，据科大臣梁洪回题本内称，适才衙门呈称，奉圣旨：盖造。钦此。钦遵。工部之人理合勒限命盖造，经科道官再三咨文催促，项项推托，终于一年多之后，方盖造完竣。经查档，顺治十四年正月，修理奉先殿时，因所需钱粮多，臣等部题称，鼓楼及各项工程地方，暂时停工，俟我部钱粮积贮后，再陆续开修等语。钦遵依议之旨，在案。再，本年二月，都察院为遵旨会议事所题一本内开，新长安门外有制造库工匠所住之房，此处可放鼓。请敕下工部，酌情取来，暂时移放可也。俟钱粮积贮后，做速修理可也等语。奉圣旨：依议。钦遵。臣等部将工匠房领来放鼓，在案。嗣后于十五年九月，该科道以领来给发之工匠房损坏倒塌，不可做衙门房，请修理等因来文，因钱粮拮据，将原文退回未修。再，顺治十七年正月，该科道来文催促后，臣等部拨给钱粮，按衙门图样修理完竣。当时系因钱粮拮据，并非各项推托。再，修理鼓楼原即有旨，仍于稍积钱粮后，立即修理。此非臣等擅便之处，谨题，请旨。本月十八日奉圣旨：依议。钦此。

注：据满文译文录入。

○九一九　顺治十七年八月十九日　董鄂妃薨

壬寅

皇貴妃董鄂氏薨是日傳諭親王以下滿漢四品官員以上并公主王妃以下命婦等俱於景運門内外齊集哭臨輟朝五日

《清世祖实录》卷一三九

○九二〇　顺治十七年八月二十一日　追封董鄂妃为皇后

甲辰諭禮部

皇貴妃董鄂氏於八月十九日薨逝奉

聖母皇太后諭旨皇貴妃佐理内政有年淑德彰聞宫闈式化倏爾薨逝予心深為痛悼宜追封為皇后以示褒崇朕仰承

《清世祖实录》卷一三九

慈諭特用追封加之謚號謚曰孝獻莊和至德宣仁溫惠端敬
皇后其應行典禮爾部詳察速議具奏

○九二一　顺治十七年八月二十三日　追封董鄂氏为皇后册封仪注

一三九

丙午禮部議奏
皇貴妃薨逝既奉
皇太后諭旨追封為
皇后應撰玉冊玉寶并造香冊香寶所有謚號用黃絹裱冊行
欽天監擇吉遣官一員告祭
奉先殿是日即行追封禮先期鴻臚寺官設節冊案於太和門
東設彩亭於協和門外禮儀院官設節冊案於

《清世祖实录》卷

梓宮前節案居中冊案居左設香案於節冊案前至期正副使
及執事各官齊集於太和門外丹墀內鴻臚寺官舉節案冊
案置於正中正副使詣拜位贊禮官贊行三跪九叩頭禮畢
鴻臚寺官舉節冊案前行正副使隨後至協和門外正使自
案取節副使自案取冊各置亭內隨行至景運門外正使持
節副使捧冊同禮部及執事等官行至
梓宮前正副使各持節冊置於案畢贊禮官贊就位正使副使
各就位贊上香正使向前立上訖贊宣冊宣冊官取冊立宣
訖將黄絹冊焚於
梓宮前贊冊封禮畢正副使即持節復命是日
皇太后
皇上

皇后照例各遣内官設祭一壇祭品俱光禄寺備辦和碩親王
等共祭一壇多羅郡王等共祭一壇多羅貝勒以下輔國公
以上祭一壇鎮國將軍以下奉恩將軍以上祭一壇公主等
祭一壇郡主以下鄉君以上祭一壇内大臣侍衛祭一壇在
内官員共祭一壇所集文武官員共祭一壇應用祭品送光
禄寺恭行備辦祭文俱内閣撰擬玉册玉寶香册香寶黄絹
册俱行御用監恭行製造册寶文内閣撰擬其告祭
奉先殿祭品等物應行禮儀院轉行該衙門備辦祝文内閣撰
擬移
梓宫權厝處應遣官一員凡經過門橋奠酒散紙錢諸王以下
四品官員以上暨公主王妃并命婦等俱應隨往是日
皇太后

皇上
皇后應各遣祭一壇和碩親王以下奉國將軍以上公主王妃
郡主等以上內大臣侍衛在內官員并所集文武官員各致祭
與前同從之

○九二二　顺治十七年八月二十六日　追封董鄂氏告祭奉先殿

《清世祖实录》卷一三九

己酉以追封
皇貴妃董鄂氏為
皇后告祭
奉先殿

〇九二三 顺治十七年八月二十六日 追封妃董鄂氏为端敬皇后

是日追封

皇貴妃董鄂氏為

孝獻莊和至德宣仁溫惠端敬皇后。錫之冊寶。冊文曰：朕惟治隆內則，史稱淑德之祥；化始深宮，詩誦徽音之嗣。歷稽往牒，咸有嘉謨。若夫睿質夙昭，允協符於坤極；榮名未備，宜追錫於瑤編。爰展哀悰，以彰惠問。爾皇貴妃董鄂氏，肅雍德茂，淑慎性成。克令克柔，安貞叶吉。惟勤惟儉，靜正垂儀。孝養孔虔，

愉婉順

慈闈之志；恪共彌劭，贊襄端椒寢之風。方期永式於璇房，詎意俄升夫仙馭。凡茲九㝢，同深月掩之驚；矧余一人，益重鑑亡之痛。嗟掖庭之失助，傷令範之云遐。露泣風迴，感淒清於素節；幃虛殿迥，悵窅邈於雲程。不褒琬琰之章，曷著珩璜之度。

《清世祖实录》卷一三九

是以
慈懷殷眷
懿命重申朕仰奉
德音特隆殊典追封為皇后錫之玉冊玉寶載加顯號用表遺
徽謚曰孝獻莊和至德宣仁溫惠端敬皇后嗚呼彤史徒馨
悀音容之遂隔丹綸用賁顧褕翟而增悲榮哀之禮斯崇軫
悼之思逾切弘兹寵制貽厥芳型寶文曰
孝獻莊和至德宣仁溫惠端敬皇后之寶
上遣公遏必隆祭
端敬皇后
皇太后
皇后各遣内大臣致祭諸王貝勒貝子公内大臣文武各官公
主王妃以下及文武各官命婦俱以次致祭

○九二四　顺治十七年八月二十七日　端敬皇后梓宫移景山观德殿

《清世祖实录》卷一三九

庚戌恭移

端敬皇后梓宮於景山觀德殿致祭如前

○九二五　顺治十七年九月初四日　以端敬皇后神牌点主遣官致祭

《清世祖实录》卷一四〇

丙辰以

端敬皇后神牌點主遣官致祭

○九二六　顺治十七年九月十四日　采木陋弊宜禁

丙寅，工部議覆内大臣伯索尼條陳私決泉水宜杜一款，應如所請，嗣後王、貝勒、大臣家人、官民人等，不許決引泉水灌田。如有違禁者，指名參奏議罪。採木陋弊宜禁一款，亦應如所請，嗣後邊外伐木之處，宜再行嚴飭八旗，不許恃强占據。如違，許在差官員察明揭報，指名參奏議罪。從之。

《清世祖实录》卷一四〇

○九二七　顺治十七年九月二十五日　历代帝王陵春秋二次致祭

諭禮部：歷代帝王陵寢，原有祀典，理宜虔肅舉行，以昭追崇之意。聞明朝陵寢，向所給守護内員人户地畝數少，以致各陵祭品備辦不敷，止於太紅門外總祭，殊於朕懷

《清世祖实录》卷一四〇

未悛。嗣後除萬歷陵不行致祭外。每年應春秋二次。太常寺
差官致祭。金朝陵亦每年春秋二次。太常寺差官致祭。其元
朝陵寢未知定所。應行望祭禮。至前代各陵附近者亦應春
秋二次差官致祭。遠者著各該地方官春秋二次致祭。爾部
俱詳察議奏。

○九二八　顺治十七年九月二十六日　顺治帝诣昌平明诸陵

《清世祖实录》卷一四○

戊寅。
上幸昌平州。觀故明諸陵。

○九二九　顺治十七年十月初四日　谕为明崇祯帝缮治陵寝

《天府广记》卷四〇，并见康熙朝《畿辅通志》卷一、康熙朝《宣化府志》卷四

顺治十七年十月初四日，奉世祖章皇帝聖諭：朕惟膺圖永祚，統紹百王，而創業宏模，情殷勝國。歷覩史册興亡之迹，考其治亂得失之由，僉以政荒，遂干天譴。邦國既隳，士民罔懷。維有明莊烈愍皇帝實治理之究圖，惜贊襄之莫逮，以致寇氛犯闕，宗廟爲墟，追念喪師，匪因失德。朕每念及此，未常不惻焉傷心也。頃者兩幸昌平，周視明代陵隧，躬親盥奠，俯仰徘徊。以彼諸陵規制，咸壯麗相因，獨愍帝之陵，荒涼庳隘，典物未昭。原彼當年孜孜求治，宵旰不遑，祇以有君無臣，薄海鼎沸。洎乎國步傾危，身殉社稷，揆諸正終之例，豈同亡國之君？朕於憑弔之餘，撫往興悲，不禁流涕。因欲繕治陵寢，丹堊几楹，慰靈爽於九泉，彰異數於奕禩。乃核少府金錢，悉皆小民正供。倘增工徒之費，殊乖賦式之經。然終不忍聽其闕略。用是布告方州，開導悃忱，交相輸助，聿新碧甃，以肅松楸。爾等溯厥源流，夙沐前朝之澤；凡兹臣庶，寧無故主之恩？矧愍帝之終，異於往葉，而勸忠之感，當有同心。或列籍薦紳，或齒登編户，恩沾累世，德溉高曾。勿以革故爲嫌，咸致事亡之誼。各隨心力，共佐經營。在内所捐貯工部，至各直省地方輸之有司，彙解工部。猶慮經費浩繁，紓以歲月，計貲罔缺，工役乃興。繚以周垣，崇其峻殿，奢靡不尚，雖少遜厥諸陵，鳩庀獨新，庶無曠乎儀制。所在奉行，毋滋擾害，克成斯舉，式副朕心。諭下，遠邇感誦，以爲仁德高出前古。未幾，龍馭上昇，未及施行而罷。

○九三○　顺治十七年十月二十八日　御制明太监王承恩碑文　《清世祖实录》卷一四一，并见《掌故零拾》卷一

命立故明殉難太

監王承恩碑文曰朕嘗考諸史冊見夫忠臣烈士身殉國難

名炳千載未嘗不掩卷三嘆也雖忠義之性命之於天人人

可以自盡然當變亂之際利害動於中禍患怵於外依違瞻

顧多不能引決求夫風雨不渝其常霜雪不易其操者蓋難

之矣若夫掖廷之中貂珥之列或恪恭著美或勤慎流徽若

漢之呂强唐之張承業亦可謂賢矣至於國家多難秉志不

移忠誠貫於金石氣節昭於日星尤足以激末流而挽頽俗

如明司禮監太監王承恩者有可紀焉當明季寇訌海内鼎

沸莊烈愍皇帝勵精圖治宵旰焦心原非失德之主良由有

君無臣孤立於上將帥擁兵而不戰文吏嚼舌而營私致羣
盜縱横不能奏績逮逆渠犯闕國勢莫支帝遂捐生以殉社
稷而一時戴繼垂纓之士在平時則背公樹黨遇難則苟且

偷生言之可為太息唯有范景文等十九人無愧臣節業賜
謚致祭以旌其忠然多士盈庭能赴義捐軀者蓋不多見獨
承恩目擊艱危從容就義從死愍帝之旁其嶽嶽之風節即
古之忠臣烈士何以加焉既乃托體山阿瘞骸林麓永近園
陵常依隧道可謂式慰幽靈用綏貞魄者矣朕自踐祚以來
斟酌前代之典章每於有明用深嘉歎其列代山陵近在畿
輔向令永禁樵採守護維嚴於順治十六年因冬狩駐蹕昌
平觀勝國之松楸感廢邱之霜露周覽諸陵惻焉久之爰至
思陵念愍皇帝精勤邁亂亡國非辜躬奠椒漿尤增憫泣顧

見陵側有土一抔即永思墓也特命從臣酹酒焉適者時當

省歛展軨宵駕載履明代諸陵拜陳酹醴復徘徊於思陵之
旁撫荒墟而灑涕瀝旨酒而痛心念兹從死之臣彌興節義
之感爰手一卮命大臣拜奠其墓以勸忠也謚法危身奉上
險不辭難曰忠故忠君愛國庸人每未之逮貞烈之士毅然
行之使百世之下聞而興起者慕義無窮也矧永思趨侍宫
掖出入禁闈其責任不繫乎封爵名位不同乎公輔而獨能
視死如歸豈非較然不欺其志者哉以視世之讀書明大義
負重名者變故當前依阿濡忍幸免旦夕其爲人賢不肖又
何如也用是勒之貞珉使盡忠者以爲勸不忠者以爲戒且
以告夫天下萬世之爲人臣者

〇九三一　顺治十七年十二月十六日　车运砖价更省

《工科史书》73（译自满文）

工部尚书杨义等谨题，为将所交任内运河之利弊、国家之钱粮之增减、与奉圣旨所烧之砖完好坏损有关之处恭陈，谨请睿鉴，敕部详议遵行事……又一项，城砖系奉圣旨盖造之时首要之用，预先运送京仓，于紧急盖造有益。查得，从前之例，经漯河运送时，船经济人雇水上役夫，经五个闸口，运至大通桥仓。每块砖额折运费银四厘九毫。从前食物价钱，尚恐不敷用，经济人等有逃散者。目今食物之价较从前涨数倍，务必酌情添加运价，方能招来人。查得，户部之例，运米时，一石米按一百五十斤算，给银四分。今一块砖重四十斤，四块砖重与一石米相当，每块砖理合给挑夫工银一分等语。经查档，临清所烧城砖，雇用米船、民船，顺便运到通州，交付后，转运入仓，工银及每块砖银合给银五厘一毫，经五闸运送，过闸口运至大通桥仓。每块砖合给银四厘九毫，共给银一分，将此俱由户部轻赍银内领取给发。查得，我朝定鼎以来，凡内廷所用城砖，因无船，用车运抵大通桥仓时，每块砖工价一分六厘五毫，由大通桥仓运抵工地，给工价一分一厘五毫。既然从未用船运过，此所给之价银四厘九毫，倘用船运，敷用与否之处，难以揣度。又，据本内称，运砖办法，倘经水路，无顺便之处，倘经陆路用车运，经比较，可免成倍靡费。旧例称，预先借官银造船，将所借之银用于漯河运输，分十年收回，偿还官府，将船借给经济人等语。经查旧例，每个闸口各放两条船，以备将砖运抵大通桥仓。五个闸口共造十只船，每只船按官银二百九十八两计算，共借二千九百八十两。将漯河运输之工钱分十年收回，偿还官府，将船借给经济人。船运价与车运价比较，每块砖虽只差一分，车运更省钱。惟目今钱粮拮据，经议，不能造船，况今奉先殿只用砖二万八千块，此数既不多，请仍用车运送前来使用，俟部钱粮稍有积贮之时再造船。再，工钱不敷用之处另酌情议之。此非臣等擅便之处，谨题，请旨。顺治十七年十二月二十四日具题，本月二十六日奉圣旨：是，依议行。钦此。

注：据满文译文录入。

○九三二 顺治十七年 改内官监为宣徽院

會計司署在西華門外北長街，東向。前後五重，廨舍共四十間。掌内府户口、地畝、徵收莊糧等事，初名内官監，順治十七年，改宣徽院

《日下旧闻考》卷七一

○九三三 顺治十七年 改礼仪监为礼仪院

掌儀司署在西華門外南長街織女橋，南向。後有觀象臺，前後廨舍共七十餘間，掌内府之典禮。初名鐘鼓司，順治十三年，改禮儀監，十七年，改禮儀院

○九三四　顺治十七年　建德寿寺

康熙朝《大清一统志》卷一

德壽寺在南海子，順治十七年建。

○九三五　顺治十七年　重修海会寺

《日下旧闻考》卷九〇

增僧道忞重修海會寺碑畧　都城之南有寺曰海會者，剏於嘉靖乙未之歲，世、穆二廟咸命僧代度於此，至萬曆元年，慈聖太后復發帑金，命内臣撤其圮壞，相度而增修之。江陵張相國爲文記其事，詳且悉矣。今上受天眷命，撫有萬方。維時順治丙申，歲久寺頽，都人士謀欲鼎新，乃削牘命本寺僧走江淮，請今憨璞聰公住持是剎。首創濟宗，禪衆川趨，宗風大振。丁酉，上狩南苑，因幸寺延見聰，屢召入禁庭，問佛法大意。奏對稱旨。日昨上謂忞曰：朕初雖尊崇象教，而未知有宗門耆舊，知有宗門耆舊，則自憨璞，固有造於祖庭者也。聰公住海會凡五載，殿宇廊廡與鐘鼓樓閣山門之屬，焕然一新，丐予言記之，以昭示後人使永爲十方常住，不墜宗風焉。順治十七年孟秋立。

〇九三六　顺治十七年　修建法海寺法华寺　《日下旧闻考》卷一〇三，参见《光绪顺天府志》卷一七

【增】静宜園之西萬安山有法海寺、法華寺。五城寺院册　法海、法華二寺前後互相連屬，相傳爲宏教寺遺址，本朝順治十七年修建，改今名。前爲法海寺，門上有小塔，門内爲關帝殿。約半里許爲法華寺殿内本朝碑二：一爲順治十七年奉旨示禁碑；一恭勒世祖御書敬佛二字，乃賜僧慧樞者，碑陰鐫歷代佛祖圖。

〇九三七　顺治十七年　修葺皇城内外墻垣　康熙朝《大清会典》卷一三一，雍正朝《大清会典》卷一九七

十七年題准。令工部差官巡視皇城内外墻垣。凡有損壞。即行脩葺。其有奸民竊甎盜賣者。拿送刑部。依律治罪

〇九三八　顺治十七年　修葺内外城垣

乾隆朝《大清会典则例》卷一二七，并见嘉庆朝《大清会典事例》卷六六五、光绪朝《大清会典事例》卷八六七

顺治十七年题准由部委官不时巡视内外城垣凡有损坏即行修葺

〇九三九　顺治十七年　禁止闲人擅入郊坛

康熙朝《大清会典》卷一三一，并见雍正朝《大清会典》卷一九七

凡壇塲禁約。順治十七年覆準。刊立木牌嚴飭看守郊壇官役。不許縱容閒人擅入。以致汙穢盜竊。如違。該寺叅究

○九四○　顺治十七年　窃砖盗卖者治罪

乾隆朝《大清会典则例》卷一二七，并见嘉庆朝《大清会典事例》卷六六五、光绪朝《大清会典事例》卷八六八

十七年题准内外城垣凡有顽民窃甎盗賣者送刑部依律治罪

○九四一　顺治十七年　临清砖增价

康熙朝《大清会典》卷一三二，并见雍正朝《大清会典》卷一九九

十七年覆准。臨清城甎。料價騰貴。窯户苦累。每塊量增銀五釐。共准銀三分二釐

〇九四二 **顺治十七年 临清砖增银五厘**

乾隆朝《大清会典则例》卷一二八，并见嘉庆朝《大清会典事例》卷六七一、光绪朝《大清会典事例》卷八七六

十七年覆準臨清甎料騰貴窰戶苦累每塊量增銀五釐

〇九四三 **顺治十七年 各仓场地基用砖铺砌**

康熙朝《大清会典》卷一三二，并见《八旗通志初集·营建志》卷二五、雍正朝《大清会典》卷一九八、《钦定八旗通志》卷一一四、乾隆朝《大清会典则例》卷一二七、嘉庆朝《大清会典事例》卷六六八、光绪朝《大清会典事例》卷八七一、《古今图书集成·考工典》卷六三

十七年覆準。各倉場基園基。俱用甎鋪砌

○九四四　**顺治十七年　大峪山场禁开窑凿石**　康熙朝《大清会典》卷一四〇，并见雍正朝《大清会典》卷二一一、乾隆朝《大清会典则例》卷一三七、嘉庆朝《大清会典事例》卷七一六、光绪朝《大清会典事例》卷九五一

十七年題准。渾河大峪山場。關係京師風水。不許開窯鑿石。違者。從重治罪

○九四五　**顺治十七年　潘家口等差归并古北口管理**　康熙朝《大清会典》卷一三二，并见雍正朝《大清会典》卷一九九

十七年議准。裁潘家户桃林户差。歸併古北户管理

〇九四六　顺治十七年　边外伐木之处不许占据

康熙朝《大清会典》卷一三二，并见雍正朝《大清会典》卷一九九、乾隆朝《大清会典则例》卷一三六、嘉庆朝《大清会典事例》卷七一〇、光绪朝《大清会典事例》卷九四二

又議准。凡邊外伐木之處。不許恃强占據。如違。令在差官員。指名參奏

〇九四七　顺治十七年　敕赐青州府法庆寺额

康熙朝《大清一统志》卷一〇四

法慶寺在府城北門外，本朝順治十七年勅賜額

〇九四八　顺治十七年　重修江宁府文昌书院

康熙朝《大清一统志》卷三八

文昌書院　在江寧府

學，成賢街，明國子監文昌閣也，萬歷間創建。本朝順治十七年，重修，額曰文昌書院。

〇九四九　顺治十七年　江宁府驻防重造满城

《八旗通志初集·营建志》卷二四

江南江寧府駐防：順治六年，於鍾山之陽始造滿城。十七年重造。自府城内太平門東，至通濟門東，長九百三十丈，連女牆高二丈五尺五寸，週圍三千四百十二丈五尺。計設將軍衙署二十五間，副都統衙署二十間，協領衙署十五間，佐領衙署十二間，防禦衙署八間，驍騎校衙署六間。領催、前鋒、馬甲、營房，俱各二間。箭亭，八旗共八座。先鋒箭亭一座，左右兩翼蒙古箭亭二座，俱在滿城内。大教場在府城洪武門外，東西六百四十一丈，南北四百零一丈六尺，週圍二千零二十丈。

〇九五〇　顺治十七年　赐帑修云门寺雪峤塔

雍正朝《浙江通志》卷二〇，参见《会稽县志》卷一六、《绍兴府志》卷二三、《绍兴府志》卷三八

雲門寺在雲門山或謂雲門寺本東面主秦望而對陶堰等山如列屏障會昌廢寺後止存一小殿南面者未毁遂剏益以爲寺非復舊址而舊址乃多犂以爲田宋紹興中淮僧廣勤爲雍熙副院嘗因牛足陷得小銅佛像於田中葢古雲門寺地也皇清順治十七年賜帑銀五百兩修雪嶠塔奉有上諭

〇九五一　顺治十七年　广宁县设驻防衙署

《八旗通志初集·营建志》卷二四

廣寧縣駐防：城週圍十四里一百七十步。順治十七年，設立衙門。

顺治十八年

（一六六一年一月至一六六二年二月）

○九五二 顺治十八年正月初六日 遣官代祭大享殿

丙辰。諭禮部

大享殿合祀大典，朕本欲親詣行禮，用展誠敬。茲朕躬偶爾違和，未能親詣，應遣官恭代。著開列應遣官職名具奏。爾部即遵諭行。

《清世祖实录》卷一四四

○九五三 顺治十八年正月初七日 顺治帝崩诏示天下

丁巳夜子刻

上崩於養心殿。遺詔頒示天下。詔曰：朕以涼德承嗣丕基十八年，於茲矣。自親政以來，紀綱法度用人行政，不能仰法

太祖

太宗謨烈，因循悠忽，苟且目前，且漸習漢俗，於淳樸舊制日有

《清世祖实录》卷一四四

更張以致國治未臻民生未遂是朕之罪一也朕自弱齡即
遇
皇考太宗皇帝上賓教訓撫養惟
聖母皇太后慈育是依

隆恩罔極高厚莫酬惟朝夕趨承冀盡孝養今不幸子道不終
誠悃未遂是朕之罪一也
皇考賓天時朕止六歲不能服衰經行三年喪終天抱恨惟侍
奉
皇太后順志承顏且冀萬年之後庶盡子職少抒前憾今永違
膝下反上廑
聖母哀痛是朕之罪一也宗室諸王貝勒等皆係
太祖
太宗子孫為國藩翰理宜優遇以示展親朕於諸王貝勒等晋

接既踈恩惠復鮮。以致情誼睽隔友愛之道未周。是朕之罪

一也滿洲諸臣或歷世竭忠或累年効力宜加倚託盡厥猷為。朕不能信任有才莫展。且明季失國多由偏用文臣。朕不以為戒而委任漢官即部院印信間亦令漢官掌管以致滿臣無心任事精力懈弛。是朕之罪一也。朕夙性好高不能虛已延納於用人之際務求其德與已相侔未能隨材器使以致每歎乏人若舍短錄長則人有微技亦獲見用豈遂至於舉世無材是朕之罪一也。設官分職惟德是用進退黜陟不可忽視朕於廷臣中有明知其不肖不即罷斥仍復優容姑息如劉正宗者偏私躁忌朕已洞悉於心乃容其久任政地誠可謂見賢而不能舉見不肖而不能退是朕之罪一也國

用浩繁兵餉不足。而金花錢糧盡給宮中之費。未嘗節省發

施及度支告匱每令會議諸王大臣未能別有奇策祇議裁
減俸祿以贍軍餉厚己薄人益上損下是朕之罪一也經營
殿宇造作器具務極精工求為前代後人之所不及無益之
地糜費甚多乃不自省察罔體民艱是朕之罪一也端敬皇
后於
皇太后克盡孝道輔佐朕躬内政聿修朕仰奉
慈綸追念賢淑喪祭典禮過從優厚不能以禮止情諸事踰濫
不經是朕之罪一也
祖宗創業未嘗任用中官且明朝亡國亦因委用宦寺朕明知
其弊不以為戒設立内十三衙門委用任使與明無異以致
營私作弊更踰往時是朕之罪一也朕性耽閒靜常圖安逸
燕處深宮御朝絶少以致與廷臣接見稀疎上下情誼否塞
是朕之罪一也人之行事孰能無過在朕日御萬幾豈能一

無違錯。惟肯聽言納諫，則有過必知。朕每自恃聰明，不能聽言納諫。古云：良賈深藏若虚，君子盛德容貌若愚。朕於斯言大相違背，以致臣工緘默，不肯盡言，是朕之罪一也。朕既知有過，每日尅責生悔，乃徒尚虚文，未能省改，以致過端日積，愆戾愈多，是朕之罪一也。

太祖

太宗創垂基業，所關至重。元良儲嗣，不可久虚。朕子
　　　　　　　　　　　　　　　　　　　　　　佟氏
妃所生，年八歲，岐嶷穎慧，克承宗祧。兹立為皇太子，即遵典制，持服二十七日，釋服，即皇帝位。特命内大臣索尼、蘇克薩哈、遏必隆、鰲拜為輔臣。伊等皆勲舊重臣，朕以腹心寄託，其勉矢忠藎，保翊冲主，佐理政務，布告中外，咸使聞知。〇

上在位十有八年，壽二十四。

○九五四　顺治十八年三月二十四日　上顺治帝谥号

《清世祖实录》卷一四四

是歲三月癸酉上尊謚曰

體天隆運英睿欽文大德弘功至仁純孝章皇帝廟號

世祖

上英明天縱寬仁大度沖齡踐阼值明運已終流寇肆虐順天

應人命將出師百萬巨寇一戰而克定鼎燕京為天下生民

主齊晉秦豫傳檄而定平江淮收楚蜀下浙閩兩粵滇黔以

次掃蕩遂成大一統之業親政以後鑒明季吏治惰窳民生

困悴整綱飭紀子養元元清賦役以革橫徵定律令以滌冤

濫蠲租賜赦殆無虛歲獎進廉正斥遠貪邪振勵材能綜核

名實開公忠之路杜朋黨之門吏事民風翕然丕變蓋丁大

亂之後
上天篤生至聖以奠海宇而開太平也至於敬
天尊
祖孝事
皇太后晨興問安長跽受教隆寵勲舊敦睦懿親致禮於勝國
君臣推恩於新附邊徼省難繼之貢罷不急之工菲節膳服
汰減閹寺仁恕恭儉一本自然而又勸學崇儒臨雍釋奠經
訓史策不離左右
御製
御纂諸書皆洞徹事宜昭宣理要數幸内院與諸臣討論古今

更定禮樂。修明制度。建直廬於景運門。令翰林官分番入直。
以備顧問經筵時御日講不輟。夙夜勵精孜孜靡倦披覽章
奏每至夜分。四方水旱引咎責躬容納諫諍。喜聞闕失。功成
治定。聿奏隆平而焦心勞思勤求民瘼兢兢業業皆出之至
誠行之至明。舉念則條貫九州行事則斟酌百代黜僞去浮
敦本崇實。以故道法咸備。功德兼隆聲教所訖。東至使鹿使
犬。西至厄訥忒黑吐魯番北至喀爾喀鄂羅斯南至琉球暹
羅荷蘭西洋諸國梯山航海重譯來王自古創業垂統之君
未有若斯之盛者也在位十有八年而萬世之規模已定。駢
光大烈炳燿穹壤深仁厚澤淪浹人心。前纘
祖宗之緒。後啟
神聖之承。洪業丕基。傳之永永無極矣。

○九五五　顺治十八年五月二十八日　谕工部盖造朝房

丙子。谕工部：朝房關係重大。盖造尚未全備。未肅觀瞻。兩旁空地著俱盖造。

《清圣祖实录》卷二

○九五六　顺治十八年六月　会拟建造大行皇帝享殿地宫

建造

饗殿

地宫精選識地理人等内院禮部工部都察院科道官員率往會擬

乾隆朝《大清会典则例》卷八五，并见嘉庆朝《大清会典事例》卷三六八、光绪朝《大清会典事例》卷四五六

○九五七　顺治十八年十月初二日　新建太庙神厨门社稷坛左门成

戊申新建

太廟神厨門。

社稷壇左門成

《清圣祖实录》卷五

○九五八　顺治十八年　置阿敦衙门

顺治十八年，置阿敦衙門

《日下旧闻考》卷七一

〇九五九　顺治十八年　乾清门以外葺补由内工部办理

乾隆朝《大清会典则例》卷一六五，并见嘉庆朝《大清会典事例》卷九一七、光绪朝《大清会典事例》卷一二二四

修造顺治十八年定凡

乾清門以外

紫禁城以内有修理工程物價在二百兩以上工價在五十緡以上者奏交工部不及此數者呈堂轉咨工部辦理仍會同本司官監修其葺補小修仍由内工部（即今之營造司）辦理　又定

大内有葺補之處令内監匠人修理

○九六○ 顺治十八年 盛京永陵立碑建亭

雍正朝《盛京通志》卷七

永陵山曰
啟運在
興京城西北十里奉天府城東二百五十里奉安
肇祖原皇帝
原皇后
興祖直皇帝
直皇后
初稱
興京
陵順治十五年自
東京
陵遷奉

景祖翼皇帝
翼皇后
顯祖宣皇帝
宣皇后於
興京
陵安莝十六年尊稱
興京
陵爲
永陵並於
啟運殿恭奉
神位順治十二年十八年先後立碑四通護以亭
寶城週十五丈四尺

〇九六一　顺治十八年　立迁祔永陵庙碑　《钦定盛京通志》卷二一，参见雍正朝《大清会典》卷八七、乾隆朝《大清会典则例》卷八〇、嘉庆朝《大清会典事例》卷三四六、光绪朝《大清会典事例》卷四二八

永陵。十八年。立遷祔永陵廟碑。

〇九六二　顺治十八年　陵工材料及匠役来源　康熙朝《大清会典》卷一四〇，并见雍正朝《大清会典》卷二一〇、乾隆朝《大清会典则例》卷一三七

凡

陵工典建。顺治十八年題准。取土于磨盤山。燒磚于湯泉。燒灰于井児禪房二峪。青白石于盧家庄大石窩採取。青沙石于馬鞍山採取。豆渣石于

鲇魚關採取用部中匠夫，并直隸山東山西匠役，給發工價成造

〇九六三　顺治十八年　海运等仓内新建廒座规制

《八旗通志初集·营建志》卷二五，并见《钦定八旗通志》卷一一四

顺治十八年，京城海運等倉内，新建廒十四座。每廒一座，計房五間，共七十間。俱係七檩六搭。明間各造氣樓一座，出樓雨搭一間。每廒面闊六丈，進深四丈五尺。山牆高二丈一尺，長五丈一尺。簷牆高一丈二尺，長六丈。牆根闊七尺，頂闊五尺。又砌造囤基五百三十四座，每座週圍六丈，高一尺五寸。

右工科史書

○九六四　**顺治十八年　定民公等房屋台阶规制**　康熙朝《大清会典》卷一三二，并见雍正朝《大清会典》卷一九八、乾隆朝《大清会典》卷一二七、嘉庆朝《大清会典事例》卷六六六、光绪朝《大清会典事例》卷八六九

十八年題準。民公以下。三品官員以上房屋。臺階高二尺。四品官員以下。及民房屋。臺階高一尺

○九六五　**顺治十八年　停止临清砖差**　康熙朝《大清会典》卷一三二，并见雍正朝《大清会典》卷一九九、乾隆朝《大清会典则例》卷一二八、嘉庆朝《大清会典事例》卷六七〇、光绪朝《大清会典事例》卷八七五

十八年題準。停止臨清磚差

○九六六 **顺治十八年 镇国将军等给碑价银**

康熙朝《大清会典》卷一四〇，并见雍正朝《大清会典》卷二一一、乾隆朝《大清会典则例》卷一三七、嘉庆朝《大清会典事例》卷七一四、光绪朝《大清会典事例》卷九四九

十八年題准。鎮國將軍。碑價銀五百兩。輔國將軍。碑價銀四百兩

○九六七 **顺治十八年 御用监分为四库**

《日下旧闻考》卷七一

御用監。顺治十八年，分銀、皮、段、衣四庫。

○九六八 **顺治十八年 改尚膳监为采捕衙门**

《日下旧闻考》卷七一

尚膳監。顺治十八年，改爲采捕衙門

○九六九　顺治十八年　改惜薪司为内工部　《日下旧闻考》卷七一

惜薪司，顺治十八年，改爲内工部

○九七○　顺治十八年　官员等捐修城垣纪录规定　康熙朝《大清会典》卷一三一，并见雍正朝《大清会典》卷一九七

凡外省垣

十八年題准文武各官捐銀一千兩者紀錄二次。五百兩者紀錄一次○又議准捐脩汴城事例。舉人。貢生。捐銀二三百兩。或米二百石者。出仕之日。准與紀錄。耆民。捐銀三百兩者。准給九品頂帶。五百兩者。准給八品頂帶。生員。捐銀三百兩者。准入監讀書。見任官員。捐銀一千兩以

上者。准加一級。五百兩者。紀錄二次。百兩以上者。照舊紀錄。戴罪緝賊官員。捐銀六百兩。准與開復

〇九七一　**顺治十八年　改设八旗教场**

十八年。改設鑲黄旗教場。於安定門外。正黄旗教場。於德勝門外。正白旗教場。於東直門外。鑲白旗教場。於朝陽門外。正紅旗。鑲紅旗教場。於阜成門外。正藍旗教場

康熙朝《大清会典》卷一三一，并见雍正朝《大清会典》卷一九八、乾隆朝《大清会典则例》卷一二七、《钦定八旗通志》卷一一四、嘉庆朝《八旗通志初集·营建志》卷二五、《大清会典事例》卷六六七、光绪朝《大清会典事例》卷八七〇

於崇文門外。鑲藍旗教場。於宣武門外。各有演

武廳

〇九七二 顺治十八年 裁内监局留用匠役额数 康熙朝《大清会典》一三二，并见雍正朝《大清会典》卷一九八

十八年。裁內監局

各項太監匠役。除

內府存留外。歸還工部。本部題准。酌量留用太監

十八名。匠役九百五十一名。夫役七十二名。餘

俱裁汰

營繕司分存各項匠役五百一十八名 餘隸虞衡都水

二司

木匠八十四名

石匠五十七名

瓦匠二十七名

搭材匠一百一十四名

土作匠十名

鋸匠四十七名

油匠五十四名

畫匠二十名

釘鉸匠十名

雕鑾匠二十三名

菱花匠六名

鑄匠六名
琉璃瓦匠十六名
黑窯匠二名
山子匠二名
銅絲網匠七名
明瓦匠四名
桶匠十名
繩匠七名
厰夫十二名
凡住坐匠役銀米。匠役每名月支米七斗五升。遇有工程。每日支銀七分。厰夫每名月支米三斗五升。咨戶部按册給發

〇九七三　**顺治十八年　裁内监局匠役仍隶工部**

乾隆朝《大清会典则例》卷一三八，并见嘉庆朝《大清会典事例》卷七一七、光绪朝《大清会典事例》卷九五二

> 十八年裁
> 内監局除各項内監匠役
> 内府存留外其餘工匠仍隸工部

〇九七四　**顺治十八年　各口采伐木植抽分**

康熙朝《大清会典》卷一三二，并见雍正朝《大清会典》卷一九九

> 十八年。令各口採伐木植。十一抽分

○九七五 顺治十八年 给发官员造坟银两

康熙朝《大清会典》卷一四○，并见雍正朝《大清会典》卷二一一

十八年议准。民公造墳銀六百五十兩。侯。造墳銀六百兩。伯。造墳銀五百五十兩。一品官。造墳銀五百兩。二品官。造墳銀四百兩。三品官。造墳銀三百兩。四品官。造墳銀二百兩。五品官至七品官。造墳銀一百兩。凡一二品官病故。禮部題請。三品以下官。死難者始行題請。在旗下者。本部節愼庫給發。在直隸各省者。各布政司給發

○九七六　**顺治十八年　官员造坟给银自造**　乾隆朝《大清会典则例》卷一三七、并见嘉庆朝《大清会典事例》卷七一四、光绪朝《大清会典事例》卷九四九

一造墳工價

十八年議準

民公六百五十兩侯六百兩伯五百五十兩一品官五百兩二品官四百兩三品官三百兩四品官二百兩五品官至七品官一百兩皆給價令其自造

○九七七　顺治十八年　定官员碑制

卷二一一　　康熙朝《大清会典》卷一四○，并见雍正朝《大清会典》

凡官員碑制石像生。民公侯伯。石碑螭首高三尺二寸。碑身高九尺。濶三尺六寸。龜趺高三尺八寸。一品石碑螭首高三尺。碑身高八尺五寸。濶三尺四寸。龜趺高三尺六寸。二品石碑麒麟首高二尺八寸。碑身高八尺。濶三尺二寸。龜趺高三尺四寸。巳上俱用石人二。石馬二。石虎二。石羊二。石望柱二。三品石碑。天祿辟邪首高二尺六寸。碑身高七尺五寸。濶三尺。龜趺高三尺二寸。石馬二。石虎二。石羊二。石望柱二。四品石碑。圓首高二尺四寸。碑身高七尺。濶二尺八寸。

方趺高三尺。石馬二。石虎二。石望柱二。五品石碑。圓首高二尺二寸。碑身高六尺五寸。濶二尺六寸。方趺高二尺八寸。石馬二。石羊二。石望柱二。六品石碑。圓首高二尺。碑身高六尺。濶二尺四寸。方趺高二尺六寸。七品石碑。圓首高一尺八寸。碑身高五尺五寸。濶二尺二寸。方趺高二尺四寸

雍正朝《大清会典》卷二二九

○九七八 **顺治十八年 世祖神位入奉先殿**

十八年。恭奉

世祖章皇帝神位。入

奉先殿。是日。恭請

太祖高皇帝。

孝慈高皇后。

太宗文皇帝。

孝端文皇后神位。至

前殿。大祭。

世祖章皇帝神位。設於西旁。東向。讀祝。奏樂。行禮。畢。

聖祖仁皇帝恭捧

世祖章皇帝神位。奉安於

後殿西間一龕。南向。

〇九七九　顺治十八年　玉皇庙　《日下旧闻考》卷七一

增 玉皇廟在盆兒衚衕。五城寺院冊

〔臣等謹按〕玉皇廟在宏仁萬壽宫遺址之西，明萬曆中建，本朝順治十四年重修。世祖章皇帝臨幸其地，賜帑金一千兩。廟門西向，前爲玉皇殿，中爲文昌殿，有明萬曆中光禄寺少卿史記事碑，本朝順治十八年大學士金之俊碑。

顺治朝

（一六四四年二月至一六六二年二月）

○九八○　**顺治初年　定灰石烧造开采地点**　康熙朝《大清会典》卷一三二，并见雍正朝《大清会典》卷一九九

順治初定。大工典作需用灰石。各差本部官員。開採燒造。於大石窩。採白玉石。青白石。馬鞍山。採青砂石。紫石。白虎澗。採豆渣石。牛欄山。採青砂石。石經山。採青砂石。青砂柱頂堦條等石。其灰觔。於馬鞍山。瓮家務。周口。懷柔等處。置廠燒造。運京應用

○九八一　**顺治初年　定灰石烧造开采地点**　乾隆朝《大清会典则例》卷一二八，并见嘉庆朝《大清会典事例》卷六七○、光绪朝《大清会典事例》卷八七五

灰石順治初年定大工需用石灰委本部官

開採燒造於大石窩採白玉石青白石馬鞍山採青砂石紫石白虎澗採豆渣石牛欄山採青砂石石景山採青砂石青砂柱頂階條等石其青白石灰於馬鞍山磁家務周口懷柔等處置廠燒造運京應用

○九八二　顺治初年　太和殿等窗格糊饰　乾隆朝《大清会典则例》卷一三六，并见嘉庆朝《大清会典事例》卷七○九、光绪朝《大清会典事例》卷九四○

太和殿

糊飾順治初年定

保和殿
中和殿
文華殿槅格用朝鮮貢紙每年糊飾黃綾博縫二
年一次糊飾

〇九八三 **顺治初年 各坛庙等窗格糊饰** 乾隆朝《大清会典则例》卷一三六，并见嘉庆朝《大清会典事例》卷七〇九、光绪朝《大清会典事例》卷九四〇

各
壇
廟槅格路鐙由太常寺移咨外藩朝貢各館舍由禮部
理藩院移咨到部委官糊飾

〇九八四　顺治初年　行幸设木城　乾隆朝《大清会典则例》卷一三〇、嘉庆朝《大清会典事例》卷六八八、光绪朝《大清会典事例》卷九〇〇

木城順治初年定凡遇
車駕行幸由部備用黄油木城隨營設立回時交木
倉收貯

〇九八五　顺治初年　京师建观象台　《天咫偶闻》卷二

觀象臺，在都城東南隅，坿城而起，下爲欽天監之外署。臺在測算房後，拾級而登。上設儀器九事，順治初，西人湯若望所造。

〇九八六　**顺治初年　设会同馆**

康熙朝《大清会典》卷一三一，并见雍正朝《大清会典》卷一九八

顺治初設會同館於玉河西岸

〇九八七　**顺治初年　王府营建违制者治罪**

乾隆朝《大清会典则例》卷一二七，并见嘉庆朝《大清会典事例》卷六六六、光绪朝《大清会典事例》卷八六九

禁令順治初年定王府營建悉遵定制如基址過高或多蓋房屋者皆治以罪

〇九八八　**顺治初年　定亲王等坟茔规制**　乾隆朝《大清会典则例》卷一三七，并见嘉庆朝《大清会典事例》卷七一四、光绪朝《大清会典事例》卷九四九

墳塋規制順治初年定親王饗堂五間門三飾硃紅油繪五彩金花茶飯房左右各三間碑亭一座圍牆百丈守塚人十户世子郡王饗堂三間門三飾硃紅油繪五彩小花茶飯房三間碑亭一座圍牆八十丈守塚人八户固倫公主同貝勒貝子饗堂三間門一飾硃紅油不繪彩茶飯房三間碑一通圍牆七十丈守塚人六户

和碩公主郡主同鎮國輔國公饗堂門制同貝勒貝子碑一通圍牆六十丈守塚人四户縣主郡君同鎮國輔國將軍碑一通圍牆三十五丈守塚人二户民公侯伯碑一通圍牆四十丈守塚人四户一二品官制同鎮國將軍三品官碑一通圍牆三十丈守塚人一户四品五品官同六品以下官碑一通圍牆十有二丈

○九八九　**顺治初年　定官员造坟工价**　康熙朝《大清会典》卷一四〇，并见雍正朝《大清会典》卷二一一

凡官員造墳工價。順治初定。一品官。價銀三百兩。夫匠二百名。每名折銀一兩。下同二品官。價銀二百五十兩。夫匠一百五十名。三品官。價銀二百兩。夫匠一百名。四品五品官。

特恩賜葬者。價銀八十兩。夫匠三十名

○九九○　顺治初年　京师通州等仓廒规制

乾隆朝《大清会典则例》卷一二七，并见嘉庆朝《大清会典事例》卷六六八、光绪朝《大清会典事例》卷八七一

倉廒

一倉廒營建順治初年定

京城八倉通州三倉每倉以五間爲一廒每間七檩六椽濶丈四尺深五丈三尺山柱高二丈二尺五寸檐柱高丈五尺五寸每廒頂各開氣樓一座廒底甎砌上鋪木板廒門及牆下均開竇穴以洩地氣○京倉祿米倉共二十五廒官廳三間官舍七間科房三間井一○南新倉共三

十廒官廳一座官舍八間科房四間井一〇舊
太倉共四十二廒官廳三間科房三間井二〇
海運倉共三十八廒官廳三間科房三間井一
〇北新倉共四十九廒官廳三間科房四間井
二〇富新倉共二十八廒官廳三間官舍八間
科房三間井二〇興平倉共三十廒官廳三間
科房二間班房一間井一〇太平倉共十有五
廒水門三道官廳三間官舍四間科房三間〇

通州西倉共一百十有二廒倉西門官廳三間

後房一間倉南門官廳三間後房一間井三〇
中倉共六十四廒倉南門官廳三間倉東門官
廳三間倉北門官廳三間科房三間井一〇南
倉共四十五廒倉東門官廳三間倉北門官廳
三間官舍六間科房一間井一　〇石
壩號房五十六間大通橋盤糧廳三間號房六
十四間朝陽門外號房二十八間

〇九九一 **顺治初年 京师仓廒修葺规定**

乾隆朝《大清会典则例》卷一二七，并见嘉庆朝《大清会典事例》卷六六八、光绪朝《大清会典事例》卷八七一

修葺倉廒順治初年定三年一小修五年一大修工價屬戶部辦料屬工部自錢糧歸并戶部所需料價銀並咨戶部給發

〇九九二 **顺治初年 守仓夫役岁修给米定额**

乾隆朝《大清会典则例》卷一二七，并见嘉庆朝《大清会典事例》卷六六八、光绪朝《大清会典事例》卷八七一

又覆準守倉夫役每名月給米六斗每歲額修倉廒七十五間如遇工作每名日給米一升

〇九九三　**顺治初年　通州张湾设木厂**

乾隆朝《大清会典则例》卷一二八，并见嘉庆朝《大清会典事例》卷六七〇、光绪朝《大清会典事例》卷八七五

木廠順治初年定通州張灣二處各設木廠
每廠差筆帖式二人驗收運京木植

〇九九四　**顺治初年　委官监收木植**

乾隆朝《大清会典则例》卷一二八，并见嘉庆朝《大清会典事例》卷六七〇、光绪朝《大清会典事例》卷八七五

木倉收貯各省辦觧木植順治初年定專委
滿司官一人監督一年更代

〇九九五　**顺治初年　差汉官监督两窑**　康熙朝《大清会典》卷一三二，并见雍正朝《大清会典》卷一九九

凡兩窯監督。順治初。專差漢官。一年更代

〇九九六　**顺治初年　差汉官监造琉璃砖瓦**　乾隆朝《大清会典则例》卷一二八，并见嘉庆朝《大清会典事例》卷六七〇、光绪朝《大清会典事例》卷八七五

琉璃窰燒造各色琉璃甎瓦順治初年定專差漢司官一年更代

○九九七 **顺治初年　琉璃砖瓦价值**

康熙朝《大清会典》卷一三二，并见雍正朝《大清会典》卷一九九、乾隆朝《大清会典则例》卷一二八、嘉庆朝《大清会典事例》卷六七一、光绪朝《大清会典事例》卷八七五

凡琉璃甎瓦價值。順治初。每件給銀一錢

○九九八 **顺治初年　黑窑砖瓦价值**

康熙朝《大清会典》卷一三二，并见雍正朝《大清会典》卷一九九

凡黑窯甎瓦價值。順治間。城甎。每個給銀四分三釐。二尺方甎。每箇給銀一錢四分。尺七方甎。每個給銀九分。尺二方磚。每箇給銀四分。減角甎。每箇給銀五釐。頭號板瓦。每片給銀五釐

〇九九九　**顺治初年　砖瓦价值**　乾隆朝《大清会典则例》卷一二八，并见嘉庆朝《大清会典事例》卷六七一、光绪朝《大清会典事例》卷八七六

甎瓦價直順治初年定城甎每塊給銀四分三釐二尺方甎每塊銀一錢四分尺七寸方甎銀九分尺二寸方甎銀四分減角甎銀五釐頭號版瓦每片銀五釐

一〇〇〇　顺治初年　青白灰价值

乾隆朝《大清会典则例》卷一二八，并见嘉庆朝《大清会典事例》卷六七二、光绪朝《大清会典事例》卷八七七

灰石價順治初年定青白灰每百斤給銀一錢一分六釐

一〇〇一　顺治初年　铸造铜缸等给发工料

乾隆朝《大清会典则例》卷一三〇，并见嘉庆朝《大清会典事例》卷六八八、光绪朝《大清会典事例》卷九〇〇

鑄造順治初年定各處需用銅缸銅鍋銅匱鼎鑪鐵窗䆫門鐵甎壽山福海雲牌更鑼等項給發工料令匠鑄造

一〇〇二　顺治初年　定炮神致祭之礼

《皇朝通志》卷四一

顺治初年定致祭

紅衣發貢神之禮每歲以九月初一日致祭於盧溝橋北沙鍋村由太常寺奏請遣八旗漢軍都統將事八旗各為一壇按旗排設礮位陳設畢具承祭都統於鑲黃旗礮位前行禮七旗都統各於本旗礮位前隨承祭官上香行禮副都統以下咸陪祀

一〇〇三　顺治年间　尊盛京为留都

康熙朝《大清一统志》卷二八，参见《盛京典制备考》卷首

世祖章皇帝統一萬方定鼎

京師尊

盛京爲留都，監往代兩都之制，設戸禮刑工四部侍

郎以下等員，置府尹，又設將軍副都統管轄八旗

軍旅

《古今图书集成·职方典》卷一六五

一〇〇四　顺治年间　以盛京为留都

世祖統御六合

京師定鼎以

盛京爲留都，其地西接畿輔，北臨大漠，東南瀕海

順治元年悉裁諸衛，設昂邦章京副都統總治

之，順治十年以遼陽爲府，置遼陽海城二縣，寧

古塔設昂邦章京副都統諸員十四年除遼陽
府名以瀋陽爲奉天府置府尹

一〇〇五　顺治年间　东京盛京京师

《郎潜纪闻初笔》卷五

東京盛京京師

太祖高皇帝天命七年，建東京於遼陽；十年，自東京遷於瀋陽，太宗天聰五年，尊爲盛京。世祖入關定鼎，因明都順天府之舊，稱爲京師，營豐宅鎬，締構艱難，億萬年不拔之基也。

一〇〇六　顺治年间　顺治帝书正大光明

《清仁宗御制诗初集》卷九（第一册）

正大光明四字懸乾清宮正大光明四字為
世祖章皇帝御筆

一〇〇七 顺治年间 建奉先殿

《清仁宗御制诗二集》卷三三（第三册）

景運門之東相對為誠肅門入
門南向為奉先殿 世
祖章皇帝以太廟時享未展
孝思命稽往制建
奉先殿前殿七楹後殿如之

一〇〇八 顺治年间 朱鼎延督修乾清宫

乾隆朝《东昌府志》卷四〇，参见嘉庆朝《东昌府志》

第一五册

朱鼎延字元孚先世平陰人明季兵亂奉母徙家聊城
崇禎十六年進士 國初巡撫方大猷疏薦授吏部主
事遷郎中考選雲南道御史首上治平戡亂之策請開
言路辨忠佞調兵民之宜摘逼事之奸指五案之根株

究輦轂之盜藪直聲大震三年巡鹺河東膺上考按宣
大例兼學政五年督學順天例亦兼察吏所至正直自
矢大張風紀九年掌河南道典計事請復糾舉舊例問
民隱於覲臣禁反噬以重計典嚴卓異以收人材皆著
爲令又上國法與國體併存五刑偕八議兼施一疏並
嘉納拜大僕少卿歷左右通政太常卿通政使工部左
右侍郎督修　乾清宮工成加工部尚書

一〇〇九　顺治年间　卫周祚董修三殿

雍正朝《山西通志》卷一一一，参见光绪朝《山西通志》卷一四九

時
三殿工興
命周祚董修殫慮經畫勾稽纖悉飭材程匠鉅細精麤釐
然有紀省内府金錢數十萬工竣
世祖章皇帝褒諭有加
賜御筆山水圖暨雕鞍駿馬以旌異之

一〇一〇 顺治年间 张有光督建奉先殿

嘉庆朝《松江府志》卷五六

張有光字星燦青浦人父驊以恩貢授新寧令不赴卒

有光苦志力學順治十二年成進士授工部營繕司主

事時崇建

奉先殿有光為監督朝夕虔謹工匠中老弱羸病悉放還

工食親自給發

告祀禮成

賜緞馬奬勵有加

一〇一一　顺治年间　贾汉復督修奉先殿

雍正朝《山西通志》卷一一一

贾漢復字膠侯號静菴曲沃人少負奇氣有大志明季聞秦督孫傳庭軍崤函仗劍排轅門陳方畧孫不省已從督師李建泰駐保定奉檄調高傑入援高不應會豫王統兵南下一見奇之招入麾下辭不獲奏授都察院理事官遷工部侍郎督修
奉先殿力駁玉泉山煅灰

一〇一二　顺治年间　承运库等库所属及用途

《古今图书集成·考工典》卷六七

裏新庫　凡叚疋併遠年藥料青藍雜紙等項俱本庫收貯

供用庫　凡江浙解到白熟稉米送本庫收內府及各衙門併寺廟等處應用黃白蠟各項香料麻油戶部查給本庫辦造

承運庫　凡遠年紙張俱本庫收貯

甲字庫　凡各省解到黃蠟桐油芽茶烏梅黃紅熟銅靛花光粉錫等項俱送本庫收

乙字庫　凡各省解到布麻等項併遠年段紬絲綿棉花麻雜香俱本庫收貯

以上五庫俱分屬本部三庫彙管　西安門內舊有十庫曰承運庫甲字庫乙字庫丙字庫丁字庫戊字庫廣積庫廣盈庫天財庫贓罰庫順治初惟存承運庫甲字庫乙字庫丁字庫屬戶部戊字庫

廣積庫屬工部其丙字庫廣盈庫天財庫贓罰庫皆廢至太倉庫舊建朝陽門內今亦廢

嘉庆朝《大清会典事例》卷九〇〇，并见光绪朝《大清会典事例》卷一一九〇

一〇一三 顺治年间 设御用监

卷一一九〇

國初統設御用監。轄分定六庫。銀庫。掌金。錢。珠。玉。珊瑚。瑪瑙及諸寶石。緞庫。掌龍蟒等緞。紗。綢。絹。布。皮庫。掌貂。狐。猞猁猻。水獺。銀鼠等皮。及哆囉呢。氈。毯。羢。毼。羽緞。象牙。犀角。涼席。茶庫。掌茶葉。人參。香。紙。顏料。絨線。衣庫。掌朝衣。端罩。各色衣服。瓷庫。掌瓷器。及銅錫器皿。

一〇一四　顺治年间　初立天神坛地祇坛

《皇朝通志》卷三六

國初定制歲遇水旱則遣官祈禱
天神
地祇
太歲
社稷至於
親詣
圜丘即為大雩之義初立
天神壇於
先農壇之南以祀
雲師

雨師

風伯

雷師其西立

地祇壇以祀

五嶽

五鎮

四陵山今為五陵山

四海

四瀆

京畿名山大川

天下名山大川皆因祈雨而修祀事義與雩同祈而

應則報祀如儀宜省各令建壇致祭常雩祈報並循定制行禮

一〇一五 顺治年间 修葺瀛台 《日下旧闻考》卷二一

〔臣等謹按〕瀛臺爲明時南臺舊址，本朝順治年間稍加修葺

一〇一六 顺治年间 万善殿 《日下旧闻考》卷二五

蕉園門之南稍折而西，面南爲萬善門，門内爲萬善殿。國朝宫史

〔臣等謹按〕萬善殿正中恭懸世祖章皇帝御書額曰敬佛。

一〇一七　顺治年间　南苑归并采捕衙门

（增）南苑，順治年間歸併採捕衙門

《日下旧闻考》卷七一

一〇一八　顺治年间　建元灵宫

元靈宫在南苑，順治年間世祖勅建。

《日下旧闻考》卷七四，并见《日下尊闻录》P30

一〇一九　顺治年间　建白塔

《国朝宫史续编》卷六七

京都於唐爲范陽，於北宋爲燕山，遼始稱京，金、元、明因之。雖城郭宫市建置沿革時或不同，而范陽都會居天下之上游，俯寰中之北拱，誠萬載不易之金湯也。宫殿屏扆，則曰景山。西苑作鎮，則曰白塔山。白塔山者，金之瓊華島也。北平圖經載遼時名曰瑶嶼，或即其地。元至元時，改爲萬歲山，或曰萬壽山，至明時則互稱之，或又謂之大山子。見王紱北京八景圖識語中。本朝曰白塔山者，以順治年間建白塔於山頂。

一〇二〇 顺治年间 法源寺戒坛 《光绪顺天府志》卷一六

法源寺，卽唐憫忠寺，都城古刹也，在宣武門外西甎兒胡同。

山門内爲大殿，次爲戒壇，順治年間敕建。

一〇二一 顺治年间 宗人府土地祠 《啸亭杂录》卷四

宗人府土地祠

今宗人府北廊下，有土地祠，黃袍冠冕，儼王者像。相傳神甚靈著，胥吏事之惟謹。宗室昇華云："高皇帝征尼堪外蘭時，嘗與明和議，邀神以盟。明人畀以土地像，蓋揶揄之也。衆皆怒，上曰：『此明人以土地付我之讖，可謹祀之。』定鼎後，移祀於宗人府焉。"

一〇二二　顺治年间　顺治帝亲定遵化陵址　《啸亭杂录》卷一

親定陵寢

章皇嘗校獵遵化，至今孝陵處，停轡四顧曰：「此山王氣葱鬱非常，可以爲朕壽宫。」因自取佩韘擲之，諭侍臣曰：「韘落處定爲佳穴，即可因以起工。」後有善青烏者，視邱驚曰：「雖命我輩足遍海内求之，不克得此吉壤也。」所以奠我國家萬年之業也。

一〇二三　顺治年间　御制文碑立保定忠愍祠　康熙朝《大清一统志》卷一一

忠愍祠有四，俱祀明楊繼盛。一在府治西，明隆慶二年建。本朝順治中，奉世祖御製文立碑祠内，額曰表忠。

一〇二四　顺治年间　赐佛字于灵泉寺

靈泉寺在州南南程村宋太平興國中建内有沖惠沖淑二真人像　本朝
世祖章皇帝御書佛字賜寺僧普泳因建聖佛樓

康熙朝《大清一统志》卷八六

一〇二五　顺治年间　发帑修五台清凉山庙宇

清涼山記

山西代州五臺縣清涼山神京之右臂佛菩薩度化衆生顯迹福地也山中蘭若精藍百餘所靈蹟奇蹤不可殫述黃

《清仁宗御制文二集》卷五（第一册）

教為諸藩部傾心信奉進關朝山頂禮

者接踵不絕誠中華衛藏也我朝肇基

遼瀋國號滿洲而兹山供奉曼殊師利

同聲相應此中因緣真不可思議矣洪

惟

世祖定鼎燕京發帑修治廟宇丹雘一

新

一〇二六　顺治年间　赐帑金建苏州大慈塔院

康熙朝《大清一统志》卷四二，并见乾隆朝《江南通志》卷四四

大慈塔院在虞山拂水巖東。通志。本朝玉林通琇禪師自京還山。世祖章皇帝勅賜帑金建塔院。

一〇二七　顺治年间　建浙江旌忠祠

雍正朝《浙江通志》卷二二〇

旌忠祠　舊浙江通志在鑒橋北祀明御史陳良謨

良謨殉甲申之難

國朝順治間奉

勅立祠

賜額旌忠

附图

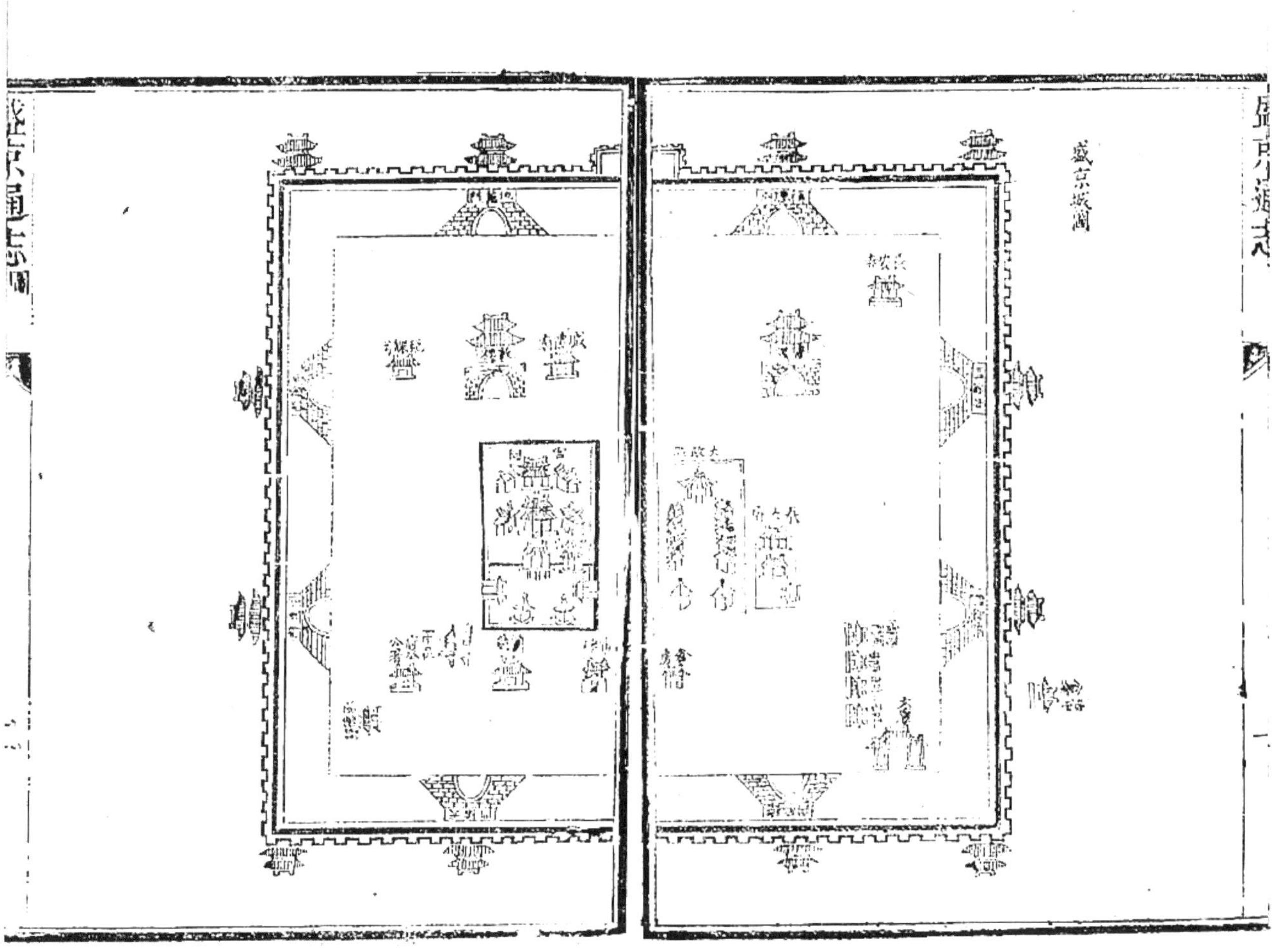

《盛京通志》载盛京城图

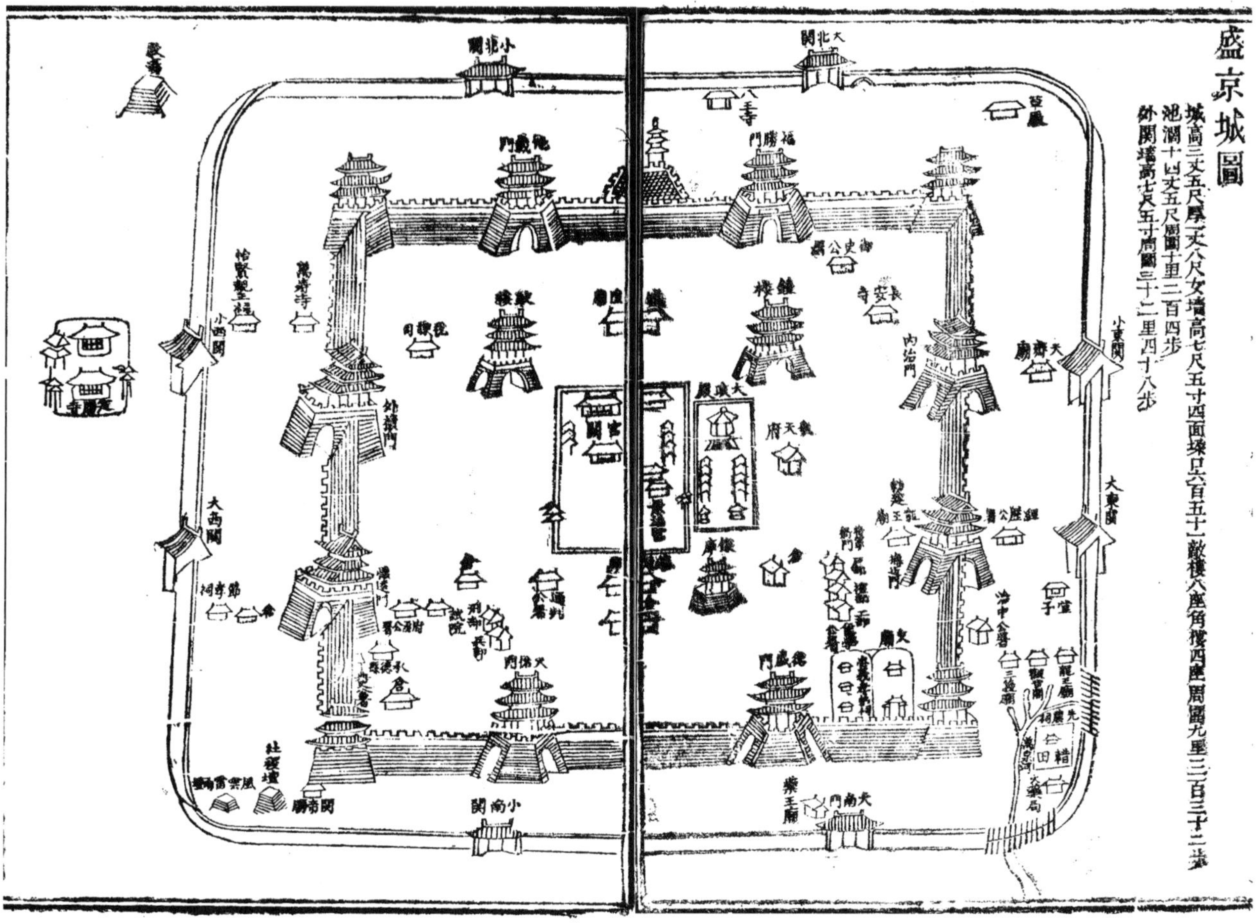
盛京城圖
城高三丈五尺厚一丈八尺女墻高七尺五寸四面垛口六百五十一敵樓八座角樓四座周圍九里三百三十二步
池濶十四丈五尺周圍十里二百四步
外關墻高七尺五寸周圍三十二里四十八步
大北關
小北關
大東關
小東關
大南關
小南關
大西關
小西關
福勝門
地載門
內治門
撫近門
德盛門
天佑門
鐘樓
鼓樓
大政殿

《盛京通志》载盛京城图

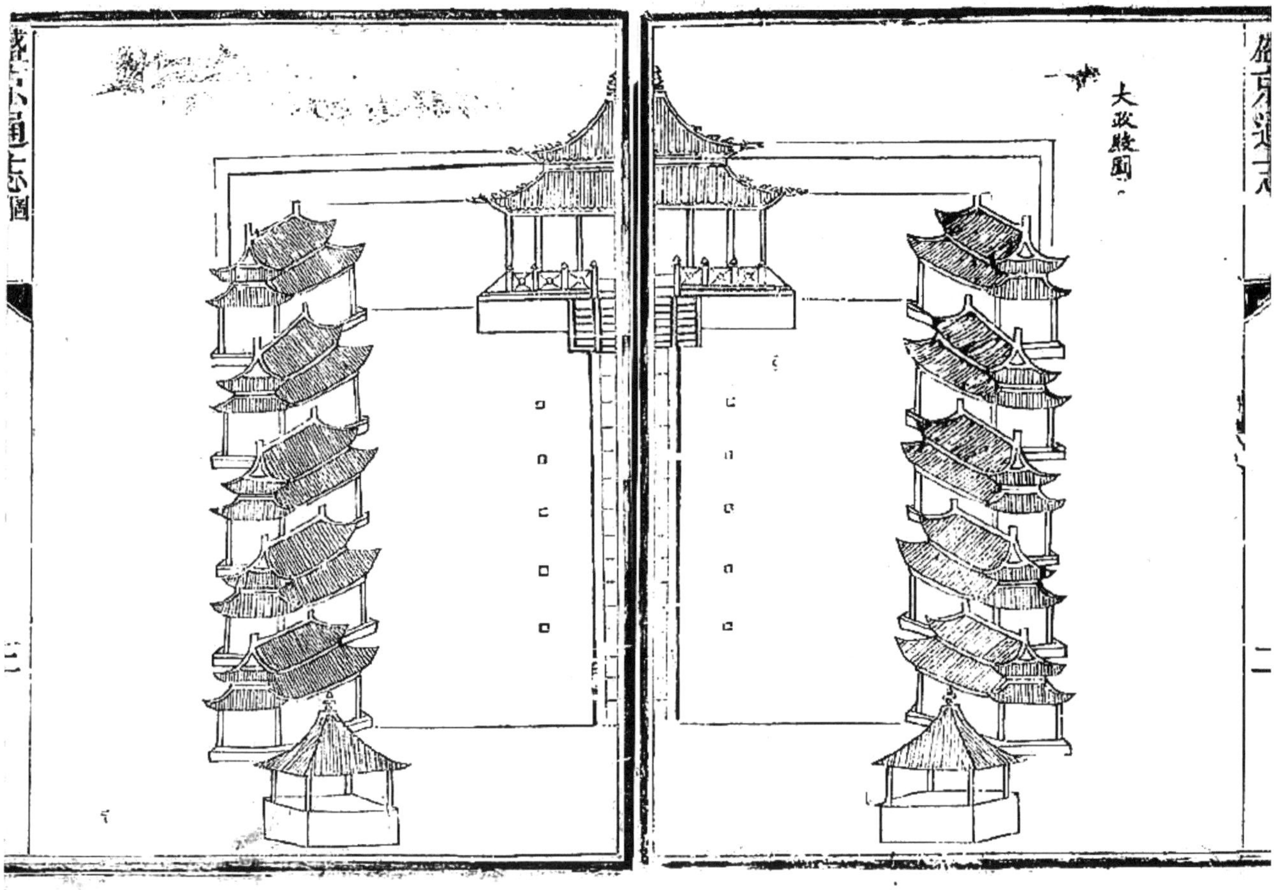

《盛京通志》载大政殿图

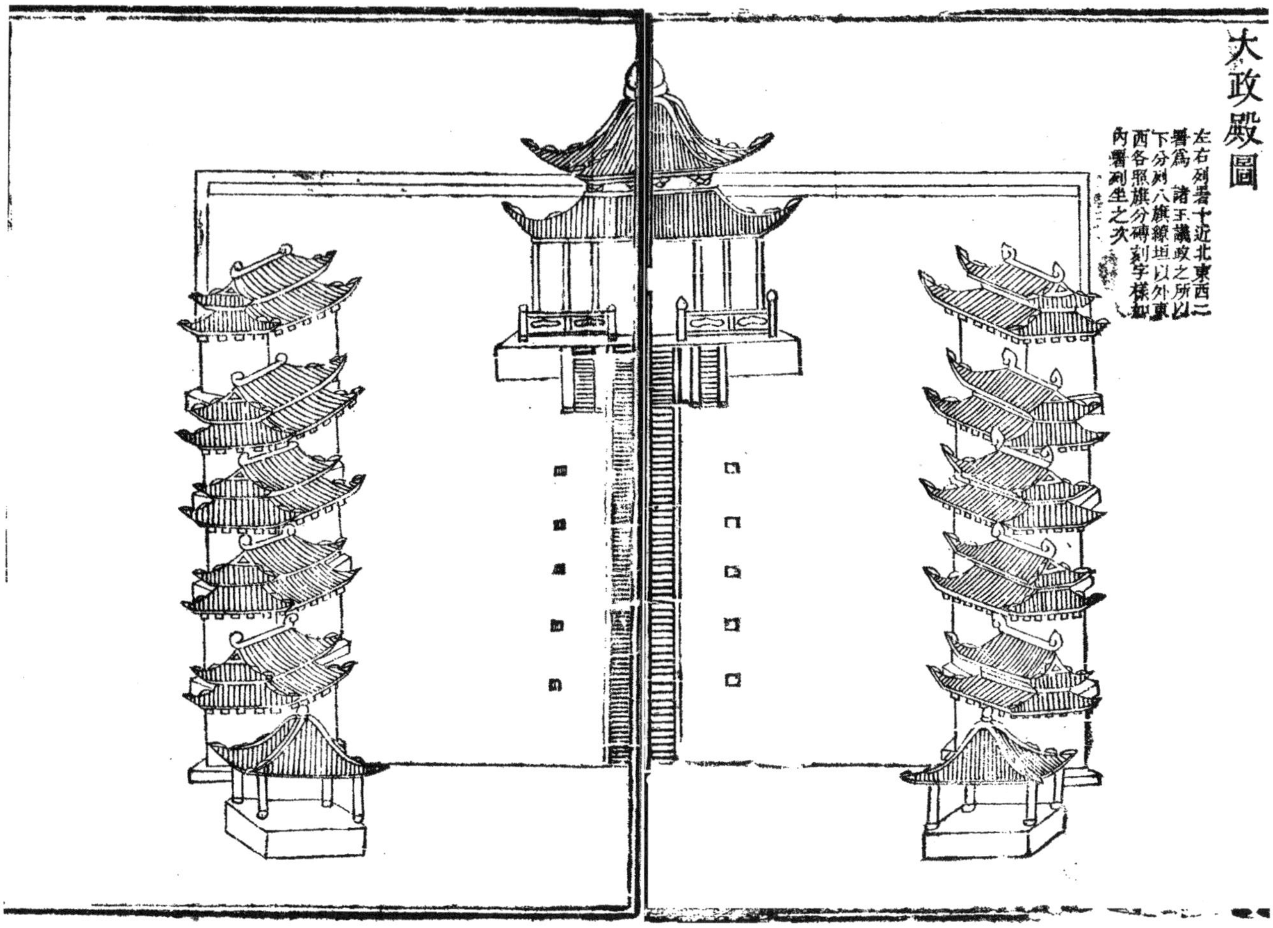

《盛京通志》载大政殿图

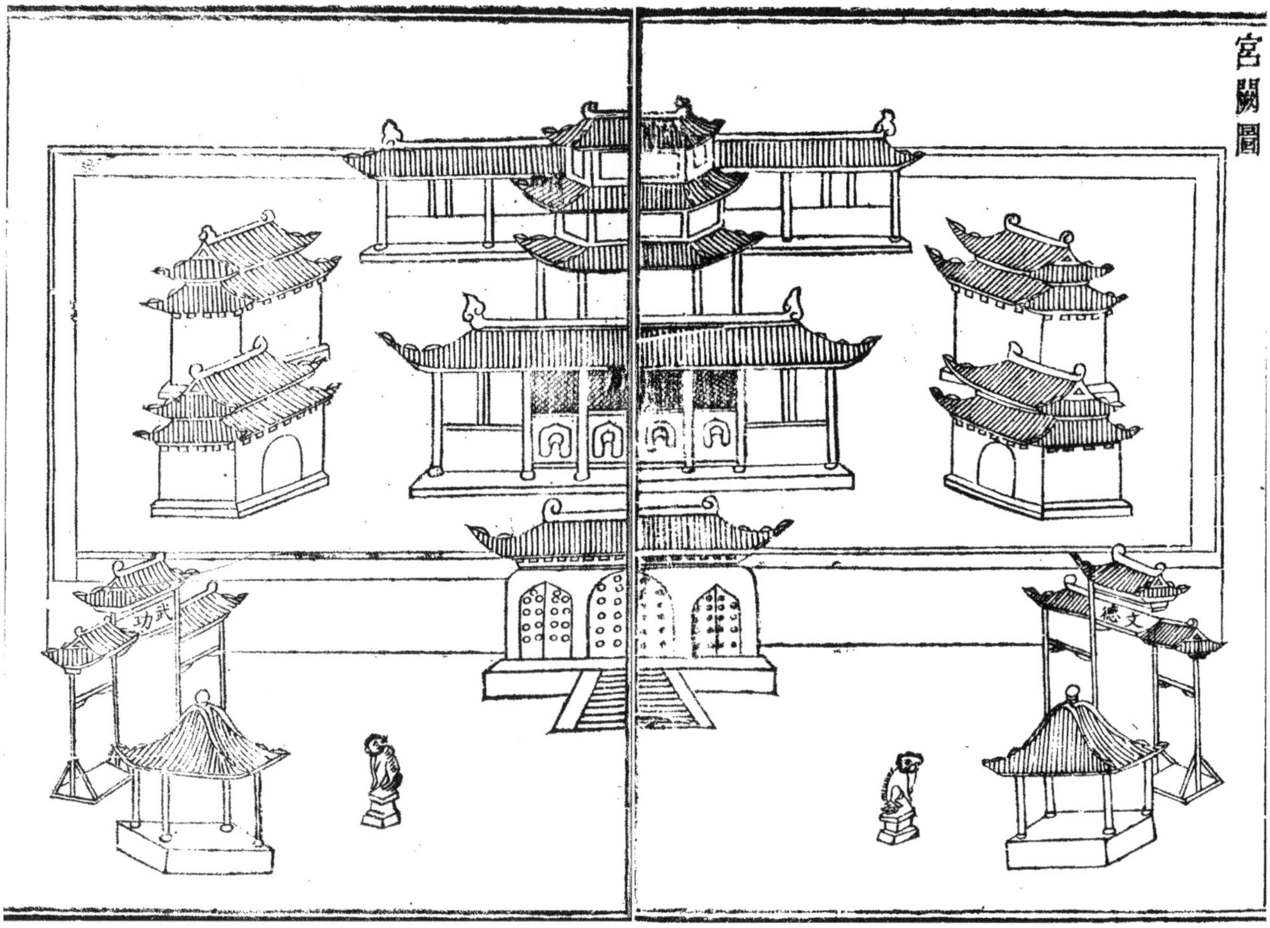

《盛京通志》载宫阙图

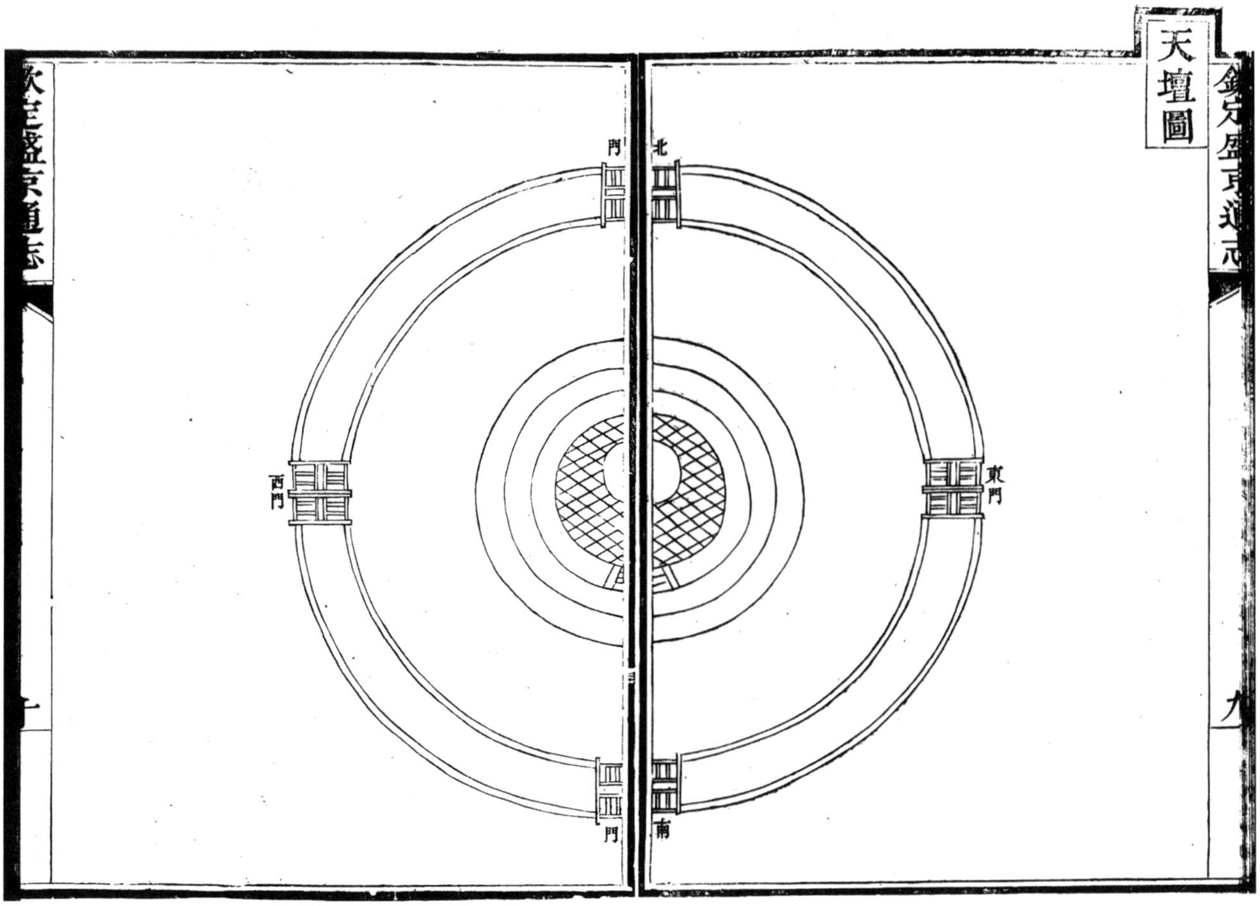

《钦定盛京通志》载天坛图

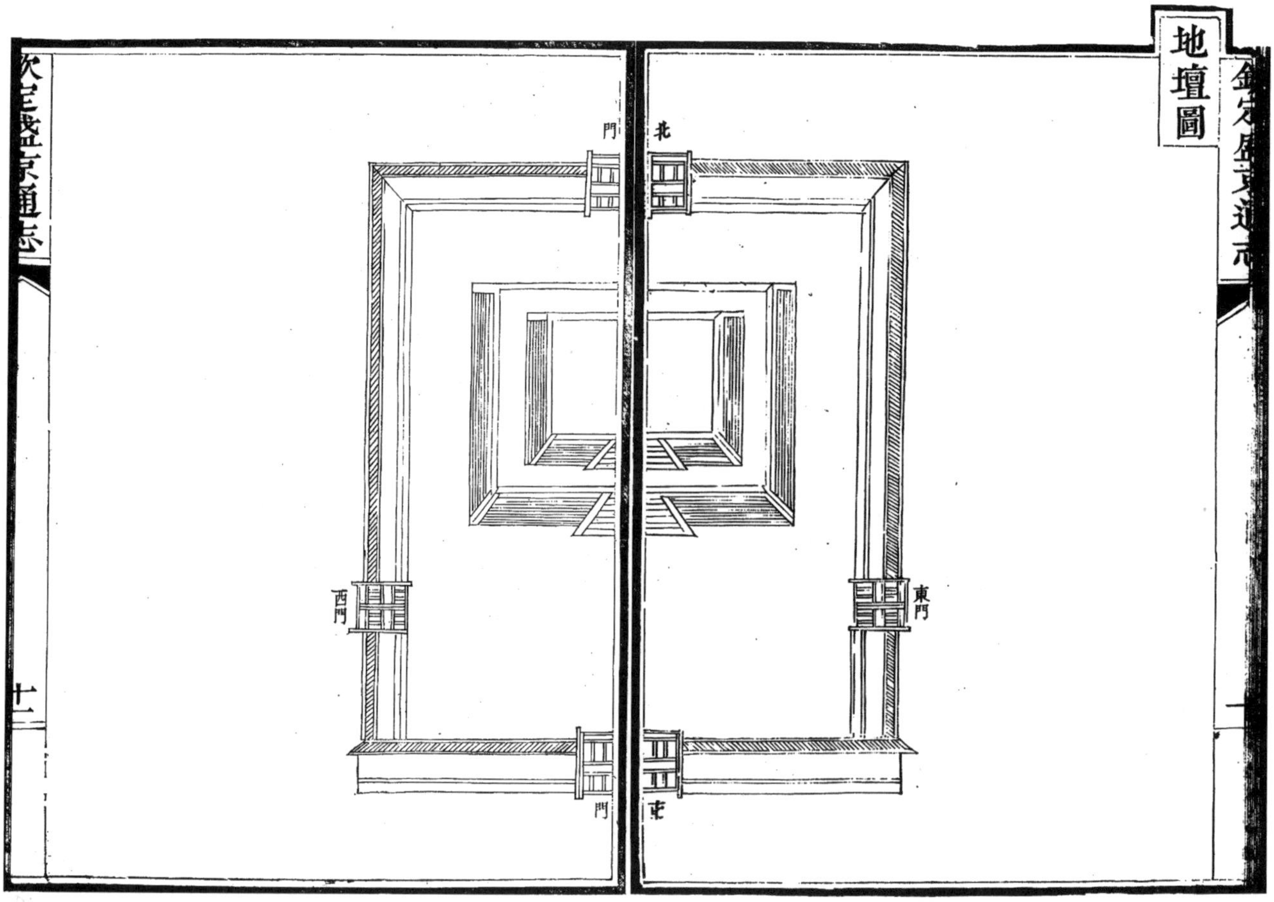

《钦定盛京通志》载地坛图

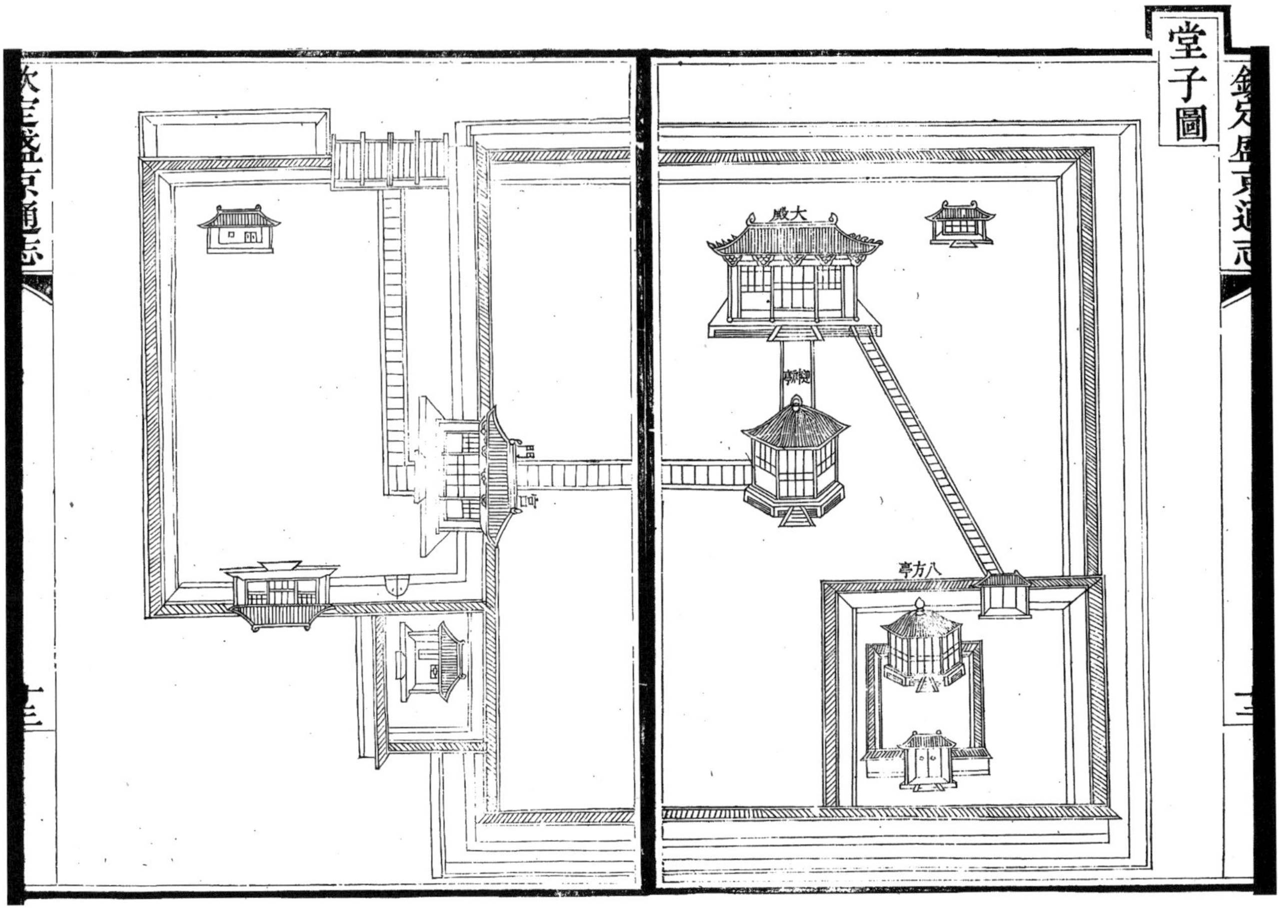

《钦定盛京通志》载堂子图

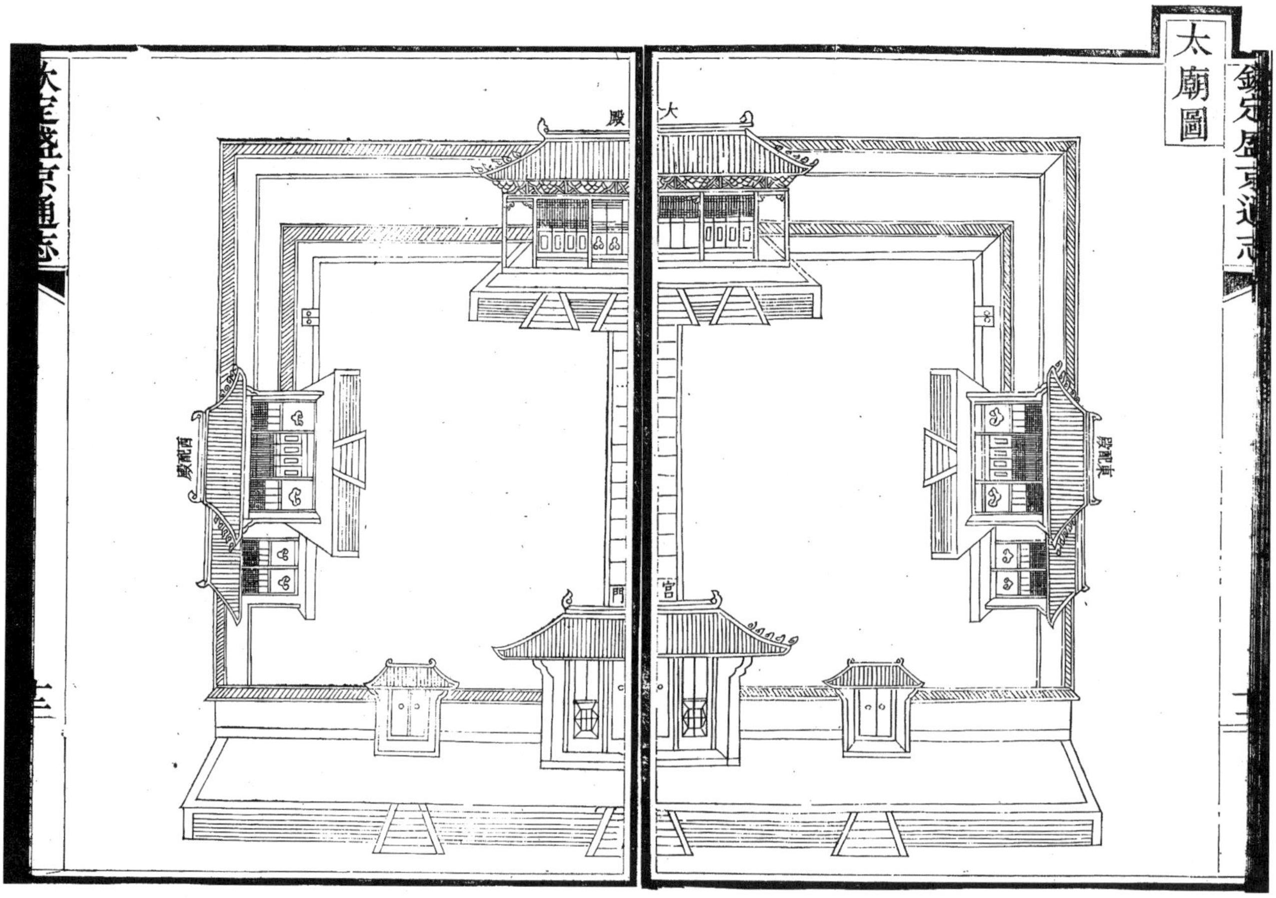

《钦定盛京通志》载太庙图

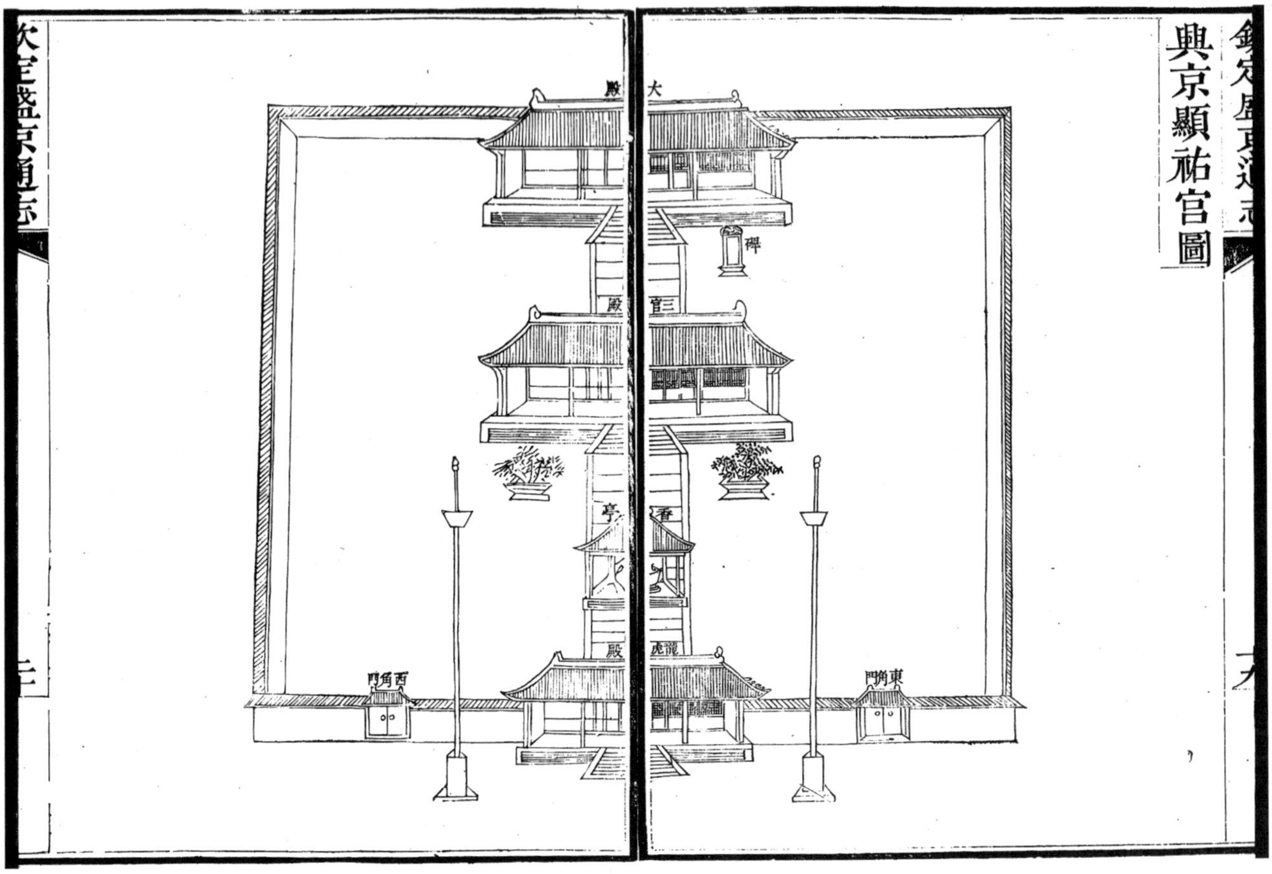

《钦定盛京通志》载兴京显祐宫图

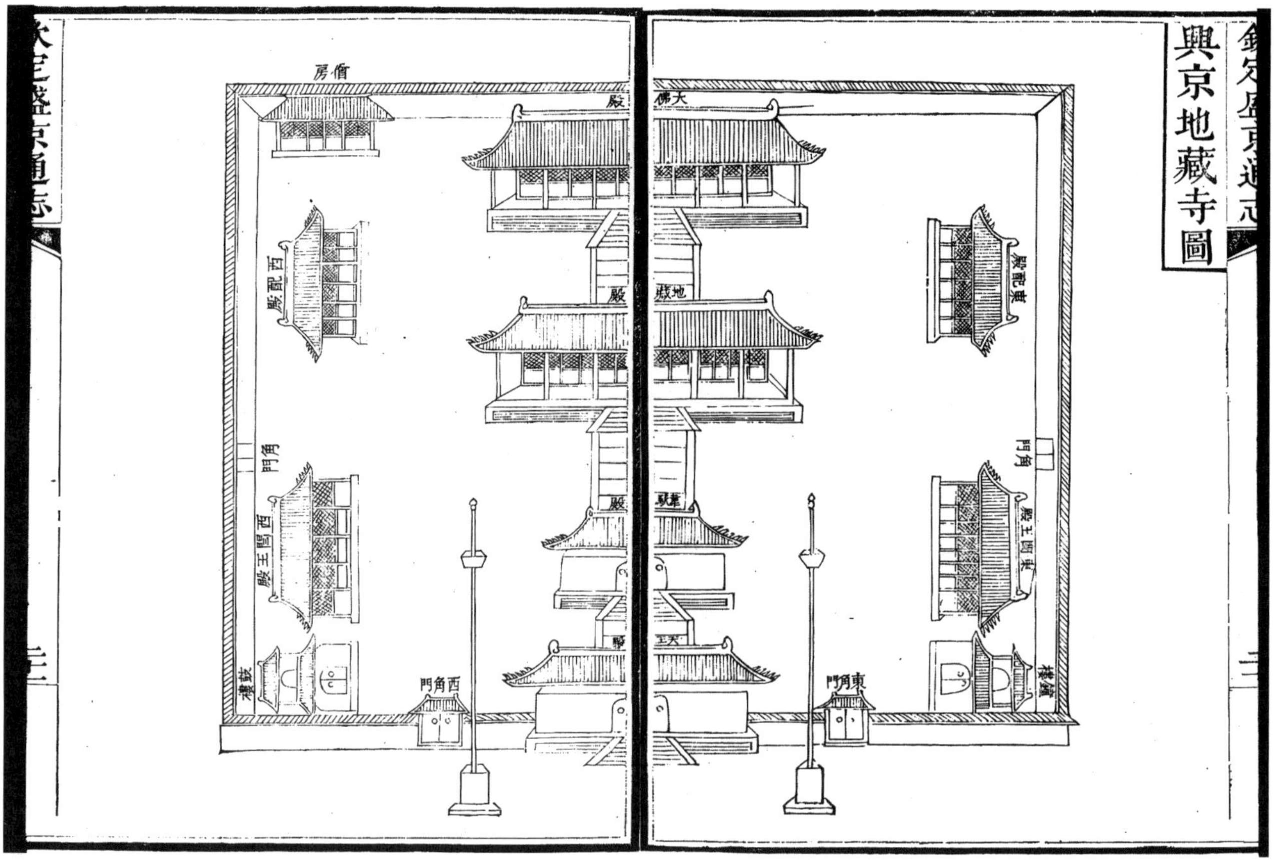

《钦定盛京通志》载兴京地藏寺图

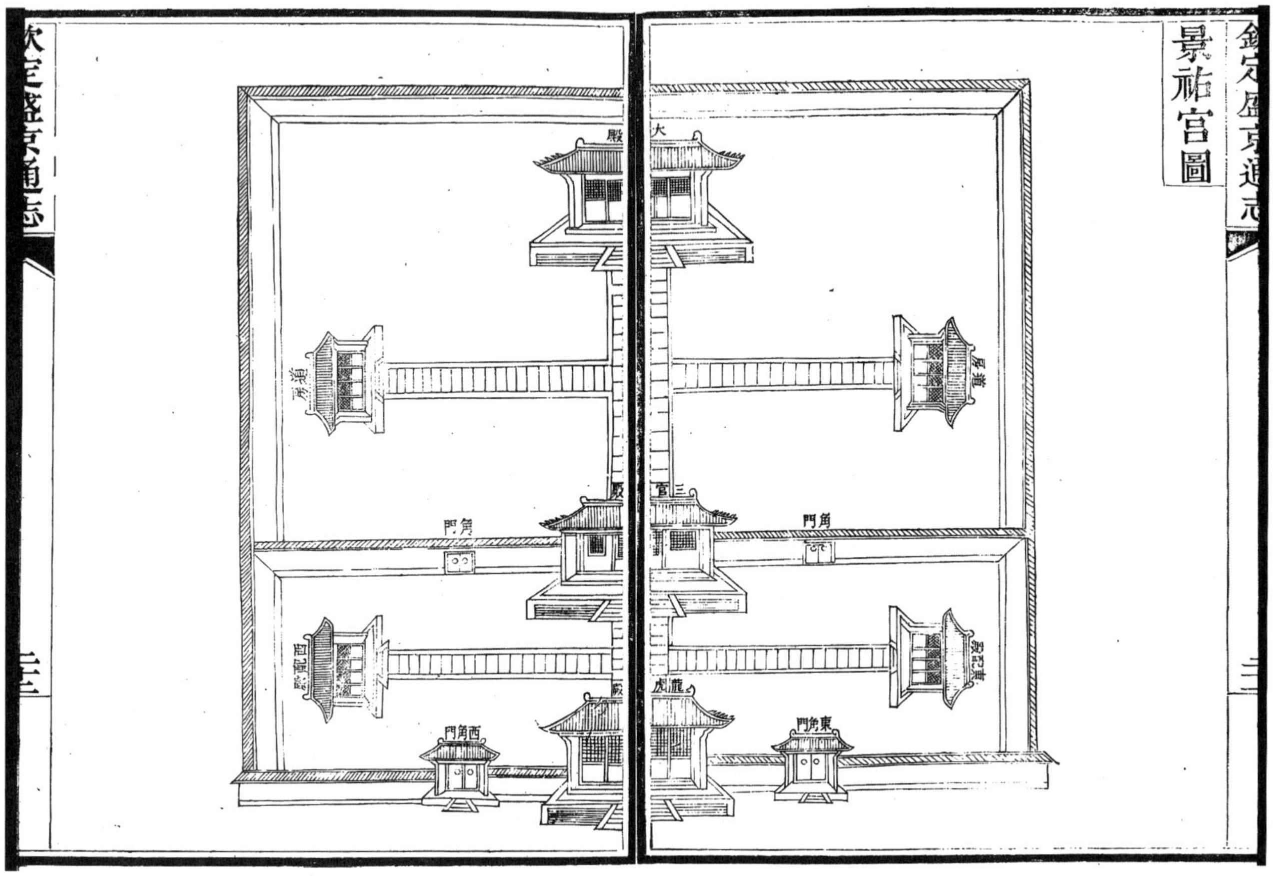

《钦定盛京通志》载景祐宫图

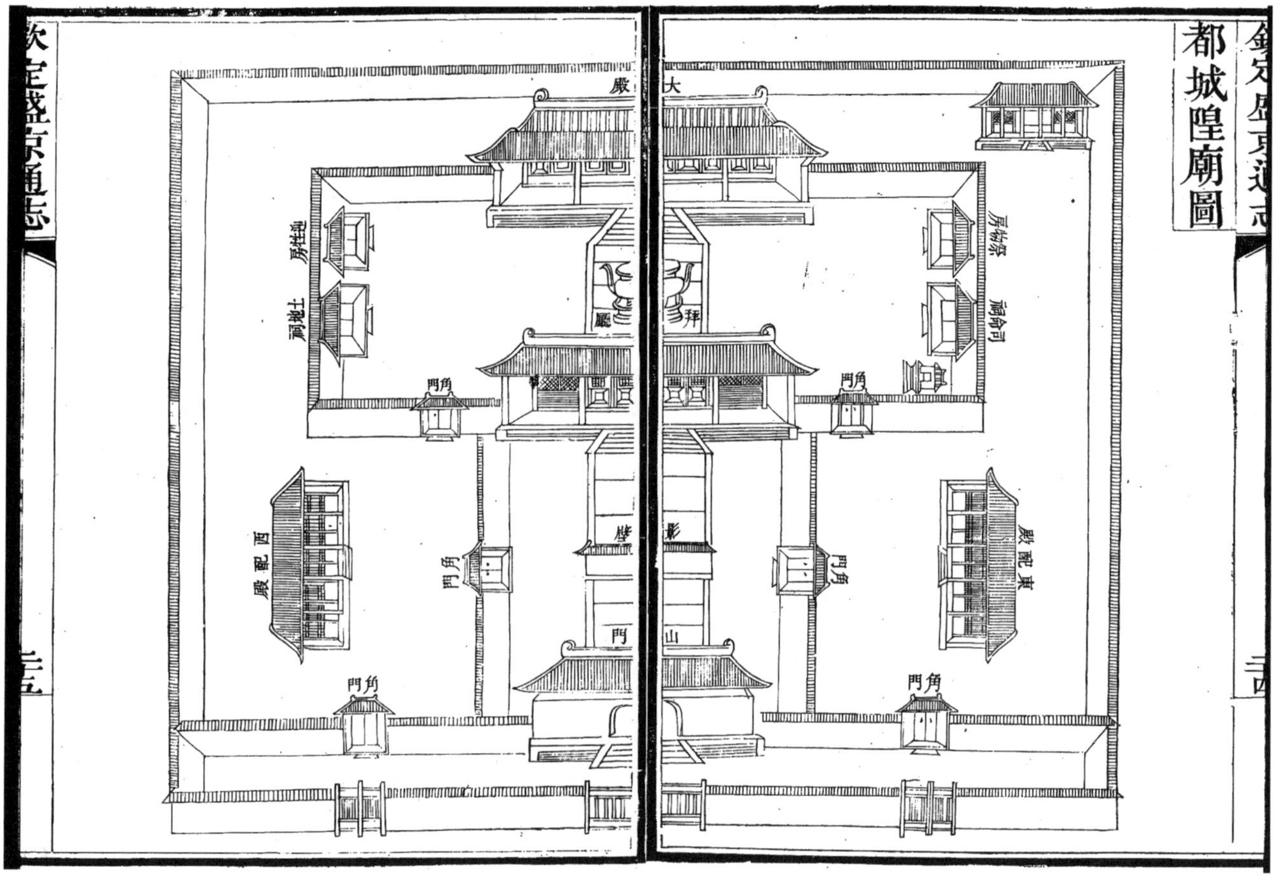

《钦定盛京通志》载都城隍庙图

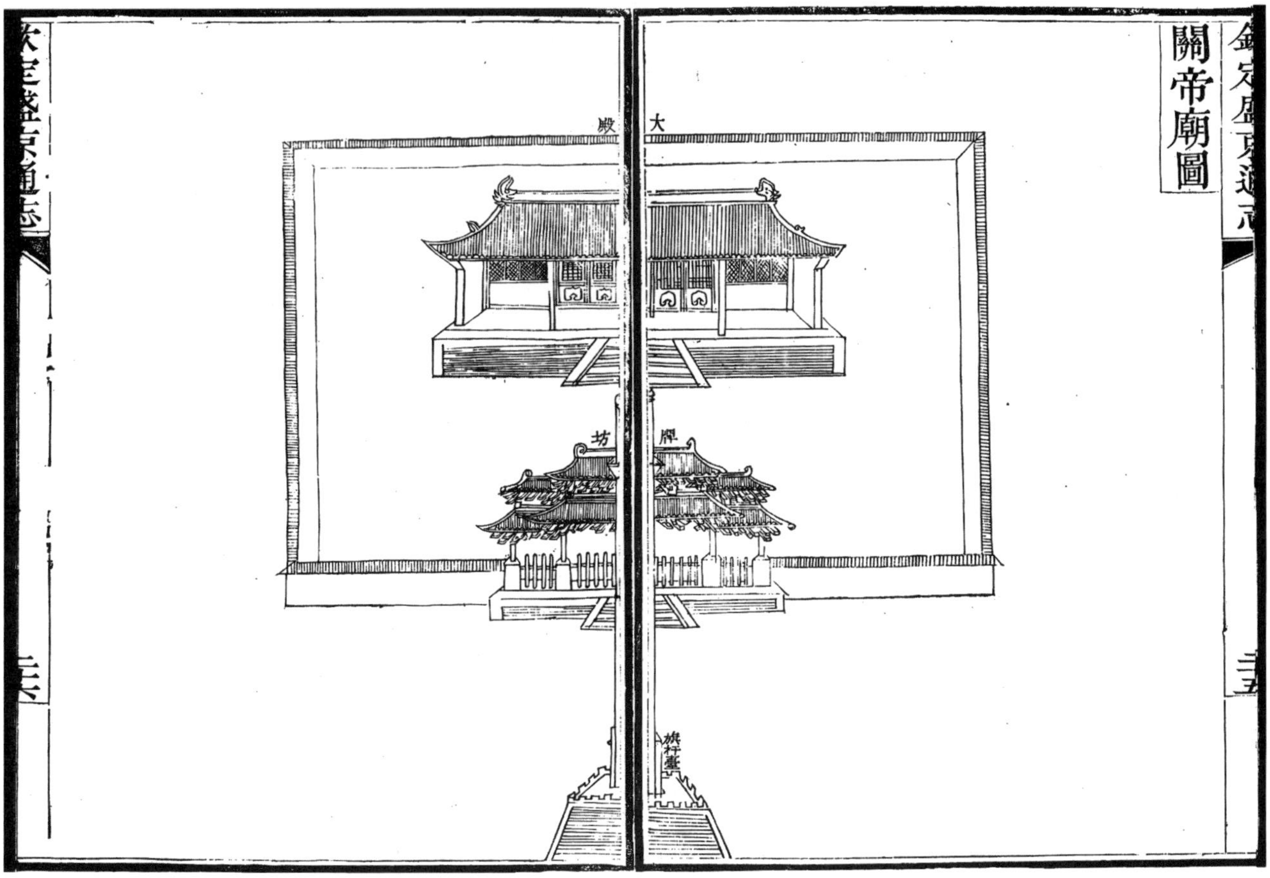

《钦定盛京通志》载关帝庙图

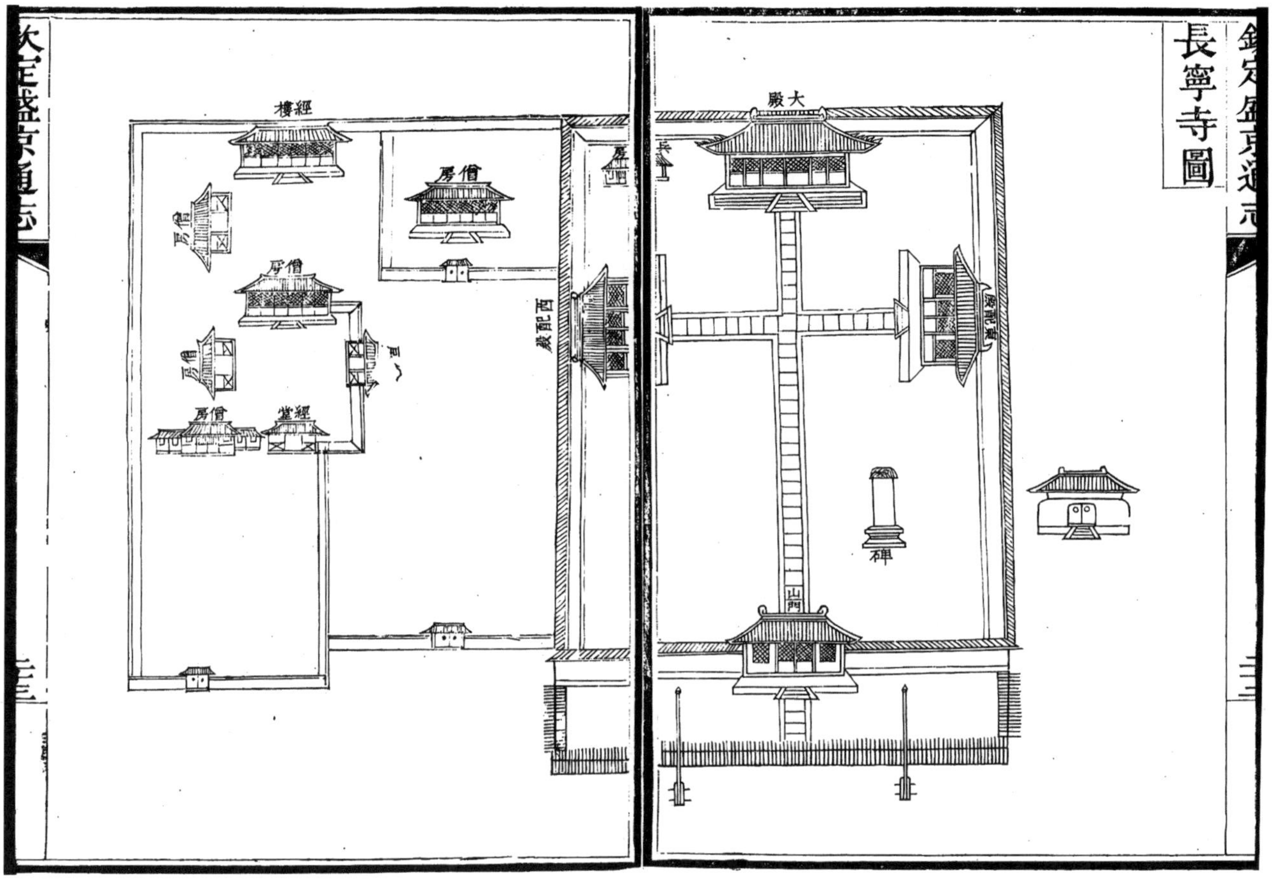

《钦定盛京通志》载长宁寺图

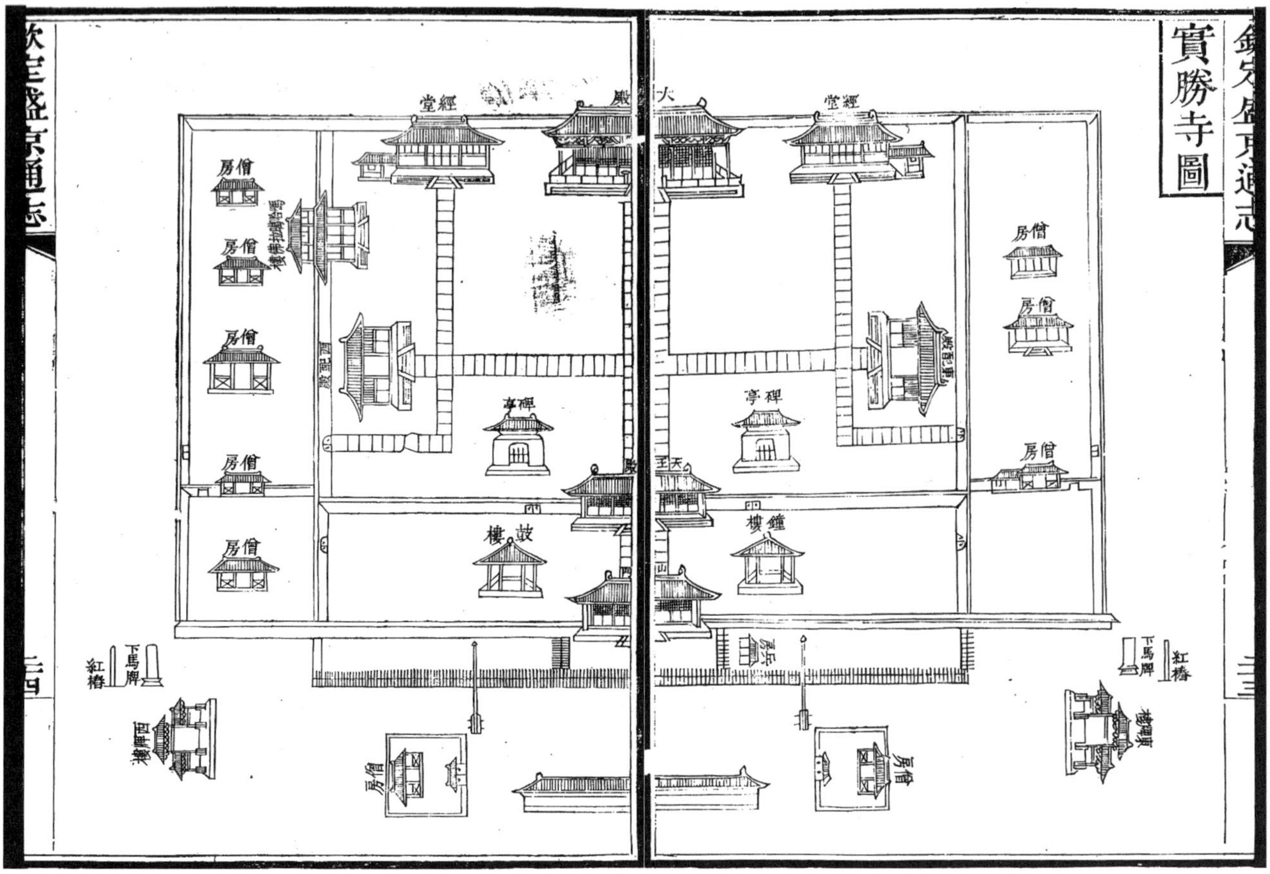

《钦定盛京通志》载实胜寺图

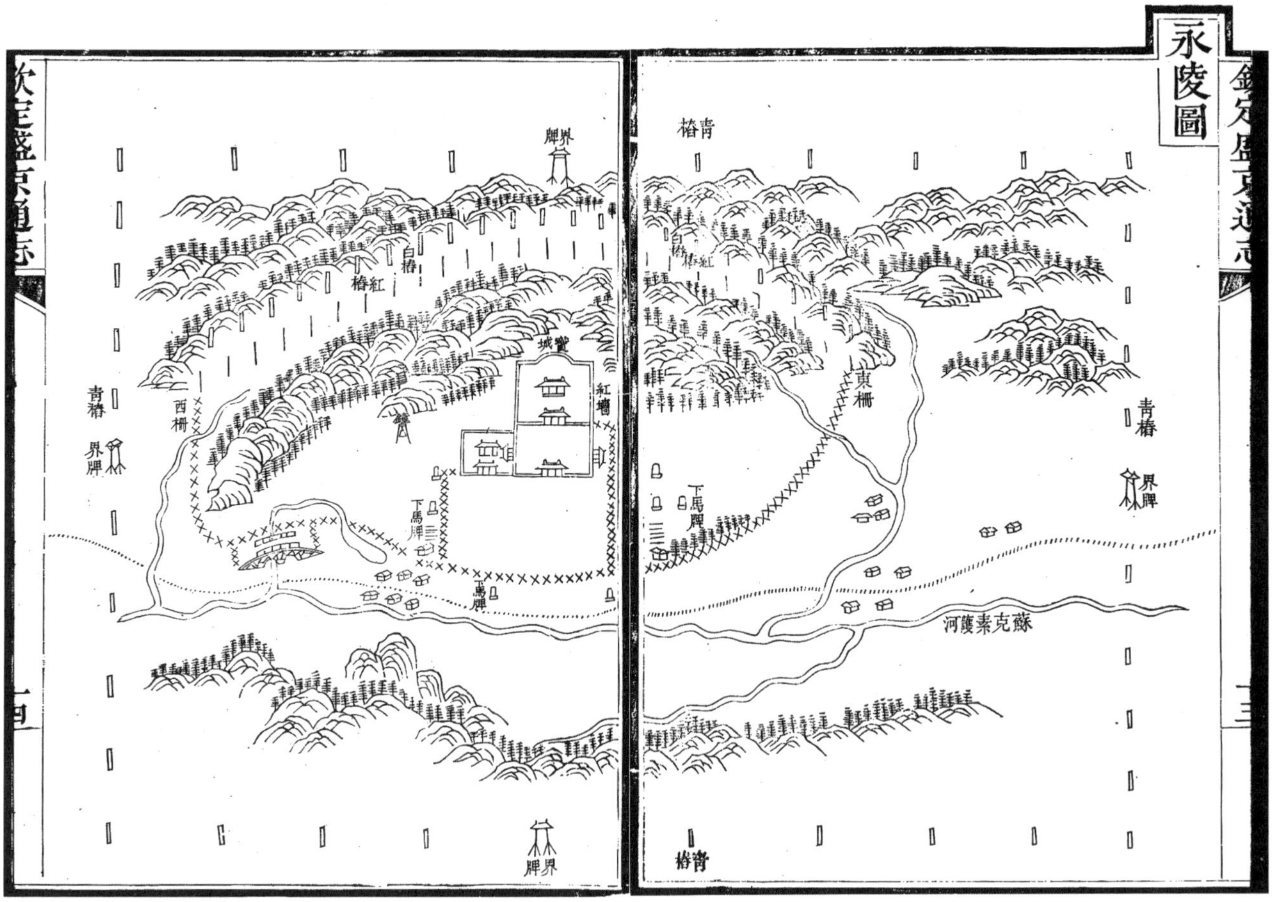

《钦定盛京通志》载永陵图

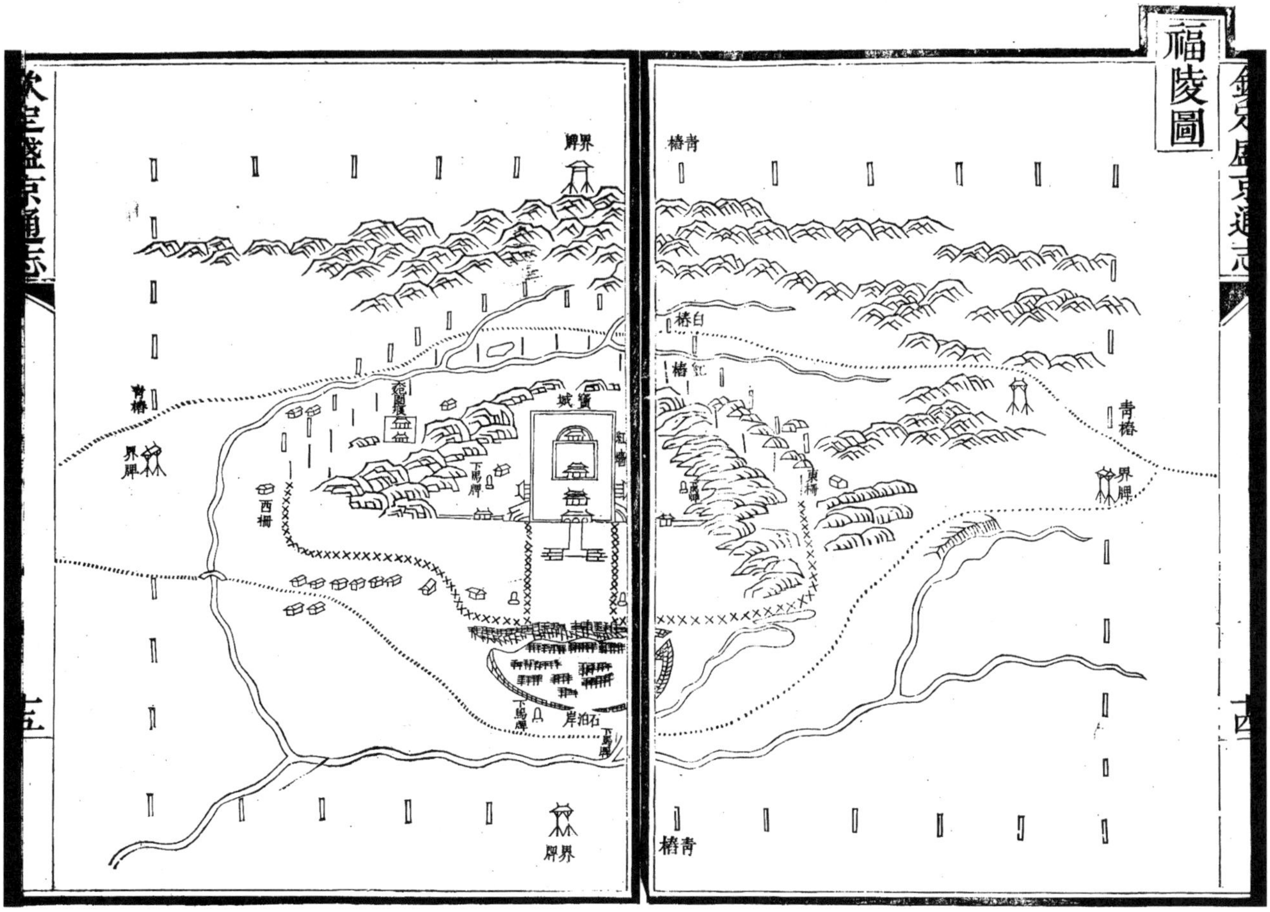

《钦定盛京通志》载福陵图

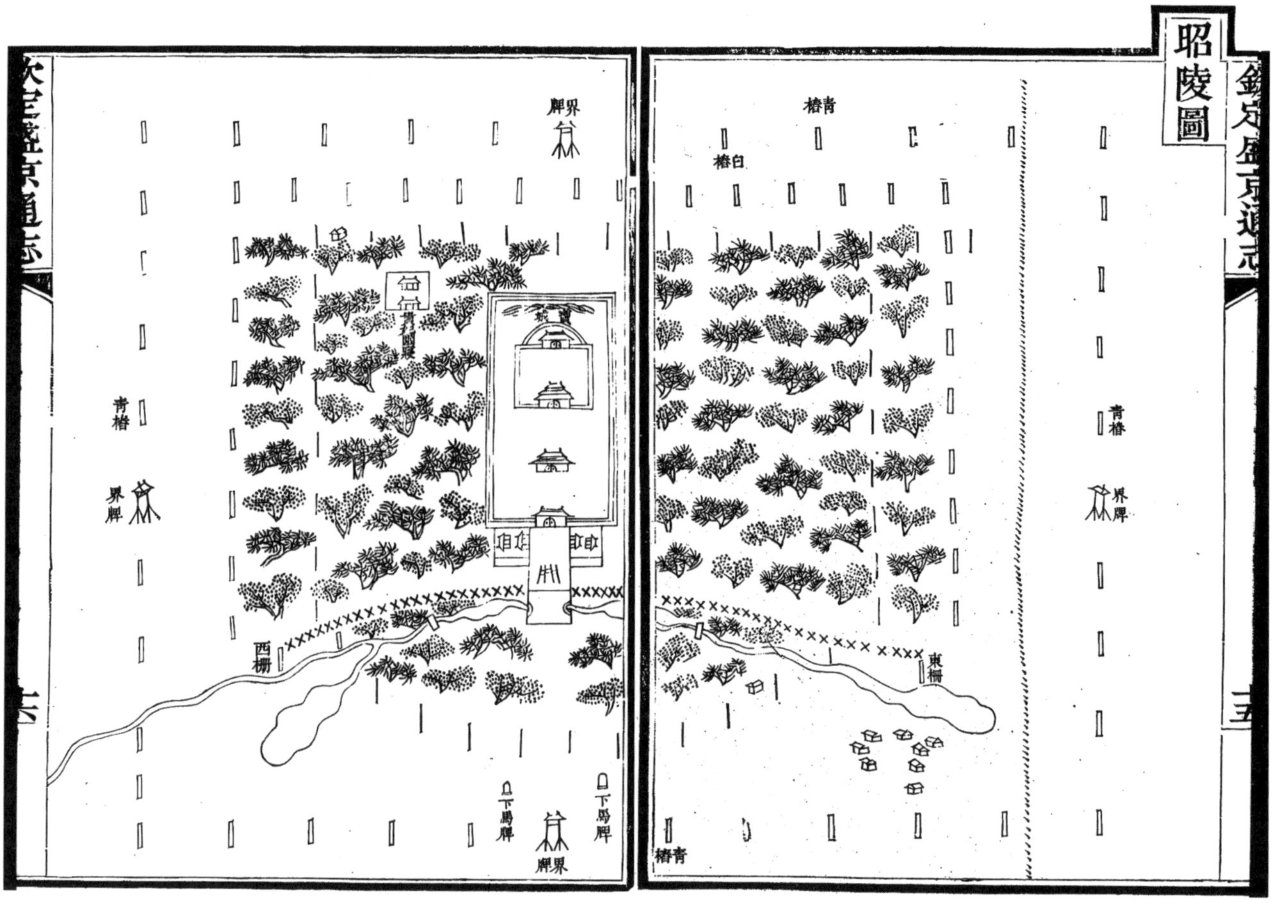

《钦定盛京通志》载昭陵图

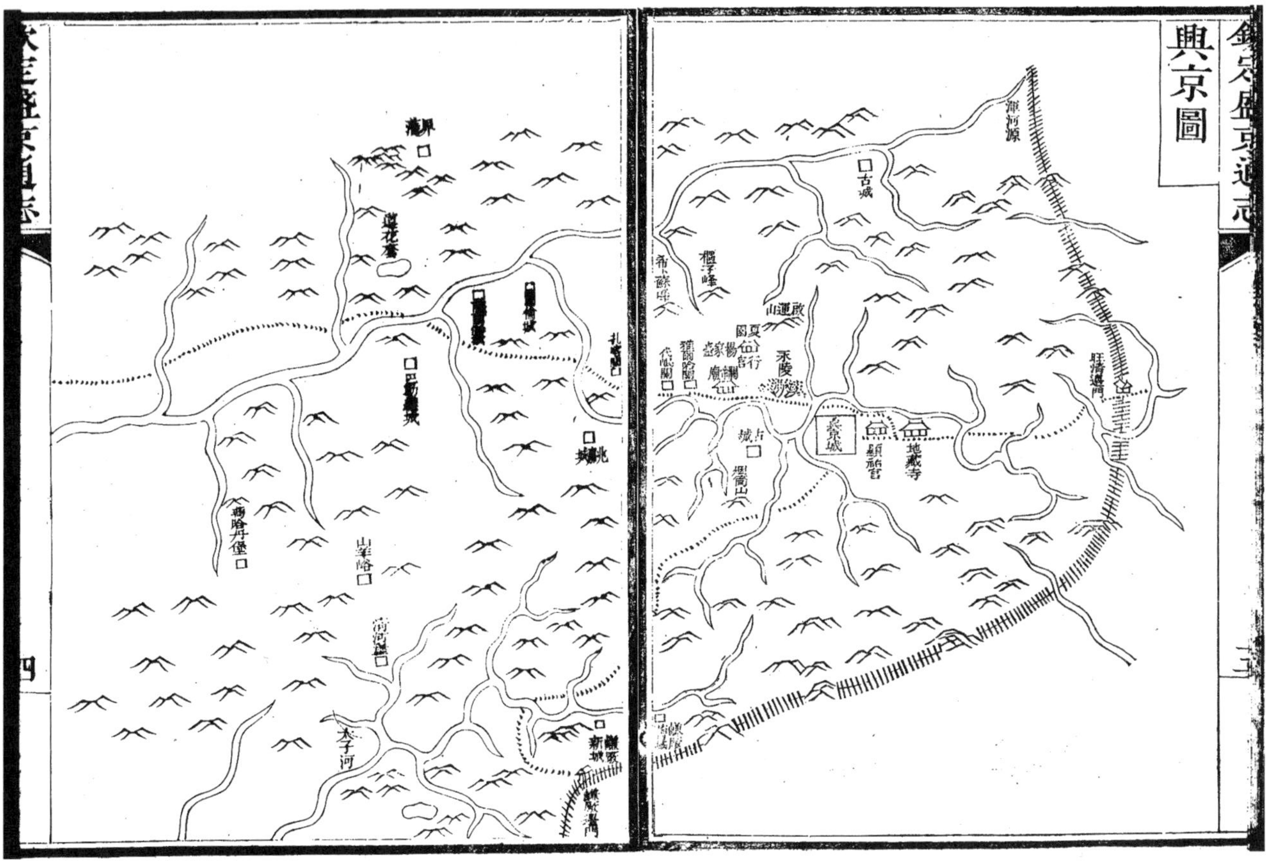

《钦定盛京通志》载兴京图

史料关键词分类索引

关键词分类索引说明

一　为方便检索，编辑『史料关键词分类索引』。

二　关键词一般为史料所使用的词汇。少量为编者根据史料内容提炼，如『王公府第彩绘定制』等。

三　关键词分为十五大类，即（一）建置，（二）城池，（三）宫殿，（四）苑囿行宫，（五）坛庙，（六）陵寝（包括后妃坟），（七）衙署，（八）学堂，（九）府邸民居，（十）坟墓，（十一）寺院庵观（包括天主堂），（十二）馆驿，（十三）仓廪府库，（十四）营缮管理，（十五）建筑术语。以上十五类为第一层。大类之下酌情再分小类，共计三十六类，如『建筑术语』之下有墙垣、门阙、殿堂、房舍、亭台楼阁、陵墓、局部与构件、材料、技术做法，即为关键词分类的第二层。

四　第一类『建置』指明清行政区划及机构设置。

五　第二类至第十二类为按照建筑的功能分类。由于明清两朝不同地点、不同时期的建筑如宫殿、坛庙等命名多有承袭延续，故同一名称所指不一定是同一建筑，如北京天坛、盛京天坛。

六　第十四类『营缮管理』下分营缮制度、营缮职掌、工匠官员、奖惩罚免四小类。五朝《大清会典》、乾隆朝《大清会典则例》、嘉庆朝及光绪朝《大清会典事例》等典籍中的相关制度归入营缮制度。管理机构归入营缮职掌。

参与施工工匠和管理人员归入工匠官员。对工程参与人员的各项奖励和惩罚归入奖惩罚免。

七　第十四类『建筑术语』下分墙垣、门阙等九类，有关建筑的专用名词均包含于此。

八　关键词分类的第二层下，各关键词按照在本书中出现的先后顺序排列。个别类下，如工匠官员类则按照工匠在前、官员在后的顺序排列；奖惩罚免类下则按照奖罚项目和受奖罚人员排列。

关键词分类索引目录

关键词分类索引

建置

京师

明代建置

城池

都城 〇〇一六、〇五四六
建州卫 〇〇一六
界凡城 〇〇一七、〇〇一九、〇〇二〇、〇〇二四
界藩城 〇〇一八、〇〇二一、〇〇二二、〇〇二三、
〇〇二五
小城 〇〇二二、〇〇四二
界凡 〇〇二六、〇〇二九
撒尔湖城 〇〇三〇、〇〇四六
撒儿湖城 〇〇三一、〇〇三四
萨尔浒城 〇〇三二、〇〇四七、〇〇四八
萨尔湖城 〇〇三五
北城 〇〇三九、〇〇四〇、〇〇四一
南城 〇〇三九、〇三八六、〇三九七、〇五〇四
南大城 〇〇四一
新城 〇〇四三
城池 〇〇四四、〇八八一
沈阳 〇〇四八
宫殿 〇〇四九、〇一四六、〇一六九、〇二九〇、
〇五四八、〇六一〇、〇六三〇、〇六四七、
〇六七〇、〇七四七、〇八〇八
德盛门 〇〇五〇、〇〇九二、〇〇九三、〇〇九五、
〇〇九六、〇〇九七、〇〇九八、〇一二三、
〇一二七、〇一二八、〇一二九、〇一三七、
〇一三八、〇一三九、〇一四一、〇一四四、
〇一五〇、〇二二六、〇二三六、〇三一二、
〇三一五、〇三一六、〇三一九、〇七七二、
〇七七三、〇七七九
地载门 〇〇五〇、〇〇九二、〇〇九三、〇〇九五、
〇〇九六、〇〇九七、〇〇九八、〇〇九九、
〇二〇六、〇二〇七、〇二三六
东京城 〇〇五〇、〇〇五一、〇〇五二、〇〇五三、
〇〇五四、〇〇五五、〇〇五七、〇〇六一、
〇〇六二、〇〇六三、〇〇六四、〇〇六七
福胜门 〇〇五〇、〇〇九二、〇〇九五、〇〇九六、
〇〇九七、〇〇九八、〇〇九九、〇二三六
抚近门 〇〇五〇、〇〇九二、〇〇九三、〇〇九五、
〇〇九六、〇〇九七、〇〇九八、〇一〇七、
〇一四二、〇二二三、〇二二七、〇二二八、
〇二三六、〇三一三、〇三二〇
怀远门 〇〇五〇、〇〇九二、〇〇九三、〇〇九五、
〇〇九六、〇〇九七、〇〇九八、〇二三六、
〇三一〇、〇三一四、〇三一五、〇三一六

宫殿

紫禁城宫殿

天坛

地坛

堂子

太庙

社稷坛

日坛

陵寝（包括后妃坟）

历代帝王陵

明陵

清陵

衙署

学堂

府邸民居

坟墓

寺院庵观（包括天主堂）

馆驿

仓廪府库

营缮管理

营缮制度

营缮职掌

工匠官员

奖惩罚免

建筑术语

墙垣

门阙

殿堂

房舍

亭台楼阁

陵墓

局部与构件

材料

征引档案及书籍

征引档案及书籍说明

一　《清代宫廷建筑大事史料长编·清入关前（天命天聪崇德年）及顺治朝卷》（以下简称《长编》）所征引档案及书籍，为便于读者查对，特列如下索引并列收藏单位。

二　为便于读者查阅，将其分为『档案与其出版书籍』『典籍与著作』『地方志』三大类。

三　每部典籍及著作出版后，版本甚多，现仅列《长编》采用版本，该书其他版本详情请读者自查。

四　地方志类大致以清代地理排列，且今版不多，同一地方之志书各朝各代均有编纂，涉及不同版本，仅将《长编》征引者刻本时间列出。

档案与其出版书籍

内阁全宗工科史书 中国第一历史档案馆。

内阁全宗内务府来文 中国第一历史档案馆。

《清初内国史院满文档案译编》 中国第一历史档案馆译，光明日报出版社，1989年。故宫博物院图书馆。

《满文老档》 全二册，中国第一历史档案馆、中国社会科学院历史研究所译，中华书局，1990年。故宫博物院图书馆。

《明清史料》 一百三十册，台湾『中央研究院』，1930－1975年。故宫博物院图书馆。

《史料丛刊初编》 十册，故宫博物院编，1930年。故宫博物院图书馆。

典籍与著作

《满洲实录》 八卷，成书天聪九年（一六三五年），中华书局，1985年。故宫博物院图书馆。

《清太祖武皇帝实录》 四卷，天聪九年（一六三五年）皇太极敕修，崇德元年（一六三六年）成书。北平故宫博物院民国二十一年（一九三二年）出版铅印。故宫博物院图书馆。

《清太祖高皇帝实录》 十卷，首卷三，（清）勒德洪等康熙二十二年（一六八三年）奉敕纂，雍正、乾隆年间校订本。中华书局，1985年。故宫博物院图书馆。

《清太宗文皇帝实录》 六十五卷，首卷三，（清）勒德洪等康熙十二年（一六七三年）奉敕纂，雍正、乾隆年间校订本。中华书局，1985年。故宫博物院图书馆。

《清世祖章皇帝实录》 一百四十四卷，首卷三，（清）巴泰等康熙六年（一六六七年）奉敕纂，雍正、乾隆年间校订本。中华书局，1985年。故宫博物院图书馆。

《清圣祖仁皇帝实录》 三百卷，首三卷，雍正元年（一七二三年）马齐、朱轼等纂修，雍正九年成书。中华书局，1985年。故宫博物院图书馆。

《清太祖高皇帝圣训》 四卷，康熙二十五年（一六八六年）成书。辽宁省档案馆编，中国档案出版社，2010年。故宫博物院图书馆。

《清太宗文皇帝圣训》 六卷，康熙二十六年（一六八七年）成书。辽宁省档案馆编，中国档案出版社，2010年。故宫博物院图书馆。

《清高宗乐善堂全集》 四十卷，《故宫珍本丛刊》第五四九册。故宫博物院编，海南出版社，2000年。故宫博物院图书馆。

《清高宗御制诗集》　六集，四百五十四卷。《故宫珍本丛刊》第五五〇至五六八册，故宫博物院编，海南出版社，2000年。故宫博物院图书馆。

《清高宗御制文集》　四集，六十二卷，《故宫珍本丛刊》第五六九至五七〇册，故宫博物院编，海南出版社，2000年。故宫博物院图书馆。

《清仁宗御制诗集》　五集，三百余卷，《故宫珍本丛刊》第五七一至五七七册，故宫博物院编，海南出版社，2000年。故宫博物院图书馆。

《清宣宗御制诗集》　二集，三十六卷，《故宫珍本丛刊》第五八二册，故宫博物院编，海南出版社，2000年。故宫博物院 图书馆。

《大清会典》（康熙朝）　一百六十二卷，康熙二十三年（一六八四年）会典馆托伊桑阿等奉敕编纂，康熙二十九年成书，记崇德元年至康熙二十五年事。故宫博物院图书馆。

《大清会典》（雍正朝）　二百五十卷，雍正二年（一七二四年）会典馆托尹泰等奉敕编纂，雍正十年成书，记康熙二十六年至雍正五年事。中华书局，1991年。故宫博物院图书馆。

《钦定大清会典》（乾隆朝）　一百卷，（清）允祹等奉敕编纂。《景印文渊阁四库全书》第六一九册，台湾『商务印书馆』影印，1984年。故宫博物院图书馆

《钦定大清会典则例》（乾隆朝）　一百八十卷，（清）允祹等奉敕编纂。《景印文渊阁四库全书》第六二〇至六二五册，台湾『商务印书馆』影印，1984年。故宫博物院图书馆。

《钦定大清会典》（嘉庆朝）　八十卷，嘉庆六年（一八〇一年）会典馆托津等奉敕编纂，嘉庆二十三年（一八一八年）成书，武英殿刻本。台湾文海出版社，1992年。故宫博物院图书馆。

《钦定大清会典事例》（嘉庆朝）　九百二十卷，目录八卷，嘉庆六年（一八〇一年）会典馆托津等奉敕编纂，嘉庆二十三年（一八一八年）成书，武英殿刻本。台湾文海出版社，1992年。故宫博物院图书馆。

《钦定大清会典》（光绪朝）　一百卷，（清）昆岗等奉敕编纂，光绪二十五年（一八九九年）成书，《续修四库全书》第七九四册。上海古籍出版社，2002年。故宫博物院图书馆。

《钦定大清会典事例》（光绪朝）　一千二百二十卷，（清）昆岗等奉敕编纂。光绪二十五年（一八九九年）成书，《续修四库全书》第七九八至八一四册。上海古籍出版社，2002年。故宫博物院图书馆。

《甲申核真略》　（明）杨士聪。浙江古籍出版社，1985年。故宫博物院图书馆。

《北游录》　九卷，（清）谈迁著，记顺治年北京事。《清代史料笔记丛刊》，中华书局，1997年。故宫博物院图书馆。

《天府广记》　四十四卷，（清）孙承泽撰，成书于康熙十年（一六七一年）。北京古籍出版社，1984年。故宫博物院图书馆。

《古今图书集成·经济汇编·考工典》　二百五十二卷，（清）陈梦雷奉敕纂，蒋廷锡等奉敕校，雍正四年（一七二六年）印刷。中华书局、巴蜀书社，1985年。故宫博物院图书馆。

《古今图书集成·方舆汇编·职方典》　一千五百四十四卷，（清）陈梦雷奉敕纂，蒋廷锡等敕校，雍正四年（一七二六年）印刷。中华书局、巴蜀书社，1985年。故宫博物院图书馆。

《八旗通志初集·营建志》　二百五十卷，目录二卷，凡例职名各一卷，雍正五年（一七二七年）鄂尔泰等奉敕纂，乾隆四年（一七三九年）成书。东北师范大学出版社，1985年。故宫博物院图书馆。

《东华录》　三十二卷，乾隆三十年（一七六八年）蒋良骐利用在国史馆工作之便摘录成书。《续修四库全书》第三六八册。中华书局，1980年。故宫博物院图书馆。

《皇朝通志》　一百二十六卷，乾隆三十二年（一七六七年）嵇璜、刘墉等奏敕纂。《景印文渊阁四库全书》第六四四册，台湾『商务印书馆』影印，1984年。故宫博物院图书馆。

《坛庙祀典》　三卷，（清）方观承著，乾隆二十三年（一七五八年）。《中国祠墓志丛刊》，扬州广陵书社，2004年。故宫博物院图书馆。

《国朝宫史》　三十六卷，乾隆七年（一七四二年）鄂尔泰等奉敕纂，乾隆三十四年（一七九六年）成书。北京古籍出版社，1987年。故宫博物院图书馆。

《茶余客话》　三十卷，（清）阮葵生撰。约写成于乾隆三十六年（一七七一年）前。中华书局上海编辑所编辑，中华书局出版，1959年。故宫博物院图书馆。

《钦定八旗通志》　三百五十六卷，乾隆三十七年（一七七二年）纪昀等奉敕纂，嘉庆元年（一七九六年）成书。《景印文渊阁四库全书》第六六四至六七一册，台湾『商务印书馆』影印，1984年。故宫博物院图书馆。

《清朝文献通考》　三百卷，（清）张廷玉等奉敕纂，成书于乾隆五十二年（一七八七年）。《景印文渊阁四库全书》第六三二至六三八册，台湾『商务印书馆』影印，1984年。故宫博物院图书馆。

《日下旧闻考》　一百六十卷，（清）于敏中等奉敕纂，乾隆五十三年（一七八八年）武英殿刻本。北京古籍出版社，1981年。故宫博物院图馆。

《京城古迹考》　（清）励宗万著。北京出版社于1964年与佚名氏著《日下尊闻录》合为一册出版。北京古籍出版社，1981年。故宫博物院图书馆。

《国朝宫史续编》　一百卷，嘉庆六年（一八〇一年）庆桂等奉敕纂，嘉庆十一年（一八〇六年）成书。北京古籍出版社，1994年。故宫博物院图书馆。

《养吉斋丛录》 二十六卷，（清）吴振棫著。北京古籍出版社，1983年。故宫博物院图书馆。

《钦定国子监志》 八十二卷，首二卷，（清）李宗昉等纂修，道光十四年（一八三四年）成书。《故宫珍本丛刊》第二七五至二七七册，故宫博物院编，海南出版社，2000年。故宫博物院图书馆。

《啸亭杂录》 十卷，（清）昭梿著。《清代史料笔记丛刊》，中华书局，1980年。故宫博物院图书馆。

《日下尊闻录》 五卷，（清）佚名著。北京古籍出版社，1981年。故宫博物院图书馆。

《盛京典制备考》 八卷，（清）崇厚辑，光绪二年（一八七六年）崇厚奉敕纂，光绪四年成书，盛京军督署藏版，盛京书业泰发兑。《续修四库全书》第八八二册。上海古籍出版社，2002年。故宫博物院图书馆。

《郎潜纪闻初笔》 十四卷，（清）陈康祺著，光绪六年（一八八〇年）成书。

《郎潜纪闻二笔》 十六卷，（清）陈康祺著，光绪七年（一八八一年）成书。

《郎潜纪闻三笔》 十二卷，（清）陈康祺著，光绪九年（一八八三年）成书。

以上三部书合为一册收入《清代史料笔记丛刊》，中华书局，1997年。故宫博物院图书馆。

《东华录》 一百九十五卷，（清）王先谦辑。光绪十年（一八八四年）成书。《续修四库全书》第三六九至三七〇册。上海古籍出版社，2002年。故宫博物院图书馆。

《天咫偶闻》 十卷，（清）震钧著。北京古籍出版社，1982年。故宫博物院图书馆。

《大清畿辅书征》 五册，（清）徐世昌编纂。广文书局，1969年。故宫博物院图书馆。

《云自在龛随笔》 六卷，（清）缪荃孙著。民国笔记小说大观，山西古籍出版，1996年。故宫博物院图书馆。

《掌固零拾》 王崇儒著，彝宝斋印书局，1936年。故宫博物院图书馆。

《清史稿》 五百二十九卷，赵尔巽等纂。中华书局，1977年。故宫博物院图书馆。

地方志

康熙朝《大清一统志》 三百五十六卷，（清）陈德华等奉敕纂，乾隆九年（一七四四年）御制序，乾隆年殿刊本。故宫博物院图书馆。

乾隆朝《大清一统志》 四百二十四卷，乾隆二十九年（一七六四年）和珅等奉敕纂，乾隆五十五年（一七九〇年）武英殿刊行本。《景印文渊阁四库全书》第四七四至四八三册，台湾『商务印书馆』影印，1984年。故宫博物院图书馆。

嘉庆朝《大清一统志》 五百六十卷，（清）穆彰阿、潘锡恩等修《续修四库全书》第五九八至六一二册。故宫博物院图书馆。

康熙朝《畿辅通志》 四十六卷，（清）于成龙等纂，康熙二十二年（一六八三年）刻本。中国国家图书馆。

《光绪顺天府志》 一百三十卷，附录一卷，光绪五年（一八七九年）周家楣、缪荃孙等编纂，光绪十一年（一八八五年）成书，光绪十二年刻本。北京古籍出版社，1987年。故宫博物院图书馆。

康熙朝《宛平县志》 六卷，（清）王养濂等纂，康熙二十二年（一六八三年）刻本。中国国家图书馆。

康熙朝《昌平州志》 二十六卷，（清）吴都梁等纂，康熙十二年（一六七三年）澹然堂版。中国国家图书馆。

光绪朝《昌平州志》 十八卷，（清）吴履福等纂，光绪十二年（一八八六年）刻本。中国国家图书馆。

光绪朝《通州志》 十二卷，（清）高建勋等纂，光绪九年（一八八三年）刻本。中国国家图书馆。

康熙朝《宣化县志》 三十卷，（清）陈坦等纂，康熙年版，乾隆年刻本。中国国家图书馆。

康熙朝《河间府志》 二十二卷，（清）徐可先纂，康熙十七年（一六七八年）。中国国家图书馆。

康熙朝《蓟州志》八卷，（清）张朝琮等纂，康熙四十三年（一七〇四年）刻本。中国国家图书馆。
康熙朝《盛京通志》三十二卷，康熙二十二年（一六八三年）董秉忠奉敕修，孙成等纂，康熙二十三年刻本。中国国家图书馆。
雍正朝《盛京通志》三十三卷，（清）吕耀曾等纂，雍正十二年（一七三四年）刻本。中国国家图书馆。
《钦定盛京通志》一百三十卷，（清）阿桂等奉敕纂，武英殿本。故宫博物院图书馆。
民国《奉天通志》二百六十卷，翟文选等纂，民国二十三年（一九三四年）。辽海出版社，2004年。中国国家图书馆。
雍正朝《山西通志》二百三十卷，（清）石麟等纂，雍正十二年（一七三四年年）刻本。中国国家图书馆。
光绪朝《山西通志》一百八十五卷，（清）曾国荃等纂，光绪十八年（一八九二年）刻本。中国国家图书馆。
乾隆朝《东昌府志》五十卷，（清）胡德琳等纂，乾隆四十二年（一七七七年）刻本。中国国家图书馆。
嘉庆朝《东昌府志》五十卷，（清）嵩山等纂，嘉庆十三年（一八〇八年）刻本。中国国家图书馆。
乾隆朝《卫辉府志》五十三卷，（清）毕沅等纂，乾隆五十三年（一七八八年）刻本。中国国家图书馆。
乾隆朝《江南通志》二百卷，（清）尹继善等纂，乾隆元年（一七三六年）刻本。中国国家图书馆。
乾隆朝《苏州府志》八十卷，（清）雅尔哈善等纂，乾隆十三年（一七四八年）刻本。中国国家图书馆。
嘉庆朝《松江府志》八十四卷，（清）孙星衍等纂，嘉庆二十三年（一八一八年）刻本。中国国家图书馆。
同治朝《同治上江两县志》二十九卷，（清）莫祥芝等纂，同治十三年（一八七四年）刻本。中国国家图书馆。
雍正朝《浙江通志》二百八十卷，首三卷，（清）李卫等奉敕修、沈翼机等纂，乾隆元年（一七三六年）刻本。《景印文渊阁四库全书》第五一九至五二六册，台湾『商务印书馆』，1984年。故宫博物院图书馆。
雍正朝《宁波府志》三十六卷，（清）曹秉仁等纂。雍正八年重镌，乾隆六年（一七四一年）增刻本。中国国家图书馆。

道光朝《**宁波府志**》 两函十六册，（清）沈琛其等纂，道光二十六年（一八四六年）汲绠书庄督造印制。中国国家图书馆。

康熙朝《**绍兴府志**》 六十卷，（清）俞卿纂，康熙五十八年（一七一九年）刻本。中国国家图书馆。

康熙朝《**海宁县志**》 十三卷，（清）陈秉直等纂，康熙十六年（一六七七年）刻本。中国国家图书馆。

康熙朝《**江宁县志**》 十四卷，（清）佟世燕修、戴务楠纂，康熙二十二年（一六八三年）刻本。载《稀见中国地方志汇刊》第十册，中国书店，1992年。中国国家图书馆。

康熙朝《**会稽县志**》 二十八卷，首一卷，（清）吕化龙等纂。民国二十五年（一九三六年）刊本。中国国家图书馆。

乾隆朝《**宁夏府志**》 二十二卷，（清）张金城等纂，乾隆四十五年（一七八〇年）刻本。天津古籍出版社，1988年。中国国家图书馆。

后　记

《清代宫廷建筑大事史料长编》的编纂出版工作始于二〇一三年五月，初定顺治朝、康熙朝两卷分别先行编辑。二〇一四年由于参加编辑的部分人员变动，暂停康熙卷选编工作，全力完成顺治朝卷（包括天命、天聪、崇德年）的编辑。鉴于『首重史部之正史』，《清代宫廷建筑大事史料长编》编纂工作人员重新核对《清世祖实录》，康熙、雍正、乾隆、嘉庆、光绪五朝《大清会典》及乾隆朝《大清会典则例》，嘉庆、光绪朝《大清会典事例》等文献中的相关史料，对已征集录用史料条目进行了重新整理筛选和补充。史料文献全部重新扫描。

本书前言执笔：秦国经。凡例执笔：李燮平、周苏琴。史料标题撰拟：李燮平、周苏琴、方裕谨。关键词分类索引编纂：周苏琴。征引书目编纂：方裕谨、郭雅玲。编务：郭雅玲、刘志峰、沈燕。以上各项均经主编集体讨论。

中国紫禁城学会《清代宫廷建筑大事史料长编》编纂室

二〇一七年一月

图书在版编目(CIP)数据

清代宫廷建筑大事史料长编. 清入关前（天命天聪崇德年）及顺治朝卷 / 李燮平、周苏琴主编 ；中国紫禁城学会编纂. — 北京 ：故宫出版社，2022.12
ISBN 978-7-5134-1455-5

Ⅰ. ①清… Ⅱ. ①周… ②中… Ⅲ. ①宫廷－建筑史－史料－中国－清代 Ⅳ. ①TU-092.49

中国版本图书馆CIP数据核字(2021)第266737号

故宫学资料丛编·宫廷建筑类

清代宫廷建筑大事史料长编·清入关前（天命天聪崇德年）及顺治朝卷

编纂：中国紫禁城学会
策划：万依　魏文藻　秦国经　郑连章
本卷主编：李燮平　周苏琴
副主编：方裕谨
编务：郭雅玲　刘志峰　沈燕
责任编辑：熊娟
设计：杨青青
责任印制：常晓辉　顾从辉
出版发行：故宫出版社
地址：北京市东城区景山前街4号　邮编：100009
电话：010—85007800　010—85007817
邮箱：ggcb@culturefc.cn
制版：北京印艺启航文化发展有限公司
印刷：北京启航东方印刷有限公司
开本：889毫米×1194毫米　1/16
印张：73.75
字数：940千字
版次：2022年12月第一版第一次印刷
书号：ISBN 978-7-5134-1455-5
定价：660.00元